普通高等教育“十一五”国家级规划教材

可编程控制器应用技术

第四版

张万忠　主编
周渊深　主审

化学工业出版社
·北京·

本书以三菱公司FX系列可编程控制器为对象，介绍了可编程控制器的原理及应用技术。全书共分为入门篇、提高篇、应用篇三篇共十三章，主要内容包括可编程控制器的基本工作原理、编程元件及各种指令，经验法、状态法及数据处理类指令的编程方法，可编程控制器的输入输出接口技术，可编程控制器网络的通信等。本书的主要章节都含有丰富的编程实例，第十三章还提供了可编程控制器的工程应用实例。本书内容合理，结构严谨，概念准确，易读易懂。

本书可作为高职高专、成教、电视大学和中等职业学校等电类专业、机械自动化类专业应用类课程的教材，也可供相关工程技术人员参考。

图书在版编目（CIP）数据

可编程控制器应用技术/张万忠主编. —4版. —北京：化学工业出版社，2016.6（2025.8重印）

ISBN 978-7-122-26920-1

Ⅰ.①可… Ⅱ.①张… Ⅲ.①可编程序控制器-教材 Ⅳ.①TM571.6

中国版本图书馆CIP数据核字（2016）第087701号

责任编辑：潘新文 张建茹　　装帧设计：韩 飞
责任校对：王素芹

出版发行：化学工业出版社（北京市东城区青年湖南街13号 邮政编码100011）
印　　装：北京机工印刷厂有限公司
787mm×1092mm 1/16 印张14¼ 字数349千字 2025年8月北京第4版第9次印刷

购书咨询：010-64518888　　售后服务：010-64518899
网　　址：http://www.cip.com.cn
凡购买本书，如有缺损质量问题，本社销售中心负责调换。

定　　价：42.00元

前　言

本书第三版自出版以来得到了广大高职高专师生的广泛好评，几年来作者陆续收到不少学校的老师在使用过程中对本书提出的宝贵意见和建议，在此一并致谢。同时作者在使用本书过程中也发现书中不少地方需要修改和完善。近年来，FX 可编程控制器家族也增添了不少新成员，技术上也更加成熟。综上所述，为了使本书内容更好地为广大高职高专老师和读者服务，作者对第三版作了修订。

本书第四版在保持上一版的基本结构、基本内容不变的前提下，介绍对象以 FX_{2N} 系列为主的同时增加了三菱 FX 全系列产品的介绍，以扩大读者的视角，加强对高职高专学生工程产品规格、性能及选用方面工程概念的教育，使他们将来走上工作岗位后能够更快地熟悉多种产品。由于 PLC 系列产品的相似性，这种调整对教学重点及课程安排不会产生大的影响。

为了进一步突出教学重点。本次修订对全书不少地方的文字表述做了增删，目的是突出对重点内容的叙述，精减与专科教学相关性弱的内容，以便使本书文字叙述脉络更加清楚，表达更加透彻，要点更加鲜明，可读性更好。更有利于高等职业教育教学的组织及学生的自学。

本书由张万忠主编，并编写了前言、第一、二、三、四、八、九章及附录，赵黎明编写了第五章，郑德明编写了第六、七章，金沙编写了第十、十一、十二、十三章，王明权及胡全斌参加了本书的编写工作。全书由张万忠统稿，周渊深任主审。

由于水平所限，书中疏漏和不妥之处，敬请广大读者和老师不吝给予批评指正。

编者

2016 年 2 月

第一版前言

根据教育部《关于加强高职高专教育人才培养工作的意见》精神，为满足高职高专电类相关专业教学基本建设的需要，在教育部高教司和教育部高职教育教学指导委员会的关心和指导下，全国石油和化工高职教育教学指导委员会广泛调研，召开多次高职高专电类教材研讨会，组织编写了20本面向21世纪的高职高专电类专业系列教材，供工业电气化技术、工业企业电气化、工业电气自动化、应用电子技术、机电应用技术及工业仪表自动化、计算机应用技术等相关专业使用。

本套教材立足高职高专教育人才培养目标，遵循主动适应社会发展需要、突出应用性和针对性、加强实践能力培养的原则，组织编写了专业基础课及专业课程的理论教材和与之配套的实训教材。实训教材集实验、设计与实习、技能训练与应用能力培养为一体，体系新颖，内容可选择性强。同时提出实训硬件的标准配置和最低配置，以方便各校的选用。

由于本教材的整体策划，从而保证了专业基础课与专业课内容的衔接，理论教材与实训教材的配套，体现了专业的系统性和完整性。力求每本教材的讲述深入浅出，将能力点及知识点紧密结合，注重培养学生的工程应用能力和解决现场实际问题的能力。

遵循“从特殊到一般”的认知规律，本教材以日本三菱公司 FX_2 系列可编程控制器为对象，介绍可编程控制器应用技术。力求把一个机型讲深讲透，并重点说明那些反映可编程控制器应用技术中带有普遍性的东西，以达成学生“举一反三”的能力。为了体现“从认识到实践，再认识，再实践，循环反复”的认知过程，本书分成为三个层次。即入门篇、提高篇及应用篇。入门篇介绍可编程控制器的基本指令及逻辑控制类程序的编程思想。以建立可编程控制器的概貌认识及基本应用能力。提高篇则以功能指令及运算类程序的编制为主。应用篇重在综合型系统的构建、相关程序的编制及工程应用能力的培养。三篇一脉相承，又可独立成篇。以满足不同专业、不同层次读者的需要。

本教材内容简洁，选材合理，结构严谨。为了体现教学的直观、具体特性的要求，本教材安排了大量的教学实例。本书的期望特色为：依照认知规律，着重工程应用能力培养，内容翔实，实例丰富，易学易教，方便自学。

本书由张万忠任主编，并编写了第一、二、三、九、十、十一章及第四章的第二、四、五、六节，第八章的第四节。陈德仪编写了第四章第一、三节，赵黎明编写了第五章，郑德明编写了第六、七章，第八章的第一、二、三节，金沙编写了第十二、十三、十四、十五章，全书由张万忠统稿。

本书由周渊深副教授（博士）主审。在本书的编写过程中，还参考了部分兄弟学校的教材和相关厂家的资料。王民权副教授对本书提出了许多宝贵意见。在此一并表示衷心感谢。

由于编者水平所限和编写时间仓促，书中疏漏和不妥之处，敬请读者批评指正。

编者

2001 年 4 月

第二版前言

根据教育部高等教育司的要求，化学工业出版社在2001年陆续出版了电类专业教材共20种。此套教材立足高职高专教育培养目标，遵循社会的发展需求，突出应用性和针对性，加强实践能力的培养，为高职高专教育事业的发展起了很好的推动作用。一些教材多次重印，受到了广大院校的好评。通过近四年的教学实践和全国高等职业教育如何适应各院校各学科体制的整合、专业调整的需求，于2004年年底对此套教材组织了修订工作。

结合可编程控制器技术快速发展的实际，本次修订中将第一版中的FX机型改为目前市场上更为流行的FX_{2N}机型，这两个机型同属三菱公司的产品，技术上是完全兼容的，且FX_{2N}型是近年来国际市场上的畅销产品，也是三菱公司的代表产品。近年来FX_{2N}系列PLC在技术上不断完善，功能更加强大，在一定程度上代表了国际上可编程控制器技术的发展水平。

本次修订，本书保持了第一版图书的体系结构，保持了以实例介绍说明应用方式等特色，增补了一些FX_{2N}系列机型新增加的实用的指令，如触点型比较、脉冲输出等。还加强了PLC通讯的介绍，使内容更加完善。

遵循“从特殊到一般”的认知规律，第二版仍以一个机型说明可编程控制器的应用技术，力求在把一个机型讲透的基础上，使学生掌握PLC应用中带有普遍性、规律性的知识，培养PLC的工程实践能力。为了体现“从认识到实践，再认识，再实践”的认知过程，本书分为三个层次。即入门篇、提高篇及应用篇。三篇各有侧重，可独立成篇，又相互衔接，层层深入，以满足不同专业，不同层次读者的需要。

本教材内容简洁，选材合理，结构严谨。以工程实例多见长于各类教材。可以较好地满足高职高专教学目标的需要。

本书由张万忠主编，并编写了前言、第一、二、三、四、八、九章及附录，赵黎明编写了第五章，郑德明编写了第六、七章，金沙编写了第十、十一、十二、十三章，全书由张万忠统稿。

本书由周渊深教授主审。在本书的编写过程中，参考了其他教材及相关厂家的技术资料，在此一并表示衷心感谢。

由于编者水平所限，书中疏漏和不妥之处，敬请读者批评指正。

编者

2005年3月

第三版前言

到2011年4月，本书出版已有十个年头了。十年来，承蒙广大读者及老师们错爱，本书一直有较好的销量，一些院校始终将本书作为教材使用。本书第二版2005年6月发行后，被教育部评为普通高等教育“十一五”国家级规划教材，也获得了更多读者的好评。近年来，可编程控制器又有了一些新发展、新技术，PLC教学也有一些新的要求，为了能进一步满足广大学生及读者需要，更好地为高职高专教学服务，本书进行了改编，作为第三版发行。

本书第三版在保持第二版的基本结构、基本内容不变的前提下，跟踪三菱FX系列PLC的新发展、新动向、新技术，对三菱FX_{2N}系列PLC的技术指标做了订正。结合近年来PLC教学的新形势、新要求，对全书的内容作了调整及补充，同时删除了二版书中叙述相对落后的内容及一些繁琐的习题。本书的第三版内容更加翔实，编排更加合理，实例更加丰富生动，更有利于教学的组织及学生的自学阅读。

本书由张万忠主编，并编写了前言、第一、二、三、四、八、九章及附录，赵黎明编写了第五章，郑德明编写了第六、七章，金沙编写了第十、十一、十二、十三章，全书由张万忠统稿。

本书由周渊深教授主审。在本书的编写过程中，参考了其他教材及相关厂家的技术资料，在此一并表示衷心感谢。

由于编者水平所限，书中疏漏和不妥之处，敬请读者批评指正。

编者

2012年4月

目　录

入门篇　可编程控制器应用基础

提高篇　可编程控制器应用技术

入门篇

可编程控制器应用基础

第一章　可编程控制器概述

内容提要：作为通用的工业控制计算机，40 多年来，可编程控制器从无到有，实现了工业控制领域接线逻辑到存储逻辑的飞跃；其功能从弱到强，实现了逻辑控制到数字控制的进步；其应用领域从小到大，实现了单体设备简单控制到胜任运动控制、过程控制及通信控制等各种任务的跨越。今天的可编程控制器正在成为工业控制领域的主流控制设备，在世界工业控制中发挥着越来越大的作用。

本章简要介绍了可编程控制器的定义、发展过程以及可编程控制器的特点和应用领域，并对其工业应用的基本模式作了概括介绍。

第一节　可编程控制器的定义

可编程控制器（Programmable Controller）简称 PC，个人计算机（Personal Computer）也简称 PC，为了避免混淆，人们将最初用于逻辑控制的可编程控制器叫做 PLC（Programmable Logic Controller）。本书也用 PLC 作为可编程控制器的简称。

可编程控制器的历史只有 40 多年，但发展极为迅速。为了确定它的性质，国际电工委员会（International Electrical Committee）多次发布及修订有关 PLC 的文件。在 1987 年颁布的 PLC 标准草案中对 PLC 作了如下定义："PLC 是一种专门为在工业环境下应用而设计的数字运算操作的电子装置。它采用可以编制程序的存储器，用来在其内部存储执行逻辑运算、顺序运算、计时、计数和算术运算等操作的指令，并能通过数字式或模拟式的输入和输出，控制各种类型的机械或生产过程。PLC 及其有关的外围设备都应按照易于与工业控制系统形成一个整体，易于扩展其功能的原则而设计。"

定义中有以下几点值得注意。

① 可编程控制器是"数字运算操作的电子装置"，它其中带有"可以编制程序的存储器"，可以进行"逻辑运算、顺序运算、计时、计数和算术运算"工作，可以设想可编程控制器具有计算机的基本特征。事实上，可编程控制器无论从内部构造、功能及工作原理上看，都是不折不扣的计算机。

② 可编程控制器是"为工业环境下应用"而设计的计算机。工业环境和一般办公环境

有较大的区别，可编程控制器具有特殊的构造，使它能在高粉尘、高噪声、强电磁干扰和温度变化剧烈的环境下正常工作。为了能控制“机械或生产过程”，它又要能“易于与工业控制系统形成一个整体”。这些都是为办公环境设计的个人计算机不可能做到的。可编程控制器不是普通的计算机，它是一种工业现场用计算机。

③ 可编程控制器能控制“各种类型”的工业设备及生产过程。它“易于扩展其功能”，它的程序并不是不变的，而是能根据控制对象的不同要求，让使用者“可以编制程序”。也就是说，可编程控制器较以前的工业控制计算机，如单片机工业控制系统，具有更大的灵活性，它可以方便地应用在各种场合，它是一种通用的工业控制计算机。

通过以上定义还可以了解到，相对一般意义上的计算机，可编程控制器并不仅仅具有计算机的内核，它还配置了许多使其适用于工业控制应用的器件。它实质上是经过一次工业应用开发的工业控制用计算机。但是，从另一个方面来说，由于它是一种通用机，不经过二次开发，它不能在任何具体的工业设备上使用。不过，自其诞生以来，电气工程技术人员们感受最深的也正是可编程控制器二次开发十分容易。它在很大程度上使得工业自动化设计从专业设计院走进了工厂和矿山，变成了普通工程技术人员甚至普通电气工人力所能及的工作。再加上体积小、工作可靠性高、抗干扰能力强、控制功能完善、适应性强、安装接线简单等众多优点，可编程控制器在短短的 40 多年中获得了突飞猛进的发展，在工业控制中获得了非常广泛的应用。

第二节　传统的工业控制装置

在可编程控制器诞生之前，工业控制设备主要是以继电器、接触器为主体的电气控制装置。继电器、接触器是一些电磁开关。其结构如图 1-1 所示，由励磁线圈、铁芯磁路、触点等部件组成。其中触点是接通或断开电路的部件，依励磁线圈通电前的状态可分为常开和常闭两种类型。线圈通电前呈断开状态的触点为常开触点，如图中触点 3、4，呈接通状态的为常闭触点，如图中触点 1、2。同一只接触器或继电器常有多对常开、常闭触点。当励磁线圈通电，衔铁在磁力作用下向下运动，被铁芯吸合时，常开触点接通，常闭触点断开，以完成电路的切换。根据触点的动作特征，常开触点也叫做动合触点，常闭触点也叫做动断触点。触点还分为主触点及辅助触点。用于主电路，切换较大电流的触点是主触点。用于控制电路，只能通过较小电流的触点称为辅助触点。图 1-2 所示是使用一只接触器及按钮等电器构成的三相异步电动机单向运转的电路。图 1-2(a) 为主电路，接触器 KM 的常开主触点控制电动机电源的通断。图 1-2(b) 为控制电路，由 KM 的线圈，常开辅助触点及启动按钮 SB2、停止按钮 SB1 组成。控制电路的作用是实现对主电路电器的控制及保护。其逻辑关系如下：当 SB2 按下时，KM 得电，KM 并联在 SB2 触点上的常开辅助触点动作，使 KM 在 SB2 松开后仍能保持接通状态，电机运行。当 SB1 按下时，KM 失电，电机停车。图 1-3 所示是交流异步电动机可逆运转的电路。图中组成电路的元件仍旧是接触器及按钮，只是器件的数量及电路连接方法不一样，电动机从单向运行变成了双向运行。这说明通过继电器、接触器及其他控制元件的线路连接，可以实现一定的控制逻辑，从而实现生产设备的各种操

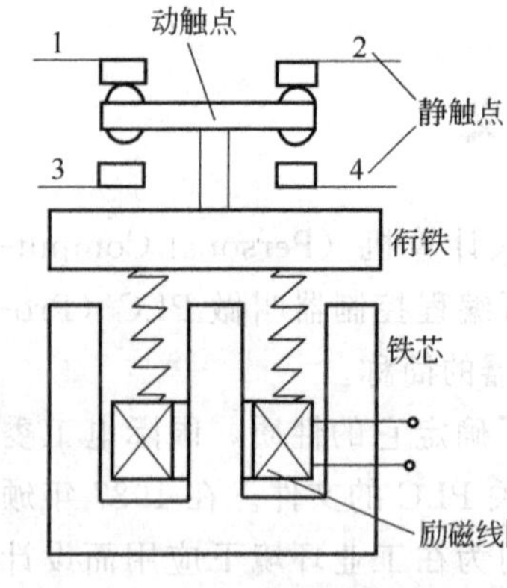

图 1-1　电磁式电器的结构

作控制。人们将由导线连接决定器件间逻辑关系的控制方式称为接线逻辑。为了方便，本书下文中称继电接触器控制装置为“继电器电路”。

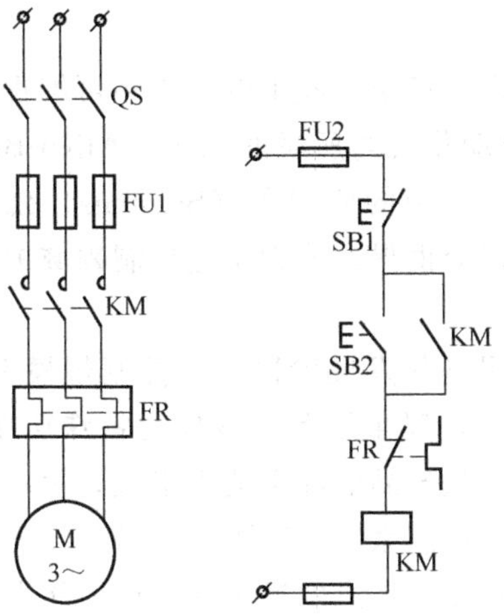

(a) (b)

图 1-2 接触器控制异步电动机单向运转电路

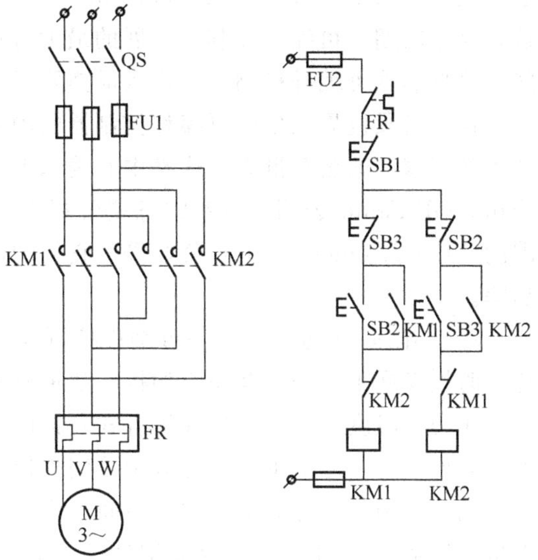

图 1-3 接触器控制异步电动机可逆运转电路

随着工业自动化程度的不断提高，使用继电器电路构成工业控制系统的缺陷不断地暴露出来。首先是复杂的系统使用成百上千个各种各样的继电器，成千上万根导线连接得密如蛛网。只要有一个电器、一根导线出现故障，系统就不能正常工作，这就大大降低了接线逻辑系统的可靠性。其次是这种系统的维修及改造很不容易。特别是技术改造，当试图改变工作设备的工作过程以改善设备的功能时，人们宁愿重新生产一套控制设备都不愿意将继电器控制柜中的线路重新连接。而在 20 世纪 60～70 年代，社会的进步要求制造业生产出小批量、多品种、多规格、低成本、高质量的产品以满足市场的需要，不断地提出改善生产机械功能的要求。加上当时电子技术已经有了一定的发展，于是人们开始寻求一种以存储逻辑代替接线逻辑的新型工业控制设备。这就是后来的可编程控制器。

第三节 可编程控制器的发展过程及未来展望

世界上公认的第一台可编程控制器是 1969 年美国数字设备公司（DEC）研制的。限于当时的元件条件及计算机发展水平，早期的可编程控制器主要由分立元件和中小规模集成电路组成，可以完成简单的逻辑控制及定时、计数功能。20 世纪 70 年代初出现了微处理器，人们很快将其引入可编程控制器，使可编程控制器增加了运算、数据传送及处理等功能，成为真正具有计算机特征的工业控制装置。为了方便熟悉继电器、接触器系统的工程技术人员使用，可编程控制器采用和继电器电路图类似的梯形图作为主要编程语言，并将参加运算及处理的计算机存储单元都以继电器命名。因而人们称可编程控制器为微计算机技术和继电器常规控制概念相结合的产物。20 世纪 70 年代初是可编程控制器诞生阶段。

20 世纪 70 年代中末期，可编程控制器进入了实用化定型发展阶段，计算机技术已全面引入可编程控制器中，使其功能发生了飞跃。更高的运算速度，超小型的体积，可靠的工业抗干扰设计，模拟量运算、脉冲计数功能及极高的性价比奠定了它在现代工业中的地位。

20 世纪 80 年代初，是可编程控制器普及及产品系列化阶段。在世界第一台可编程控制器的诞生地美国，权威情报机构 1982 年的统计数字显示，大量应用可编程控制器的工业厂家占美国重点工业行业厂家总数的 82%，可编程控制器的应用数量已位于工业自控设备之首。这个时期，可编程控制器发展的最大特点是产品系列化，性能及各类技术指标也日臻成熟，这标志着可编程控制器已步入成熟阶段。

这个阶段世界上生产可编程控制器的国家日益增多，产量日益上升。许多可编程控制器的生产厂家已闻名全世界。这其中有美国 Rockwell 自动化公司所属的 A-B（Allen-Bradley）公司，GE-Fanuc 公司，日本的三菱公司和立石公司，德国的西门子（Siemens）公司，法国的 TE（Telemecanique）公司等。它们的产品已风行全世界，成为工业控制领域中的著名品牌。

20 世纪末 21 世纪初，是可编程控制器高性能及网络化发展阶段。从控制规模上来说，这个时期发展了大型机及超小型机；从控制能力上来说，诞生了各种各样的特殊功能单元，用于压力、温度、转速、位移等各式各样的控制场合；从产品的配套能力来说，生产了各种人机界面单元、通信单元，使应用可编程控制器的工业控制系统配套更加容易。伴随着工业以太网、现场总线等通信技术的不断进步，可编程控制器也重点发展了网络通信能力，使其在机械制造、石油化工、冶金钢铁、汽车、轻工业等领域的大型工业系统中的应用更加广泛。

中国可编程控制器的引进、应用、研制、生产是伴随着改革开放开始的。最初是在引进设备中大量使用了可编程控制器。接下来在各种企业的生产设备及产品中不断扩大了 PLC 的应用。目前，中国自己已可以生产中小型可编程控制器，但暂无较大影响力及市场占有率的产品。

权威人士预计，21 世纪，可编程控制器会有更大的发展，从技术上看，计算机技术的新成果会更多地应用于可编程控制器的设计及制造上，会有运算速度更快、存储容量更大，组网能力更强的品种出现。从产品规模上看，会进一步向超小型及超大型方向发展。从产品的配套性能上看，产品的品种会更丰富，规格更齐备。完美的人机界面、完备的通信设备会更好地适应各种工业控制场合的需求。从产品的应用特征上来看，PLC 会在定位、伺服、数控等领域发挥更大的作用。从市场上看，各国各自生产多品种产品的情况会随着国际竞争的加剧而打破，会出现少数几个品牌垄断国际市场的局面，会出现国际通用的编程语言。这是有利于可编程技术的发展及可编程产品的普及的。从网络的发展情况来看，可编程控制器和其他工业控制计算机组网构成大型的控制系统是可编程控制器技术的发展方向，目前的计算机集散控制系统（Distributed Control System）及现场总线控制系统中已有大量的可编程控制器应用，伴随着计算机网络的进一步发展，可编程控制器作为自动化控制网络或国际通用网络的重要的组成部分，将在工业及工业以外的众多领域发挥越来越大的作用。

第四节　可编程控制器的特点及应用领域

一、可编程控制器的特点

可靠性高及通用性好是可编程控制器最重要的特点。

高可靠性是电气控制设备的关键性能。可编程控制器由于采用现代大规模集成电路技术，采用严格的生产工艺制造，内部电路采取了先进的抗干扰技术，具有很高的可靠性。以三菱公司早期生产的F系列可编程控制器为例，硬件平均无故障时间就已高达30万小时。一些使用冗余CPU的可编程控制器的平均无故障工作时间则更长。从软件角度看，可编程控制器用户程序与系统软件相对独立，使软件引起的故障大大减少。从可编程控制器的机外电路来说，和同等控制规模的继电接触器系统相比，电气接线及开关接点已减少到数百甚至数千分之一，故障率也就大大降低。此外，可编程控制器带有硬件故障的自检测功能，在应用软件中，也可以编入外围器件的故障自诊断程序，所以，整个系统具有极高的可靠性。

通用性好指设备可以应用于各种场合，各类设备及可以实现各种控制模式。可编程控制器发展到今天，已经形成了大、中、小各种规模的系列化产品。可以用于各种规模的工业控制场合。除了逻辑处理功能外，可编程控制器具有完善的数据运算能力，还可以用于各种需要数字运算的控制领域。近年来，可编程控制器新型功能单元的涌现使可编程控制器迅速渗透到了定位控制、温度控制、CNC等各种工业控制中，加上可编程控制器通信能力的增强及人机界面技术的发展，使用可编程控制器组成各种控制系统变得非常容易。

此外，作为面向工矿企业的控制设备。可编程控制器与其他工业设备，如变频伺服系统、数控系统，过程控制设备接口都十分容易。编程语言中，梯形图语言的图形符号与表达方式和继电器电路图相当接近，易为工程技术人员接受。可编程控制器控制系统的设计、建造工作量小，与继电接触器控制装置比较，维护方便，改造容易。产品体积小，重量轻，能耗低，性价比高也是可编程控制器的突出优点。

二、可编程控制器的控制对象

可编程控制器已广泛应用于钢铁、石油、化工、电力、建材、机械制造、汽车、轻纺、交通运输、环保及文化娱乐等各个行业，其控制对象大致可归纳为如下几类。

1. 开关量逻辑控制

这是可编程控制器最基本、最广泛的控制应用，可取代传统的继电接触器电路实现逻辑控制、顺序控制，既可用于单台设备的控制，又可用于多机群控及自动化流水线。如注塑机、印刷机、订书机械、组合机床、磨床、包装生产线、电镀流水线等。

2. 运动控制

可编程控制器可以用于圆周运动或直线运动的定位控制。除了系列产品中原有的专用定位控制模块外，近年来整体式可编程控制器单元中增加了集成的脉冲输出功能及高速计数功能，定位控制能力大大提高。此外，专用运动控制模块的类型及功能也不断增加，使可编程控制器在各种运动控制场合应用更加方便。

3. 闭环过程控制

过程控制是指对温度、压力、流量等模拟量的闭环控制。在采用非总线类检测及控制设备时这些量一般都是模拟量，在使用可编程控制器作为控制装置时需将模拟量（Analog）变换为数字量（Digital）供可编程控制器应用或需将可编程控制器计算数据变换为模拟量供可编程控制器输出。目前可编程控制器厂家都生产与可编程控制器配套使用的模拟量转换模块，直接在整体式可编程控制器产品中集成A/D和D/A转换接口的产品也渐渐多了起来。

可编程控制器用于过程控制还由于其具有各种运算指令，能编制各种各样的控制算法程序，完成闭环控制。PID调节是一般闭环控制系统中用得较多的调节方法。大中型可编程控制器都有专用的PID模块，小型可编程控制器也具有PID指令。

4. 数据处理

可编程控制器具有数学运算（含矩阵运算、函数运算、逻辑运算）、数据传送、数据转换、排序、查表、位操作等功能，可以完成数据的采集、分析及处理。这些数据除可以与储存在存储器中的参考值比较，完成一定的控制操作外，也可以利用通信功能传送到别的智能装置，或将它们打印制表。数据处理一般用于大型控制系统，如无人控制的柔性制造系统，也可用于过程控制系统，如造纸、冶金、食品工业中的一些大型控制系统。

5. 网络应用

随着计算机控制的发展，工厂自动化网络发展得很快，各可编程控制器厂商都十分重视可编程控制器的网络功能，纷纷推出各自的网络系统。新近生产的可编程控制器无论是网络接入能力还是通信技术指标都得到了很大加强，这使可编程控制器在远程控制系统中的应用越来越多。

第五节　可编程控制器工业应用的基本模式

承前所述，可编程控制器是一种新型的通用的电器控制器，一种以计算机为内核的电器控制器。作为一个传统的名称，电器控制器可定义为：电器及电路构成的用于电气控制的装置。

前边已经说过：继电接触器系统是传统的电器控制器。而新型的具有计算机内核的可编程控制器在工业控制中是如何应用的？这里有以下三个问题值得强调。

1. 可编程控制器的应用离不开主令电器及执行电器

作为通用的工业控制装置，可编程控制器必须连接主令电器及控制对象，也就是说必须接入控制系统。单独的可编程控制器不能实现任何控制功能。因此，和一般的控制装置一样，可编程控制器必定装配有许多的输入接口、输出接口、通信接口用于连接控制系统中的接触器、电磁阀、按钮、开关、各类传感或各种人机界面设备。

2. 可编程控制器处理的是代表控制系统中事件及数值的存储器数据

作为工业控制计算机，与普通计算机一样，可编程控制器工作的根本形式是依程序处理存储器中的各种数据。这些数据是如何存到了可编程控制器的存储器中的？这些数据是些什么数据？它们代表了什么？这些问题是使用计算机的人需首先要明确的。

答案很简单：这些数据是通过可编程控制器的输入口送入的，也可以是事先存入的。输入口送入的是现场实时数据，事先存入的可以是计算用的辅助数据。这些数据可能是二进制的一位，也可能是多位二进制或别的数制的数据。但不论是什么样的数据，都代表了控制过程中各类事件的状态及数量变化。例如某个输入口上连接的A按钮的常开触点接通时，代表这个按钮触点状态的位存储单元置1，这个“1”就代表了“A按钮被按下”这一控制事件。此外，计算机运行中产生的中间结果也存在存储器中用于下一步的运算。

3. 联系可编程控制器系统输入与输出的是应用程序

可编程控制器正常工作中，一直在运算着。它是怎样算的，谁控制它的计算方法，或者说可编程控制器的输入信号是如何能影响输出信号的？

具有计算机工作常识的人都知道，计算机工作离不开软件。软件决定了计算机的运行方法，软件联系着可编程控制器的输入与输出。这里的软件指由可编程控制器应用者根据控制要求编制的应用程序，也存储在可编程控制器的存储单元中（存储逻辑）。不同控制目的的应用软件应当不同。更改了应用软件也即更改了可编程控制器的控制功能。

因此，可编程控制器工业应用的基本模式可以表述为：第一点，像其他的电器控制器一样，可编程控制器必须要接入控制系统电路，即是要与传感器、主令电器、执行电器、通信设备及其他需用的控制设备连接成一体；第二点，硬件连接后还需编制应用软件，表达可编程控制器输入与输出间的关系，这样就将控制系统中的事件联系在一起了。

作为可编程控制器工业应用模式的模型，图 1-4 是可编程控制器的等效电路。图中将可编程控制器的工业控制系统分成了输入部分、输出部分及控制部分，图中的虚线框代表 PLC，输入及输出接口接着输入或输出器件。框的中心是可编程控制器的应用程序。图顶上的箭头代表了信号从输入传到输出的过程。

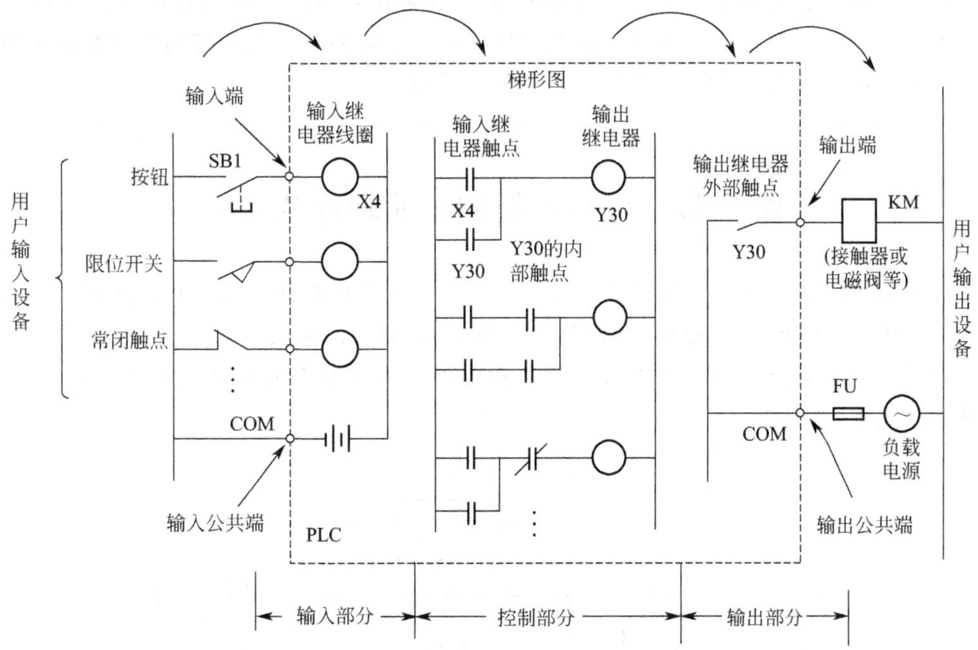

图 1-4　可编程控制器的等效电路

习题及思考题

1-1　为什么说可编程控制器是通用的工业控制计算机？和一般的计算机系统相比，PLC 有哪些特点？

1-2　什么是接线逻辑？什么是存储逻辑？它们的主要区别是什么？

1-3　继电接触器控制系统是如何构成及工作的？可编程控制器系统和继电器控制系统有哪些异同点？

1-4　可编程控制器的发展经历了哪几个阶段，各阶段的主要特征是什么？

1-5　作为通用的工业控制计算机，可编程控制器有哪些特点？

1-6　可编程控制器主要应用在哪些领域？

1-7　可编程控制器的发展方向是什么？

1-8　可编程控制器工业控制应用的基本模式提示了 PLC 应用的哪些根本点？

第二章　可编程控制器的构成及工作原理

内容提要： 和普通计算机一样，可编程控制器由硬件及软件构成。硬件方面，可编程控制器和普通计算机的主要差别在于可编程控制器配有许多专门设计、方便与工业控制系统连接的输入输出口。软件方面和普通计算机的主要差别为可编程控制器的应用软件是由使用者编制，用专用语言表达的专用软件。可编程控制器工作时采用应用软件的逐行扫描执行方式，这和普通计算机等待命令工作方式也有所不同。从时序上来说，可编程控制器指令的串行工作方式和继电器电路的并行工作方式也是不同的。

第一节　可编程控制器的硬件及功能

世界各国生产的可编程控制器外观各异，但作为工业控制计算机，其硬件结构都大体相同。主要由中央处理器（CPU）、存储器（RAM、ROM）、输入输出器件（I/O 接口）、电源及编程设备几大部分组成。从本节开始，我们直接称可编程控制器为 PLC，PLC 的硬件组成结构如图 2-1 所示。

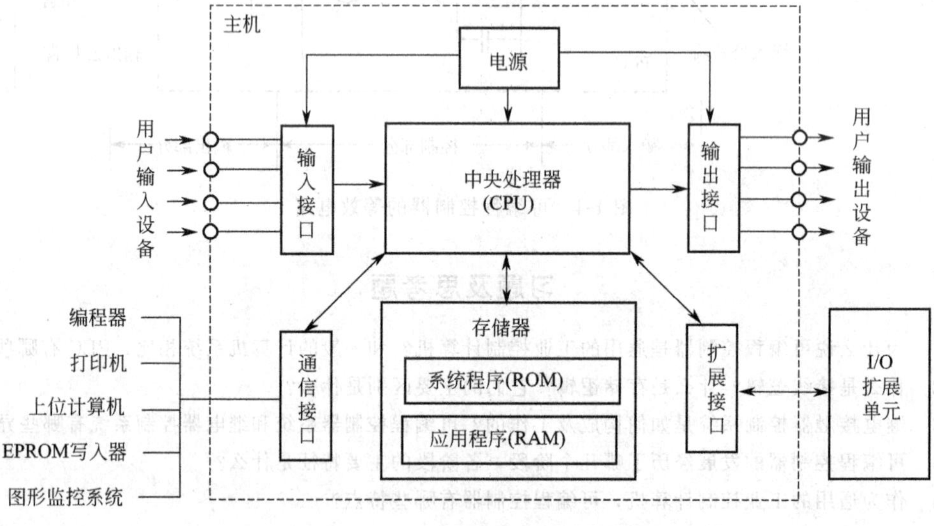

图 2-1　PLC 的硬件组成结构

一、中央处理器（CPU）

中央处理器是可编程控制器的核心，它执行系统程序及用户程序，完成逻辑运算、数学运算、协调系统内部各部分工作、产生各种控制信号，实现 PLC 内部及外部的控制。一般说来，CPU 的位数及运算能力越强，PLC 的功能越强。现在常见的可编程控制器多为 16 位或者 32 位机。为了提高 PLC 的性能，也有一台 PLC 采用多个 CPU 的。

二、存储器

存储器是可编程控制器存放系统程序、用户程序及运算数据的单元。和一般计算机一样，可编程控制器的存储器有只读存储器（ROM）和随机读写存储器（RAM）两大类，只读存储器用来保存那些需永久保存，即使机器掉电后也需保存的程序及数据，如系统程序。随机读写存储器的特点是写入与擦除都很容易，但在掉电情况下存储的数据就会丢失，一般用来存放用户程序及系统运行中产生的临时数据。为了能使用户程序及某些运算数据在可编程控制器脱离外界电源后也能保持，实际使用中都为一些重要的随机读写存储器配备电池或电容等掉电保持装置。

PLC 存储器按用途不同划分区域，可分为程序区及数据区。程序存储器用来存放系统程序与用户程序。其中系统程序相当于计算机的操作系统。数据存储器区用来存放 PLC 程序执行时的中间状态与输入输出信息，相当于计算机的内存。在数据区中，各类数据存放的位置都有严格的划分。由于 PLC 是为熟悉继电接触器系统的工程技术人员使用设计的，可编程控制器的数据单元大多以继电器命名，如输入继电器、输出继电器、辅助继电器、时间继电器、计数器等。且认为它们具有线圈及无数多对常开常闭触点。不同用途的继电器在存储区中占有不同的区域。每个存储单元都有不同的地址编号。

三、输入、输出接口

输入、输出接口用来传输工业控制现场各类信号。输入接口用来接收操作命令及生产过程参数。输出接口用来送出 PLC 运算后得出的控制信息。由于 PLC 在工业生产现场工作，对输入、输出接口有两个主要的要求：一是有良好的抗干扰能力，二是能满足工业现场各类信号的匹配要求。因而 PLC 为不同的接口需求设计了不同的接口单元。主要的有以下几种。

1. 开关量输入接口

开关量输入接口连接现场的按钮、开关及传感器等器件。其作用是把现场开关量信号变成 PLC 内部处理的标准信号。每个开关量输入接口对应着存储器中输入继电器的一位。开关量输入接口按外部信号电源的类型不同有直流输入单元、交流输入单元及交/直流输入单元几种。如图 2-2～图 2-4 所示。

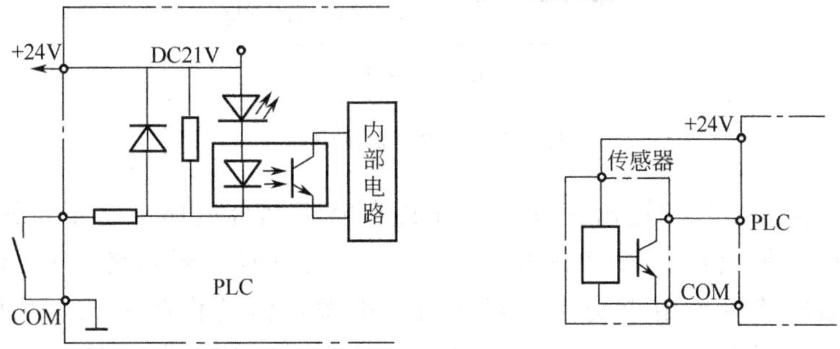

(a) 开关类元件输入连接　　(b) 传感器输入连接

图 2-2　直流输入电路

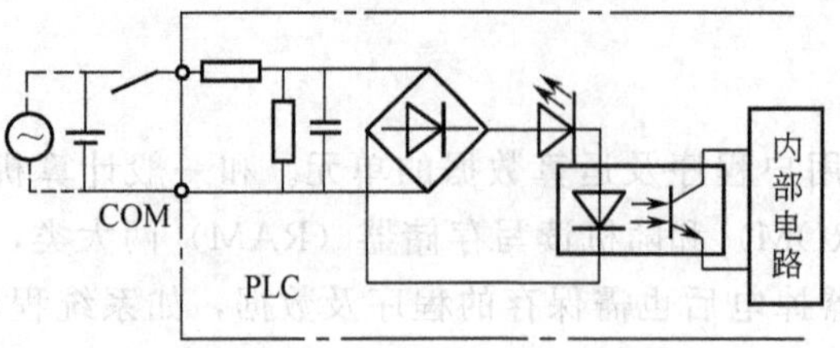

图 2-3 交流/直流输入电路

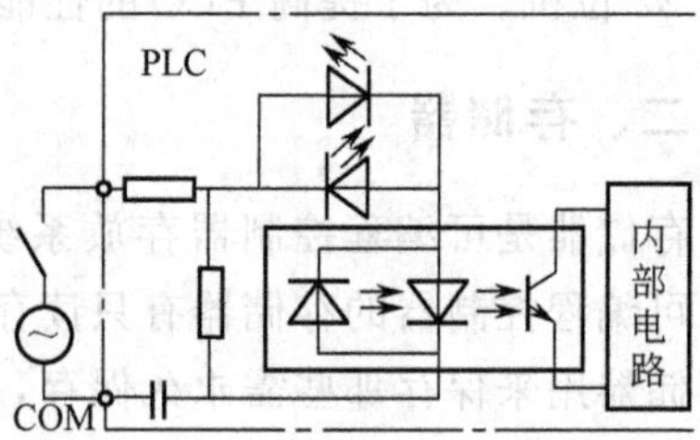

图 2-4 交流输入电路

从图中可以看出，输入接口中有滤波电路及隔离耦合电路。滤波电路有抗干扰作用，耦合电路有抗干扰及产生标准信号的作用。图中输入口的电源部分都画在了输入口外（虚线框外），这是分体式输入口画法，在一般单元式可编程控制器中，直流输入口都使用PLC本机的直流电源供电。

2. 开关量输出接口

开关量输出接口连接现场的接触器、电磁阀线圈或其他执行器件。其作用是把PLC内部的标准信号转换成现场执行机构所需的开关量信号。每个开关量输出口都对应着存储器中输出继电器的一位。开关量输出接口按PLC输出器件类型可分为继电器型、晶体管型及可控硅型。内部参考电路如图2-5所示。

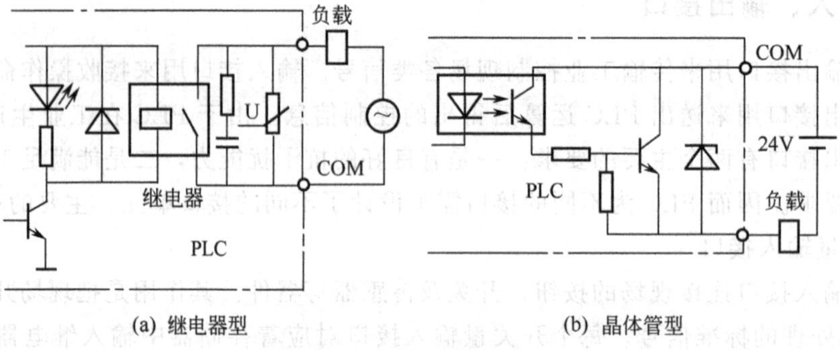

(a) 继电器型 (b) 晶体管型

(c) 可控硅型

图 2-5 开关量输出电路

从图中可以看出，各类输出接口中也都具有隔离耦合电路。这里特别要指出的是，输出接口本身都不带电源，而且在考虑输出回路电源时，还需考虑输出器件的类型。其中，继电器输出接口可用于交流及直流两种电源，但动作频率低，晶体管输出接口有较高的接通断开频率，但只适用于直流驱动场合，可控硅型的输出接口仅适用于交流驱动场合。

3. 模拟量输入、输出接口

模拟量输入输出接口的作用是完成模拟量与数字量的转换工作。由于PLC只能处理数字量信号，现场模拟量接入 PLC 时需模拟量输入口，由 PLC 驱动的现场设备需模拟量时 PLC 需具有模拟量输出口。模拟量输入、输出接口通常由完成模-数或数-模转换的电子电路及隔离、锁存等电路组成。

PLC 的模拟量输入、输出接口大多以专用的模块形式出现，也有在单元式 PLC 上集成形成的。图 2-1 中没有绘出模拟量输入、输出接口。

4. 通信接口及扩展接口

通信接口用于 PLC 与外部设备之间的数据交换。外部设备可以有编程设备、人机界面（如图形及文字单元、触摸屏及打印、显示装置）、系统中的其他计算机或智能设备等。PLC 的通信接口形式多样，有 USB、RS-232、RS-422/RS-485 中的一种或数种。

另外，PLC 还带有扩展接口用于系统的扩展。

四、电源

可编程控制器的电源包括为内部工作单元供电的开关电源及为掉电保护供电的后备电源，后者一般为电池。

PLC 的输入电源有交流与直流两种基本形式。PLC 对外部电源电压的要求不高，交流供电时可以为单相 AC85～260V，50/60Hz，直流供电时，可以为 DC15.6～31.2V。在部分 PLC 中，还可以提供外部开关量输入（触点）信号的 DC24V 电源。

第二节　可编程控制器的软件及应用程序的编程语言

一、PLC 软件的分类及功用

PLC 的软件根据生产厂家及型号有所区别，但大体上可分为系统软件及应用软件两大部分。

1. 系统软件

系统软件含系统的管理程序，用户指令的解释程序，另外还包括一些供系统调用的专用标准程序块等。系统管理程序用以管理机内运行时序，管理存储空间的分配及系统自检等工作。用户指令的解释程序用以完成用户程序变换为机器码的工作。系统软件在用户使用可编程控制器之前就已装入机内，永久保存，用户不能更改。

2. 应用软件

应用软件也叫用户程序，是 PLC 用户为达到某种控制目的，采用专用编程语言自主编制的程序。应用程序编制完成后通过 PLC 配套的编程设备或编程软件下载到 PLC 中，PLC 也因此有了工业控制现场专用的控制功能，改变 PLC 中的应用程序即改变了 PLC 的控制功能，也即所谓的“可编程”。

二、应用程序常用的编程语言

应用程序的编制需使用 PLC 厂家提供的编程语言。迄今为止还没有一种能适合各种可编程控制器的通用编程语言。为了在一定程度上规范 PLC 的生产及使用，国际电工委员会（IEC）1994 年 5 月发布 PLC 标准有关文件，将梯形图、指令表、功能块图、顺序功能图及结构文本等 5 种编程语言作为推荐编程语言。某个 PLC 产品可选择其中的几种或全部作为自己的编程语言。以下介绍最常用的梯形图及指令表语言，顺序功能图语言将在本书第五章中介绍。

1. 梯形图（Ladder Diagram）

梯形图语言简称 LAD，是一种以图形符号表示控制关系的编程语言，是从继电器电路图演变过来的。梯形图中的图形符号（操作数）和继电器电路图中的触点、线圈符号十分相似，也用符号的“串”、“并”连表示逻辑运算的“与”、“或”关系。因而梯形图与继电接触器图的结构也十分相似。表 2-1 给出了继电器电路图中部分符号和三菱公司 PLC 梯形图符号的对照关系。图 2-6 所示为三相异步电动机单向运行继电器控制电路与 PLC 控制梯形图的对照。这一表一图能很好地说明以上观点。

表 2-1 继电器电路与梯形图图形符号对照表

符号名称	继电器电路图符号	梯形图符号
常开触点	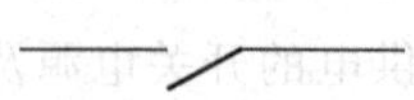	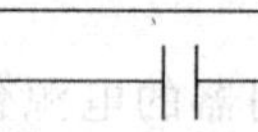
常闭触点	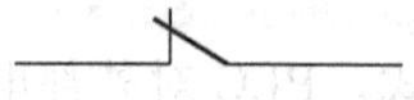	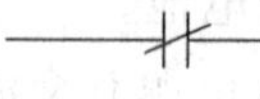
线　圈	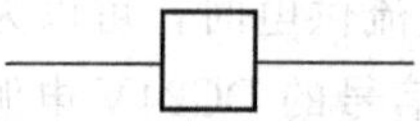	 或 

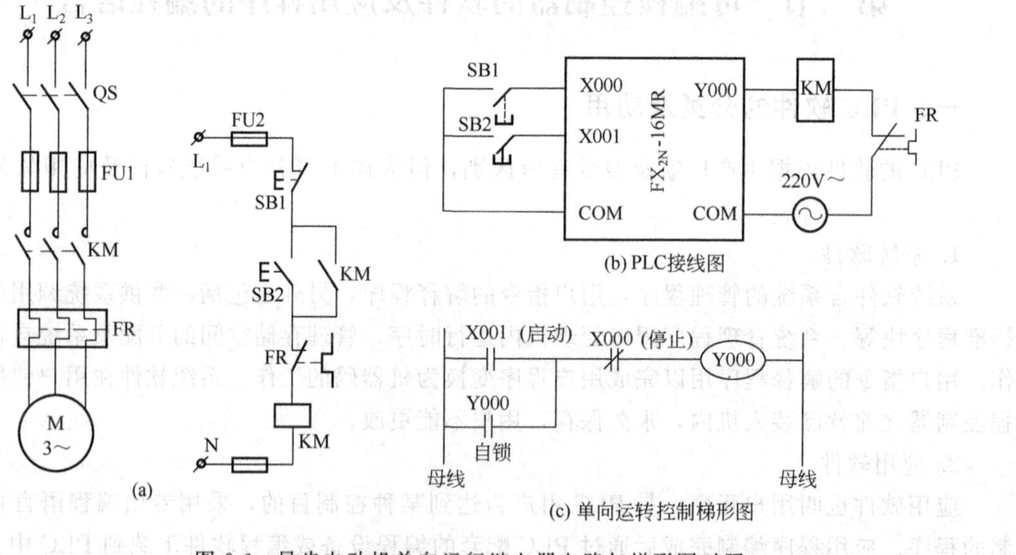

(a)　(b) PLC接线图　(c) 单向运转控制梯形图

图 2-6 异步电动机单向运行继电器电路与梯形图对照

以上两个相似的原因非常简单。图形符号相似是因为梯形图语言是为熟悉继电器电路图的工程技术人员设计的，图形结构相似是因为两种图所表达的逻辑含义是一样的。梯形图与继电器电路图的不同点是横置，且将左右两端的竖线叫做母线，认为母线间的“线路”如果接通的话，将有“能量流”从左母线流向右母线。因而绘制梯形图时可以将 PLC 中参与逻辑组合的数据元件（位元件）看成和继电器一样，具有常开、常闭触点及线圈，且线圈的得电、失电将导致触点的相应动作。再用母线代替电源线，用能量流概念来代替继电器电路中的电流概念，则可使用绘制继电器电路图类似的思路绘出梯形图。需要说明的是，PLC 中的“参与逻辑组合的数据元件”不是实际物理元件，而只是 PLC 存储器中的一位，它的所谓接通不过是相应位存储单元置 1 而已。能量流也是假想的，并不存在。

除了图形符号外，梯形图中也有文字符号。图 2-6 所示梯形图中左边第一个常开触点边标示的 X001 即是文字符号。和继电器电路中一样，文字符号相同的图形符号即是属于同一元件的。

在以上假设基础上，图 2-6 所示梯形图的功能可作如下分析：当电动机正向启动按钮 SB2 按下时，输入继电器 X001 得电，母线上的能量流经接通的 X001 常开触点及 X000 常闭触点到达线圈 Y000，使 Y000 得电（置 1），并通过接触器给电动机送去电源，电动机转动（当按钮 SB2 复位时，并联在 X001 触点上的 Y000 常开触点处于接通状态，保持能流通过，电动机得以连续运行）按下停止按钮 SB_1 则 X000 常闭断开，电动机停止。

梯形图是 PLC 编程语言中使用最广泛的一种语言。

2. 指令表（Instruction List）

指令表也叫做语句表（Statement List，STL）。它和单片机程序中的汇编语言有点类似，由语句指令依一定的顺序排列而成。一条指令一般可分为两个部分，写在前部的为助记符，多为指令功能的英文缩写，后部的为操作数，多为存储数据的存储器地址，也有立即数。指令也有只有助记符的，称为无操作数指令。小型 PLC 中指令表和梯形图通常有严格的对应关系。对指令表编程不熟悉的人可先画出梯形图，再转换为指令表。图 2-7 所示为图 2-6 中梯形图的对应的指令表，图中对每条指令都做了说明。本书将在第三章中介绍 FX_{2N} 系列 PLC 梯形图及指令表的编程方法。

序号	指令		说明
0	LD	X001	常开触点与母线相连
1	OR	Y000	常开触点并联
2	ANI	X000	常闭触点串联
3	OUT	Y000	驱动线圈
4	END		程序结束

图 2-7　三相异步电动机单向运行指令表程序

可编程控制器的编程语言是编制 PLC 应用程序的工具。它以代表控制系统中信号状态的存储器数据为对象表达控制系统的工作要求，并存储在 PLC 的存储器中，即前边提到的“存储逻辑”。

第三节　可编程控制器的工作原理

可编程控器的工作原理与计算机的工作原理本质上是一致的，可以简单地表述为在系统程序的管理下，通过运行应用程序完成用户任务。但个人计算机与 PLC 的工作过程有所不同，计算机一般采用等待命令的方式。如常见的键盘扫描方式或 I/O 扫描方式。当键盘有键按下或 I/O 口有信号输入时则中断转入相应的子程序。而 PLC 在确定了工作任务，装入了应用程序后成为一种专用机，它直接采用循环扫描方式进入系统管理及应用程序的执行。

一、PLC 的工作过程

和普通计算机一样，PLC 系统正常工作所要完成的任务如下。

① 计算机内部各工作单元的调度、监控。

② 计算机与外部设备间的通信。

③ 应用程序所要完成的工作。

这些工作都是分时完成的。每项工作又都包含着许多具体的工作。但计算机的每一个小的动作都要占用时间，因而这些工作要有序地，一个接一个地进行，这就是扫描的含义，或者说 PLC 的工作是分时及串行进行的。至于循环则是说以上三种任务完成一遍后再接下来完成一遍，只要开机运行，就一遍一遍永不休止。这其中串行工作对应用程序执行结果的理解具有重要的意义，特说明如下。

如图 2-8 所示，应用程序的执行过程可分为以下三个阶段。

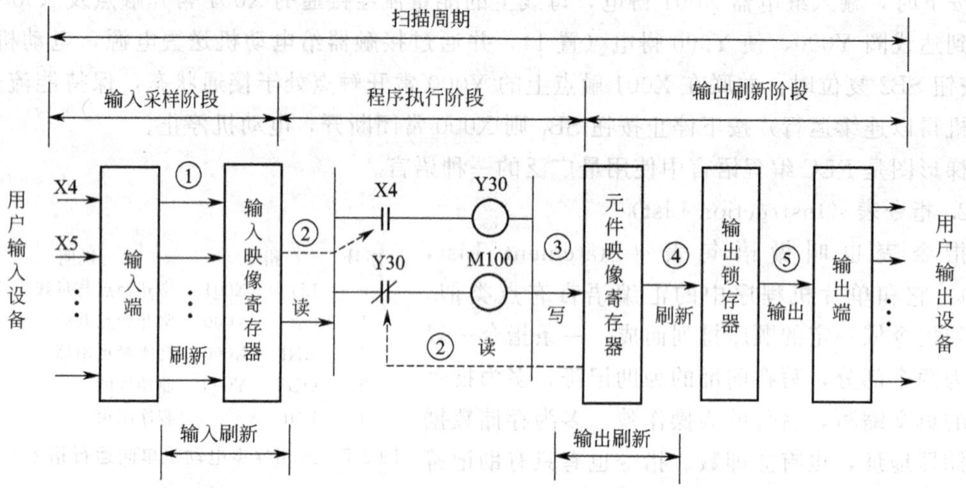

图 2-8 PLC 的工作过程

(1) 输入处理阶段

输入处理也叫输入采样，在这个阶段中，PLC 一次性读入输入口的全部信号，并将它们存放在输入映像寄存器中。

(2) 程序执行阶段

在这个阶段中，PLC 根据本次读入的输入数据，依用户程序的顺序（指令表为指令语句的排列顺序，梯形图为图形符号“从左到右，从上到下”的顺序），逐条执行用户程序。执行的结果存储在元件映像寄存器中。

(3) 输出处理阶段

也叫输出刷新阶段。这是一个程序执行周期的最后阶段。PLC 将本次执行用户程序的结果从元件映像寄存器经输出锁存器一次性地送到各个输出口，对输出状态进行刷新。

这三个阶段也是分时完成的，称为输入、输出的集中处理方式。图 2-8 中序号①～⑤称为 PLC 对输入、输出口的处理原则。

① 输入映像寄存器中的数据取决于输入端子各输入点在上一个采样期间的接通或断开状态。

② 程序执行取决于应用程序及存在输入映像寄存器及元件映像寄存器中的数据。

③ 输出映像寄存器（包含在元件映像寄存器中）的状态，由输出指令的执行结果决定。

④ 输出锁存器的数据，由上一个输出刷新期间输出映像寄存器中的数据决定。

⑤ 输出端子上的接通/断开输出状态，由输出锁存器中的状态决定。

二、影响扫描周期的主要因素

PLC 上电后有两种基本的工作状态，即运行（RUN）状态与停止（STOP）状态。运行状态时执行应用程序。停止状态只做内部处理及通信，一般用于程序的编制与修改。图 2-9 给出了运行和停止两种状态下 PLC 不同的扫描过程。由图 2-9 可知，在这两个不同的工作状态中，扫描过程所要完成的任务是不尽相同的。

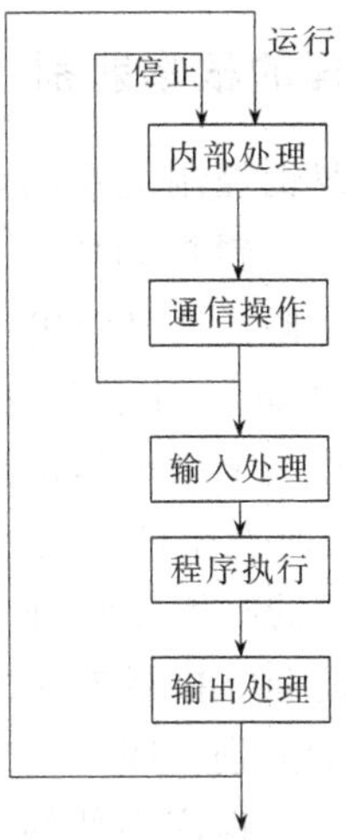

图 2-9　停止及运行时扫描过程示意图

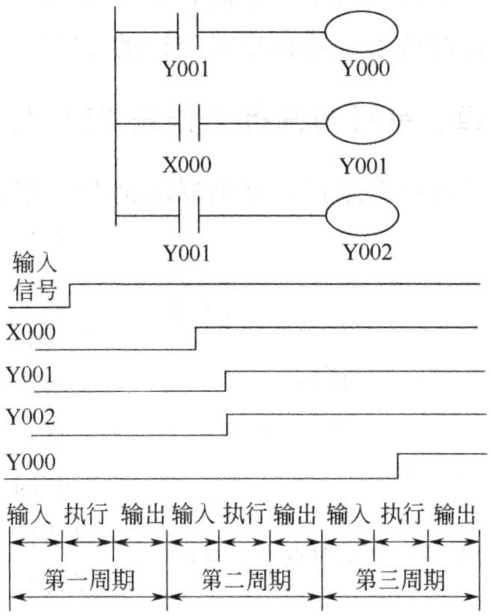

图 2-10　PLC 的输入/输出延迟

以 PLC 在 RUN 工作状态时的情况讨论，将执行一次图 2-9 所示的扫描操作所需的时间称为扫描周期。其时长含内部处理、通信操作的时间，含输入、输出批处理的时间，也和应用程序执行的时间有关。其中内部处理、通信操作需时与 CPU 运行速度与系统规模有关，输入、输出处理时间与输入滤波时间及输出器件动作时间及系统规模有关，应用程序的执行时间与应用程序长短及 CPU 运行速度有关。近年来，随着 PLC 采用 CPU 的性能不断提高，目前技术水平下扫描周期的典型值为毫秒级，为数毫秒到数十毫秒。

三、分时串行的循环工作产生输入、输出滞后时间

输入/输出滞后时间又称为系统响应时间，是指从 PLC 外部输入信号发生变化起至它控制的有关外部输出信号发生变化止之间的时间间隔。很明显，分时串行的循环工作将产生输入、输出滞后时间。

图 2-10 所示是一段梯形图程序及其执行的时序图。图中输入口 X000 接受初始信号，Y000、Y001、Y002 输出信号。时序图中最上一行是 X000 对应的输入信号的波形。下边的 X000 及 Y000、Y001、Y002 分别是输入、输出口对应的输入/输出映像寄存器的状态，高电平表示“1”状态，低电平表示“0”状态。

图中输入信号在第一个扫描周期的输入处理阶段之后才出现，所以在第一个扫描周期内各映像寄存器均为“0”状态。

在第二个扫描周期的输入处理阶段，输入继电器 X000 的映像寄存器变为“1”状态。在程序执行阶段，由梯形图可知，Y001、Y002 依次接通，它们的映像寄存器都变为“1”

状态。

在第三个扫描周期的程序执行阶段，由于 Y001 的接通使 Y000 接通。Y000 的输出映像寄存器变为“1”状态。在输出处理阶段，Y000 对应的外部负载被接通。可见从外部输入触点接通到 Y000 驱动的负载接通，响应延迟最长可达两个多扫描周期。

交换梯形图中第一行和第二行的位置，Y000 的延迟时间将减少一个扫描周期，可见这种延迟时间可以使用程序优化的方法减少。本例是一特例，PLC 总的响应延迟时间一般只有数十毫秒，对于一般的控制系统是无关紧要的。但也有少数系统对响应时间有特别的要求，这时就需选择扫描时间快的 PLC，或采取使输出与扫描周期脱离的控制方式来解决。

四、串行与并行工作是 PLC 与继电器系统工作原理的根本差别

前边已介绍过，继电器电路图是用低压电器的接线表达逻辑控制关系的，PLC 则使用梯形图表达这种关系。在简单逻辑控制场合，继电器电路图与梯形图的结构可以非常相似。但是继电器电路和 PLC 在运行时序上却有着根本的不同。对于继电器电路来说，忽略电磁滞后及机械滞后，同一个继电器的所有触点的动作是和它的线圈通电或断电同时发生的。但在 PLC 中，由于分时扫描工作，同一个器件的线圈工作和它的各个触点的动作并不同时发生。这就是继电接触器系统的并行工作方式和 PLC 的串行工作方式的差别。图 2-11 所示的梯形图程序常用来说明 PLC 的串行工作方式，叫做“定时点灭”电路。程序中使用了一只时间继电器 T5 及一只输出继电器 Y005，X005 接电路的工作开关。电路的功能是 Y005 接通 0.5s，断开 0.5s，反复交替进行。这个电路是以 PLC 指令的串行扫描为基础的，如将图中的器件换为继电接触器，电路是不可能工作的。例如，梯形图第一行中，当时间继电器 T5 的线圈得电计时且时间到而动作时，接在线圈前边的 T5 的常闭触点就将断开线圈电路，使线圈失去得电条件。这个梯形图的分析过程能很好地体现 PLC 程序扫描执行的特点。有兴趣的读者可自己分析。

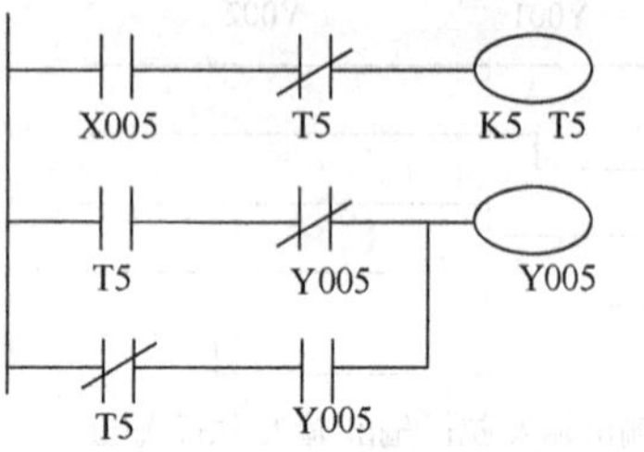

图 2-11 “定时点灭”电路

第四节 可编程控制器按硬件结构及应用规模分类

一、按硬件的结构类型分类

可编程控制器是专门为工业生产环境设计的。为了便于在工业现场安装，便于扩展，方便接线，其结构与普通计算机有很大区别，通常可有单元式、模块式两种主流结构。

1. 单元式结构

单元式又叫整体式。从结构上看，早期的 PLC 是把 CPU、存储器、输入输出端子及其他接口、电源等都装配在一起的整体装置，一个箱体就是一个完整的 PLC，叫做一个单元。它的特点是结构紧凑，体积小、成本低、安装方便。缺点是配装的输入、输出接线端子数量是固定的，不一定适合具体的控制现场的需要。有时整体 PLC 的输入口或输出口要扩展，这就又需要一种只有一些接口而没有 CPU 的装置。为了区分这两种装置，人们把前者叫做基本单元，而把后者叫做扩展单元。

整体式 PLC 通常都有不同 I/O 点数的基本单元及扩展单元，单元的品种越多，其配置就越灵活。PLC 产品中还有一些功能单元，这是为某些特殊的控制目的设计的具有专门用途的装置，如高速计数单元、位控单元、温控单元等，通常都是智能单元，内部一般有自己专用的 CPU，它们可以和基本单元的 CPU 协同工作，构成一些专用的控制系统。鉴于构成扩展系统时的情况，整体式 PLC 也叫做基本单元加扩展型 PLC。

图 2-12 所示为装有编程器的三菱 F_1 系列 PLC，是单元式结构 PLC 的典型实例（机箱顶上装有编程器）。PLC 中的小型机一般多是单元式机。

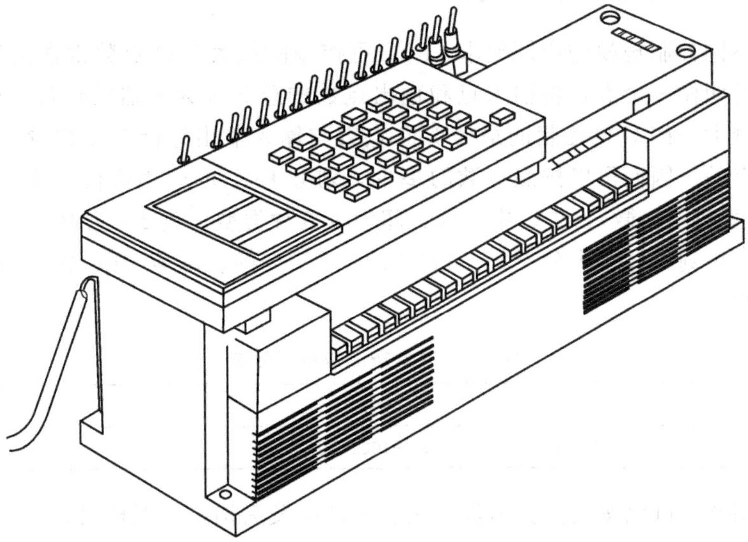

图 2-12　单元式可编程控制器

2. 模块式结构

模块式结构又叫积木式。这种结构的特点是把 PLC 的每个工作单元都制成独立的模块，如 CPU 模块、输入模块、输出模块、电源模块、通信模块等。另外，配一块带有插槽的母板，实质上就是计算机总线，把这些模块按控制系统需要选取后，都插到母板上，就构成了一个完整的 PLC。这种结构的 PLC 的特点是系统构成非常灵活，安装、扩展、维修都很方便；缺点是体积比较大。图 2-13 所示为模块式 PLC 的示意图。模块式机一般为大、中型 PLC。

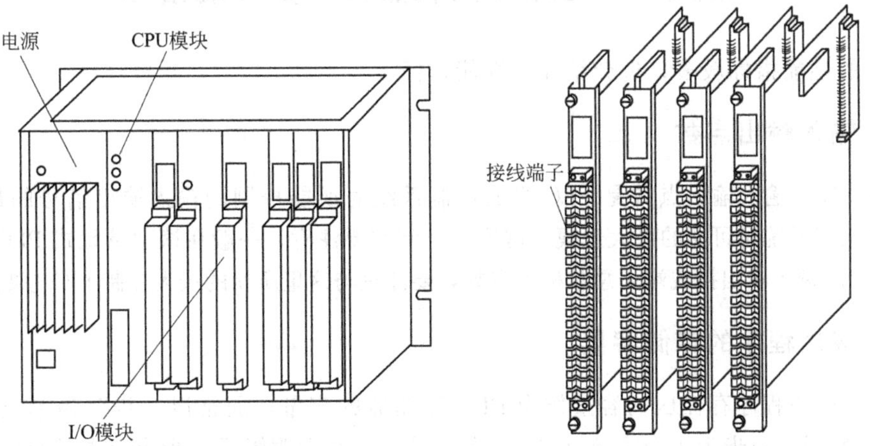

(a) 模块插入机箱时的情形　　(b) 模块插板

图 2-13　模块式可编程控制器

前些年还有叠装式 PLC 的说法。设想将单元式及模块式的优点整合，把某一系列 PLC 的工作单元都制成外形尺寸一致的模块，但不一定像模块式结构那样分得那么细。拼组时也不使用模块式 PLC 中那样的母板，只是采用电缆连接各个单元，这就是叠装式 PLC。其实，现代单元式 PLC 的外观尺寸都是依这种思路设计的，在配装扩展单元时都是叠装模式。

近年来还有集成式 PLC 与分布式 PLC 的说法，前者指集成在其他工控设备如 CNC（数控系统）中的 PLC，后者是以网络联系远程输入输出口及工作单元电路的 PLC。

二、按可应用规模及功能分类

为了适应不同控制规模的应用要求，PLC 可控制的最大 I/O 点数常常设计成不一样的。一般将一路信号叫做一个点，将输入点和输出点数的总和称为机器的点数。I/O 点数越多，可组成的系统越大。PLC 可控制的最大 I/O 点数与输入输出存储单元数量，程序存储器容量及扫描速度有关。因而可以按照点数的多少，划分 PLC 的应用规模。依目前流行的划分法，将 PLC 分为超小（微）、小、中、大、超大等五种类型。表 2-2 为 PLC 按点数规模分类的情况。只是这种划分并不十分严格，也不是一成不变的。随着 PLC 的不断发展，标准已有过多次的修改。

表 2-2　PLC 按点数规模分类

超小型	小型	中型	大型	超大型
64 点以下	64～256 点	256～1024 点	1024～8192 点	8192 点以上

可编程控制器还可以按功能分为低档机、中档机及高档机。低档机以逻辑运算为主，具有计时、计数、移位等功能。中档机一般有整数及浮点运算、数制转换、PID 调节、中断控制及联网功能，可用于复杂的逻辑运算及闭环控制场合。高档机具有更强的数字处理能力，可进行矩阵运算、函数运算，可完成数据管理工作，有很强的通信能力，可以和其他计算机构成分布式生产过程综合控制管理系统。

可编程控制器的按功能划分及按点数规模划分是有一定联系的。一般大型、超大型机都是高档机。从结构上来看，大、中型机一般都是模块式机。

第五节　可编程控制器的主要性能指标

PLC 的性能指标较多，现介绍几个性能指标。

一、输入输出点数

如前所述，输入输出点数是 PLC 组成控制系统时所能控制的输入输出信号的最大数量，表示 PLC 组成系统时可能的最大规模。这里有个问题要注意，一般在谈到单元式 PLC 时，也将其上已安装的输入输出接线端子总数称为点数，要注意与这里所谈的最大控制 I/O 总数相区别。

二、应用程序的存储容量

一般以用户程序存储区的容量作为 PLC 存储器的容量，通常以“步”为单位表示。以三菱 PLC 为例，一步为 4 个字节（4B），大约是一条基本逻辑运算指令所占的存储容量。按保守水平，小型 PLC 存储器一般为 2000～8000 步。中型 PLC 可达 8000～20000 步，大型

PLC 可达 2 万～25 万步。

三、扫描速度

扫描速度实质上是计算机的运行速度，常以基本指令的执行时间衡量。近年来，随着计算机芯片的不断升级，运算速度不断提高，PLC 的扫描速度有了很大的提升。以三菱 PLC 为例，F_1-60MR 型机执行基本指令的时间为 12μs，FX_{3U}-64MR 型机执行基本指令的时间为 0.065μs，提高了近 200 倍。

四、编程语言及指令功能

不同厂家的 PLC 编程语言不同且互不兼容，即使同为梯形图语言，或同为指令表语言也不通用。从编程语言的种类来说，一台机器能同时使用的编程语言多，则容易为更多的人使用。编程能力中还有一个内容是指令的功能。衡量指令功能强弱可看两个方面：一是指令条数多少，二是指令的功能。一条综合性指令一般即能完成一项专门操作。例如查表、排序及 PID 功能等，相当于一个子程序。指令的功能越强，使用这些指令完成一定的控制目的就越容易。

另外，可编程控制器的可扩展性、可靠性、易操作性及经济性等性能指标也较受用户的关注。

第六节　国内外 PLC 产品简介

随着可编程控制器市场的不断扩大，PLC 生产已经发展成为一个庞大的产业，主要厂商集中在一些欧美国家及日本。美国与欧洲一些国家的 PLC 是在互相封闭的情况下发展起来的，产品有比较大的差异。日本则是在引进美国技术的基础上发展的。在中国工业控制设备市场上，欧美国家的大型 PLC 较多，而高性价比的小型机日本产品比较多。

一、美国的 PLC 产品

美国有 100 多家 PLC 厂商，著名的有 A-B 公司、通用电气（GE）公司、莫迪康（MODICON）公司、德州仪器（TI）公司、西屋公司等。其中 A-B 公司是美国最大的 PLC 制造商，产品约占美国 PLC 市场的一半。A-B 公司的主要产品是 PLC-5 系列，为模块式结构，其中 PLC-5/10、PLC-5/15、PLC-5/25 为中型机，规模在 1000 点以下。PLC-5/11、PLC-5/20、PLC-5/30、PLC-5/40、PLC-5/60、PLC-5/250 等为大型机，最多可配置 5000 个 I/O 点。A-B 公司的小型机产品有 SLC500 系列等。

GE 公司的代表产品是 GE-Ⅰ、GE-Ⅲ、GE-Ⅵ 等系列，分别为小型机、中型机及大型机，GE-Ⅵ/P 型机最多可配置 4000 个 I/O 点。德州仪器公司的小型机产品有 510、520 等，中型机有 5TI 等，大型 PLC 产品有 PM550、PM530、PM560、PM565 等系列。莫迪康公司生产 M84 系列小型机、M484 系列中型机、M584 系列大型机。M884 是增强型中型机，具有小型机的结构、大型机的控制功能。

二、欧洲的 PLC 产品

德国的西门子（SIEMENS）公司、AEG 公司和法国的 TE 公司是欧洲著名的 PLC 制造商。德国西门子的电子产品以性能优良而久负盛名。在大、中型 PLC 产品领域与美国的

A-B公司齐名。

西门子PLC主要产品有S5及S7系列，其中S7系列是近年来开发的代替S5的新产品。S7系列含S7-200、S7-300及S7-400系列，其中S7-200是小型机，S7-300是中型机，S7-400是大型机。S7系列机性价比较高，近年来在中国市场的占有份额不断增加。

三、日本的PLC产品

日本PLC产品在小型机领域颇具盛名，某些用欧美中型或大型机才能实现的控制，日本小型机就可以解决。日本有许多PLC制造商，如三菱、欧姆龙、松下、富士、日立、东芝等，在世界小型机市场上，日本产品约占70%的份额。

欧姆龙（OMRON）公司的PLC产品，大、中、小规格齐全。CPM2系列为小型机的主要系列，中型机有C200系列、CS1系列、CJ1系列、CQM1系列，大型机有CV2000系列等。松下公司的产品中，FP0为微型机，FP1为整体式小型机，FP3为中型机，FP5/FP10、FP10S、FP20为大型机。

三菱公司的PLC进入中国市场较早，其中小型、超小型PLC有F、F_1、F_2、FX_1、FX_2、FX_{2C}、FX_0、FX_{0N}、FX_{0S}、FX_{2N}、FX_{2NC}等系列。F_1系列机在中国曾有较广泛的应用，现已停产。FX2系列机是F、F_1、F_2等机型的更新换代产品，FX_{2N}型机则是三菱公司高性能小型机中的代表作。近年来，三菱公司有最新产品FX_{3U}/FX_{3G}面世。另外，三菱公司还生产Q系列中大型模块式PLC。

本书将在后续章节中以三菱FX_{2N}系列机型为对象介绍PLC的应用技术。

四、中国的PLC产品

中国自1974年起有高校及科研院所从事PLC的研制及开发工作，曾有过一些产品问世，但终因可靠性等原因，没能形成市场。1980年后，国内曾出现过PLC的引进热潮，国外著名公司的产品都有引进。目前销售较好的有无锡机床电器厂引进美国GE、日本光洋SR系列PLC技术生产的SR20/SR21系列PLC及上海起重电器厂、四川仪表十五厂引进三菱技术生产的PLC，苏州机床电器厂、成都机床电器研究所、石家庄电子开发中心引进东芝PLC技术生产的PLC等。

习题及思考题

2-1 可编程控制器的硬件由哪几个部分组成，各有哪些功用？

2-2 开关量输入接口有哪几种类型？各有哪些特点？

2-3 开关量输出接口和模拟量输出接口各适合什么样的工作要求？它们的根本区别是什么？

2-4 按硬件结构类型，PLC可分为哪几种基本结构形式？

2-5 通常可编程控制器有哪几种编程语言？各有什么特点？

2-6 梯形图与继电器电路图有哪些异同点？

2-7 什么是可编程控制器的扫描周期？在工程中，PLC的扫描周期有什么意义？

2-8 由扫描工作方式引起的PLC输入输出滞后是怎么样产生的？

2-9 可编程控制器有哪些主要性能指标？

2-10 什么是机器的点数？它是怎样计算的？

2-11 什么是应用程序的存储容量？在工程应用中有什么意义？

2-12 什么是扫描速度？扫描速度的高低对PLC工作有什么影响？

第三章 FX_{2N} 系列可编程控制器

内容提要：FX_{2N} 系列可编程控制器是三菱公司小型 PLC 的代表产品之一。本章介绍 FX_{2N} 系列 PLC 的外观、接线、编程元件及基本指令，为学习 FX_{2N} 系列 PLC 的工业应用打下基础。

学习可编程控制器的使用首先要掌握两个重要内容——编程元件及编程指令。在 PLC 控制系统中，实质为存储单元的编程元件是输入信号、主令信号、反馈信号及执行信号的载体。程序则是编程元件间相互关系的描述。因而了解编程元件的使用方法及指令的功能是十分重要的。

第一节 FX_{2N} 系列可编程控制器及其性能指标

一、FX_{2N} 系列产品的规格及结构特点

FX_{2N} 系列 PLC 由基本单元、扩展单元、扩展模块、特殊功能模块、编程环境设备及软件、专用人机界面设备及其他系统配件组成。FX_{2N} 系列 PLC 采用一体化箱体结构，各工作单元安装在等高、等宽的不同长度的机箱里，方便安装及系统扩展。

FX_{2N} 系列 PLC 的基本单元根据配置的输入、输出接线端子数有 16/32/48/64/80/128 共 6 种基本规格，每一种规格又有 AC100/200V 与 DC24V 两种电源输入方式，以及继电器、晶体管、双向晶闸管三种输出形式。此外，还有 AC100V 开关量输入（UL 标准）的特殊输入规格。表 3-1 为 FX_{2N} 系列 PLC 基本单元规格与输入电源要求表。

基本单元是完整的控制装置（含 CPU 及存储器），可独立完成一定规模的控制任务。图 3-1 所示为 FX_{2N}-48MT 基本单元侧放的外观照片，机箱顶部是操作面板，面板两侧是输入、输出及电源的接线端子，面板上还装有输入及输出指示灯，面板上装有小盖，盖下是扩展及通信接口。图 3-2 所示为基本单元型号参数，型号中各位可能出现的数字及字母的意义都标在图中了。FX_{2N} 系列 PLC 基本单元结构紧凑，体积小巧，安装方便。输入、输出端子配置比例为 1∶1。

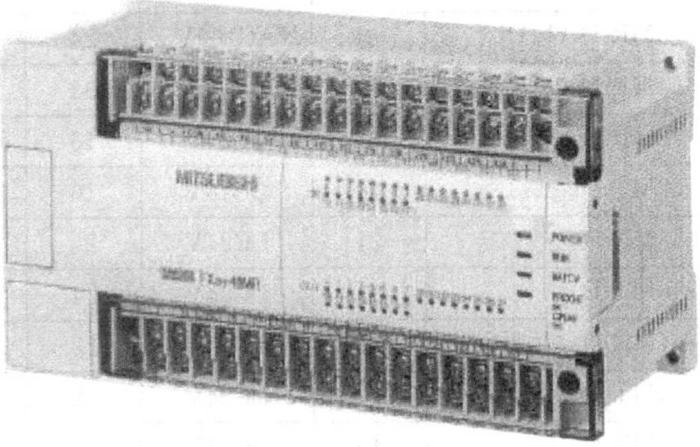

图 3-1 FX_{2N}-48MT 基本单元外观

FX_{2N} 系列 PLC 扩展单元、扩展模块用于增加 I/O 点数，扩展单元内部设有电源。扩展模块内部无电源，用电由基本单元或扩展单元供给。扩展单元及扩展模块无 CPU，必须与基本单元一起使用。特殊功能模块是一些专门用途的装置，如模拟量 I/O 模块、高速计数模块、位置控制模块、

网络扩展模块等。这些模块大多通过基本单元的扩展口连接基本单元（也可以通过主机上并接的适配器接入，且不影响原系统的扩展），配合基本单元共同工作。

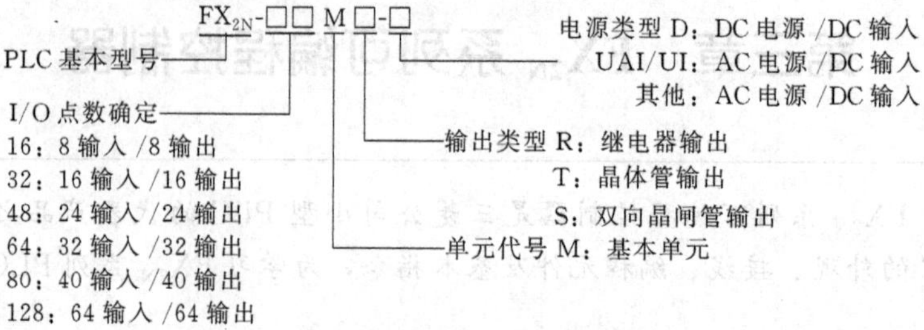

图 3-2 FX_{2N} 系列 PLC 的基本单元型号参数

表 3-1 FX_{2N} 系列 PLC 基本单元规格与输入电源要求表

型号	输入		输出		输入电源要求			
	点数	规格	点数	形式	额定	允许范围	容量	熔断器
FX_{2N}-16MR	8	DC24V	8	继电器	AC100/200V	AC85～264V	30V·A	250V/3.15A
FX_{2N}-16MT	8	DC24V	8	晶体管			30V·A	
FX_{2N}-16MS	8	DC24V	8	晶闸管			30V·A	
FX_{2N}-32MR	16	DC24V	16	继电器			40V·A	
FX_{2N}-32MT	16	DC24V	16	晶体管			40V·A	
FX_{2N}-32MS	16	DC24V	16	晶闸管			40V·A	
FX_{2N}-48MR	24	DC24V	24	继电器			50V·A	250V/5A
FX_{2N}-48MT	24	DC24V	24	晶体管			50V·A	
FX_{2N}-48MS	24	DC24V	24	晶闸管			50V·A	
FX_{2N}-64MR	32	DC24V	32	继电器			60V·A	
FX_{2N}-64MT	32	DC24V	32	晶体管	AC100/200V	AC85～264V	60V·A	250V/5A
FX_{2N}-64MS	32	DC24V	32	晶闸管			60V·A	
FX_{2N}-80MR	40	DC24V	40	继电器			70V·A	
FX_{2N}-80MT	40	DC24V	40	晶体管			70V·A	
FX_{2N}-80MS	40	DC24V	40	晶闸管			70V·A	
FX_{2N}-128MR	64	DC24V	64	继电器			80V·A	
FX_{2N}-128MT	64	DC24V	64	晶体管			80V·A	
FX_{2N}-16MR-UA1/UL	8	AC100V	8	继电器	AC100/200V	AC85～264V	30V·A	250V/3.15A
FX_{2N}-32MR-UA1/UL	16	AC100V	16	继电器			40V·A	
FX_{2N}-48MR-UA1/UL	24	AC100V	24	继电器			50V·A	250V/5A
FX_{2N}-64MR-UA1/UL	32	AC100V	32	继电器			60V·A	
FX_{2N}-32MR-D	16	DC24V	16	继电器	DC24V	DC16.8～28.8V	25W	250V/3.15A
FX_{2N}-32MT-D	16	DC24V	16	晶体管			25W	
FX_{2N}-48MR-D	24	DC24V	24	继电器			30W	250V/5A
FX_{2N}-48MT-D	24	DC24V	24	晶体管			30W	
FX_{2N}-64MR-D	32	DC24V	32	继电器			35W	
FX_{2N}-64MT-D	32	DC24V	32	晶体管			35W	
FX_{2N}-80MR-D	40	DC24V	40	继电器			40W	
FX_{2N}-80MT-D	40	DC24V	40	晶体管			40W	

FX_{2N} 系列 PLC 扩展单元、扩展模块的型号与基本单元型号的组成类似，除了在单元代号部分中用“E”代替“M”外，还有一些特定的表示方式请查阅有关手册。表 3-2～表 3-4 分别为 FX_{2N} 系列 PLC 扩展单元、扩展模块、部分特殊功能模块一览表。网络扩展模块在第十一章介绍。

表 3-2 FX_{2N} 系列 PLC 扩展单元一览表

型号	名称与功能	输入电源			可提供的电源容量	
		额定电压	范围	容量	DC24V*	DC5V
FX_{2N}-32ER	16 点 DC24V 输入/16 点继电器输出	AC100/200V	85～264V	40V·A	250mA	690mA
FX_{2N}-32ET	16 点 DC24V 输入/16 点晶体管输出					
FX_{2N}-32ES	16 点 DC24V 输入/16 点晶闸管输出					
FX_{2N}-48ER	24 点 DC24V 输入/24 点继电器输出	AC100/200V	85～264V	50V·A	460mA	690mA
FX_{2N}-48ET	24 点 DC24V 输入/24 点晶体管输出					
FX_{2N}-48ER-UA1/UL	24 点 AC100V 输入/24 点晶体管输出					
FC_{2N}-48ER-D	24 点 DC24V 输入/24 点继电器输出	DC24V	DC16.8～28.8V	30W	460mA	690mA
FX_{2N}-48ET-D	24 点 DC24V 输出/24 点晶体管输出					

表 3-3 FX_{2N} 系列扩展模块一览表

型号		名称与功能	DC24V 消耗	I/O 点
输入扩展	FX_{2N}-8EX	8 点 DC24V 输入扩展模块	50mA	8/0
	FX_{2N}-8EX-UA1/UL	8 点 AC100V 输入扩展模块	50mA	8/0
	FX_{2N}-16EX	16 点 DC24V 输入扩展模块	100mA	16/0
	FX_{2N}-16EX-C	16 点 DC24V 输入扩展模块(插头连接)	100mA	16/0
	FX_{2N}-16EXL-C	16 点 DC5V 输入扩展模块(插头连接)	100mA	16/0
输出扩展	FX_{2N}-8EYR	8 点继电器输出扩展模块	75mA	0/8
	FX_{2N}-8EYT	8 点 DC24V/0.5A 晶体管输出扩展模块	75mA	0/8
	FX_{2N}-8EYT-H	8 点 DC24V/1A 大功率晶体管输出扩展模块	75mA	0/8
	FX_{2N}-16EYR	16 点继电器输出扩展模块	150mA	0/16
	FX_{2N}-16EYT	16 点 DC24V/0.5A 晶体管输出扩展模块	150mA	0/16
	FX_{2N}-16EYS	16 点晶闸管输出扩展模块	150mA	0/16
	FX_{2N}-16EYT-C	16 点 DC24V/0.3A 晶体管输出扩展模块(插头连接)	150mA	0/16
混合扩展	FX_{2N}-8ER	4 输入/4 继电器输出扩展模块	70mA	8/8

表 3-4 FX_{2N} 系列部分特殊功能模块一览表

型号	名称与功能	DC5V 消耗	DC24V 消耗	占用 I/O 点
FX_{2N}-2AD	2 通道模拟量输入扩展模块	消耗 20mA	消耗 50mA	8
FX_{2N}-4AD	4 通道模拟量输入扩展模块	消耗 30mA	消耗 55mA*	8

续表

型　号	名称与功能	DC5V 消耗	DC24V 消耗	占用 I/O 点
FX_{2N}-8AD	8 通道模拟量输入扩展模块	消耗 50mA	消耗 80mA*	8
FX_{2N}-4AD-PT	4 通道 Pt100 温度传感器扩展模块	消耗 30mA	消耗 50mA*	8
FX_{2N}-4AD-TC	4 通道热电偶温度传感器扩展模块	消耗 30mA	消耗 50mA*	8
FX_{0N}-3A	2 通道/1 通道模拟量 I/O 扩展模块	消耗 30mA	消耗 90mA*	8
FX_{2N}-5A	4 通道/1 通道模拟量 I/O 扩展模块	消耗 70mA	消耗 90mA*	8
FX_{2N}-2DA	2 通道模拟量输出扩展模块	消耗 30mA	消耗 85mA*	8
FX_{2N}-4DA	4 通道模拟量输出扩展模块	消耗 30mA	消耗 200mA*	8
FX_{2N}-2LC	2 通道温度调节扩展模块	消耗 70mA	消耗 55mA*	8
FX_{2N}-1HC	1 通道输入高速计数扩展模块	消耗 90mA	—	8
FX_{2N}-1PG	单轴，两相脉冲输出扩展模块	消耗 55mA	消耗 40mA*	8
FX_{2N}-10PG	单轴，两相高速脉冲输出扩展模块	消耗 120mA	消耗 70mA*	8
FX_{2N}-10GM	单轴位置控制单元	—	消耗 210mA*	8
FX_{2N}-20GM	2 轴位置控制单元	—	消耗 420mA*	8
FX_{2N}-1RM-SET	转角检测单元	—	消耗 210mA*	8

注：* 可直接用外部 DC24V 电源供电，此时不需要计入 PLC 的 DC24V 消耗。

二、FX_{2N} 系列 PLC 技术性能指标

表 3-5～表 3-7 分别为 FX_{2N} 系列 PLC 输入技术指标、输出技术指标和性能技术指标。

表 3-5　FX_{2N} 系列输入规格表

项　目	DC 输入	AC 输入
输入信号电压	DC24V，−15%～+10%	AC100～120V，−15%～+10%
输入信号电流	输入 X0～X7：7mA/24V；输入 X10 以后：5mA/24V	6.2mA/AC110V，60Hz
输入 ON 电流	输入 X0～X7：≥4.5mA/24V 输入 X10 以后：≥3.5mA/24V	≥3.8mA
输入 OFF 电流	≤1.5mA	≤1.7mA
输入响应时间	一般输入≈10ms；X0/X1：≥20μs；X2：≥50μs	20～30ms(无高速输入)
输入信号形式	接点输入或 NPN 集电极开路输入	接点输入
输入隔离电路	光电耦合	光电耦合
输入显示	输入 ON 时，指示灯(LED)亮	输入 ON 时，指示灯(LED)亮

表 3-6　FX_{2N} 系列输出规格表

项　目	继电器输出	晶体管输出	双向晶闸管输出
输出电压	AC 电源：≤250V DC 电源：≤30V	DC5～30V	AC85～242V
最大输出电流	电阻负载：≤2A/点 ≤8A/4 点 ≤8A/8 点	电阻负载：≤0.5A/点 ≤0.8A/4 点 ≤1.6A/8 点 Y0/Y1 为 0.3A/点	电阻负载：≤0.3A/点 ≤0.8A/4 点 ≤0.8A/8 点
驱动感性负载容量	≤80V·A/点	≤12V·A/点 Y0/Y1 为 7.2W/点	AC100V：≤15V·A/点 AC200V：≤30V·A/点
驱动电阻负载功率	≤100W/点	≤12W/点	≤30W/点
输出开路漏电流	—	0.1mA/DC30V	1mA/AC100V 2mA/AC200V
输出最小负载	2mA/DC5V	—	AC100V：≥0.4V·A AC200V：≥1.6V·A
输出响应时间	≈10ms	一般输出≤0.2ms Y0/Y1 为 15μs/30μs	≤1ms
输出隔离电路	触点机械式隔离	光电耦合隔离	光电耦合隔离
输出显示	输出线圈 ON 时，指示灯(LED)亮	光电耦合 ON 时，指示灯(LED)亮	

表 3-7　FX_{2N} 系列性能技术指标

运算控制方式		循环执行保存的程序，有中断指令	
输入输出控制方式		批处理方式(在执行 END 指令时)，但有输入输出刷新指令，脉冲捕捉功能	
运算处理速度	基本指令	0.08μs/指令	
	应用指令	(1.52μs～数百 μs)/指令	
程序语言		继电器符号＋步进梯形图方式(可用 SFC 表示)	
程序容量存储器形式		内附 8K 步 RAM，最大为 16K 步(可选 RAM，EPROM EEPROM 存储卡盒)	
指令数	基本、步进指令	基本(顺控)指令 27 个，步进指令 2 个	
	应用指令	132 种，309 条	
输入继电器(扩展合用时)		X000～X267(8 进制编号) 184 点	合计最大 256 点
输出继电器(扩展合用时)		Y000～Y267(8 进制编号) 184 点	
辅助继电器	一般用①	M000～M499①　500 点	
	锁存用	M500～M1023②　524 点，M1024～M3071③　2048 点	合计 2572 点
	特殊用	M8000～M8255　256 点	
状态寄存器	初始化用	S0～S9　10 点	
	一般用	S10～S499①　490 点	
	锁存用	S500～S899②　400 点	
	报警用	S900～S999③　100 点	

续表

定时器	100ms		T0～T199(0.1～3276.7s)　200点
	10ms		T200～T245(0.01～327.67s)　46点
	1ms(积算型)		T246～T249③(0.001～32.767s)　4点
	100ms(积算型)		T250～T255③(0.1～32.767s)　6点
	模拟定时器(内附)		1点③
计数器	增计数	一般用	C0～C99①(0～32,767)(16位)　100点
		锁存用	C100～C199②(0～32,767)(16位)　100点
	增/减计数用	一般用	C220～C234①(32位)　20点
		锁存用	C220～C234②(32位)　15点
	高速用		C235～C255中有：1相60kHz 2点，10kHz 4点或2相30kHz 1点，5kHz 1点
数据寄存器	通用数据寄存器	一般用	D0～D199①(16位)　200点
		锁存用	D200～D511②(16位) 312点，D512～D7999③(16位)　7488点
	特殊用		D8000～D8195 (16位) 106点
	变址用		V0～V7，Z0～Z7(16位)　16点
	文件寄存器		通用寄存器的D1000③以后可每500点为单位设定文件寄存器(MAX7000点)
指针	跳转、调用		P0～P127　128点
	输入中断、计时中断		I6□□～I8□□　3点
	高速计数中断		I010～I060　6点
	嵌套(主控)		N0～N7　8点
常数	十进制K		16位：－32768～＋32767；32位：－2147483648～＋2147483647
	十六进制H		16位：0～FFFF(H)；32位：0～FFFFFFFF(H)
SFC程序			○
注释输入			○
内附RUN/STOP开关			○
模拟定时器			FX_{2N}-8AV-BD(选择)安装时8点
程序RUN中写入			○
时钟功能			○(内藏)
输入滤波器调整			X000～X017　0～60ms可变；FX_{2N}-16M　X000～X007
恒定扫描			○
采样跟踪			○
关键字登录			○
报警信号器			○
脉冲列输出			20kHz/DC5V或10kHz/DC12～24V　1点

① 非后备锂电池保持区。通过参数设置，可改为后备锂电池保持区。

② 后备锂电池保持区，通过参数设置，可改为非后备锂电池保持区。

③ 后备锂电池固定保持区固定，该区域特性不可改变。

三、FX_{2N} 系列 PLC 的扩展性能

FX_{2N} 系列 PLC 具有较多的扩展单元及模块，在组成扩展系统时需注意以下几项。

① 最大输入点与最大输出点均不能超过 184 点，I/O 总点数不能超过 256 点。扩展单元及模块的 I/O 地址由 PLC 自动连续分配，以 8 点为单位计算。PLC 使用的内置扩展板、网络扩展模块、特殊功能模块所占用的 I/O 点数均需计算在内。

② 扩展选件的安装有一定数量限制。其中内置扩展板，AS-I 主站模块每台基本单元只能装 1 只，转角检测模块（FX_{2N}-1RM-E-SET）最多不得超过 3 只，其他特殊功能模块安装总数不能超过 8 只，I/O 扩展在点数及电源容量限制内不受台数限制。

③ 系统规模确定后需做电源容量检验。基本单元、扩展单元提供的 DC24/5V 电源容量必须大于全部扩展选件的 DC24/5V 电源实际消耗量。不同规格的基本单元及扩展单元可以提供的 DC24/5V 电源容量如下。

· DC24V 供给　16 点、32 点基本单元可提供 250mA，48 点以上基本单元可提供 460mA；32 点扩展单元可提供 250mA，48 点扩展单元可提供 460mA。

· DC5V 供给　基本单元可提供 290 mA，扩展单元可提供 690mA。

各扩展单元及模块的电流消耗可参见表 3-2～表 3-4。

第二节　FX_{2N} 系列可编程控制器的安装及接线

可编程控制器的安装环境应满足表 3-8 所列各项技术要求，即安装在环境温度为 0～55℃，相对湿度小于 89%大于 35%RH，无粉尘和油烟，无腐蚀性及可燃性气体的场合中。为了达到这些条件，PLC 不要安装在发热器件附近，不能安装在结露、雨淋的场所，在粉尘多、油烟大、有腐蚀性气体的场合安装时要采取封闭措施，在封闭的电器柜中安装时，要注意解决通风问题。另外，PLC 要安装在远离强烈振动源及强烈电磁干扰源的场所，否则需采取减振及屏蔽措施。

表 3-8　FX_{2N} 一般技术指标

环境温度	使用时：0～55℃，储存时：－20～＋70℃	
环境湿度	35%～89%RH 时（不结露）使用	
抗振	JIS C0911 标准 10～55Hz 0.5mm（最大 2G）　3 轴方向各 2h（但用 DIN 导轨安装时 0.5G）	
抗冲击	JIS　C0912 标准　10G　3 轴方向各 3 次	
抗噪声干扰	在用噪声仿真器产生电压为 $1000V_{P-P}$、噪声脉冲宽度为 1μs、周期为 30～100Hz 的噪声干扰时工作正常	
耐压	AC1500V　1min	所有端子与接地端之间
绝缘电阻	5MΩ 以上（DC500V 兆欧表）	所有端子与接地端之间
接地	第三种接地，不能接地时亦可浮空	
使用环境	无腐蚀性气体，无尘埃	

PLC 的安装固定常有两种方式：一是直接利用机箱上的安装孔，用螺丝钉将机箱固定在控制柜的背板或面板上；二是利用 DIN 导轨安装，这需先将 DIN 导轨固定好，再将 PLC 及各种扩展单元卡上 DIN 导轨。安装时还要注意在 PLC 周围留足散热及接线的空间。图

3-3 即是 FX_{2N} 机及扩展设备在 DIN 导板上安装的情况。

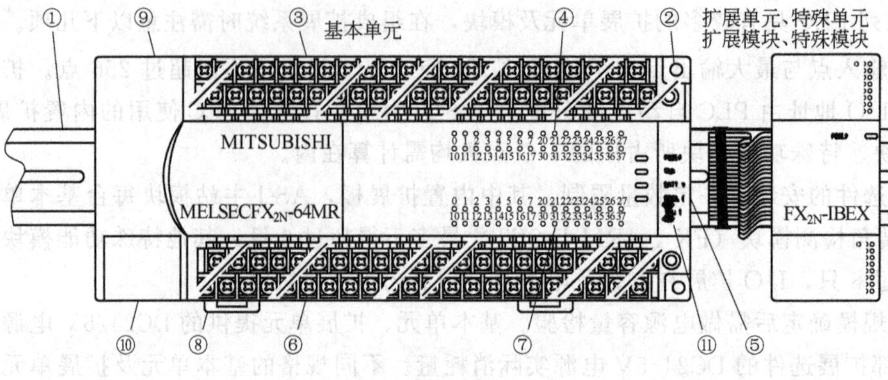

图 3-3 FX_{2N} 机及扩展设备在 DIN 导轨上安装

①35mm 宽，DIN 导轨；②安装孔（32 点以下 2 个，以上 4 个）；③电源，辅助电源，输入信号用装卸式端子台；④输入口指示灯；⑤扩展单元、扩展模块、特殊单元、特殊模块接线插座盖板；⑥输出用装卸式端子台；⑦输出口指示灯；⑧DIN 导轨装卸卡子；⑨面板盖；⑩外围设备接线插座盖板；⑪电源、运行出错指示灯

PLC 在工作前必须正确地接入控制系统。和 PLC 连接的主要有 PLC 的电源接线、输入输出器件的接线、通信线、接地线等。

一、电源接入及端子排列

图 3-4 所示为 FX_{2N}-48MR 面板及接线端子排列图。中间是面板，接线端子（螺钉）在面板的上下两侧，面板上下外边是放大的端子排列图。不同输入输出端子数量的其他型号面板布置情况是一样的，只是端子情况不相同。图 3-4 上部端子排中标有 L 及 N 的接线位为交流电源相线及中线的接入点。图 3-5 所示为基本单元接有扩展模块及扩展单元时的交直流电源的配线情况。从图 3-5 可知，不带有内部电源的扩展模块所需的 24V 电源由基本单元或由带有内部电源的扩展模块提供。表 3-9 为 FX_{2N} 电源技术指标。

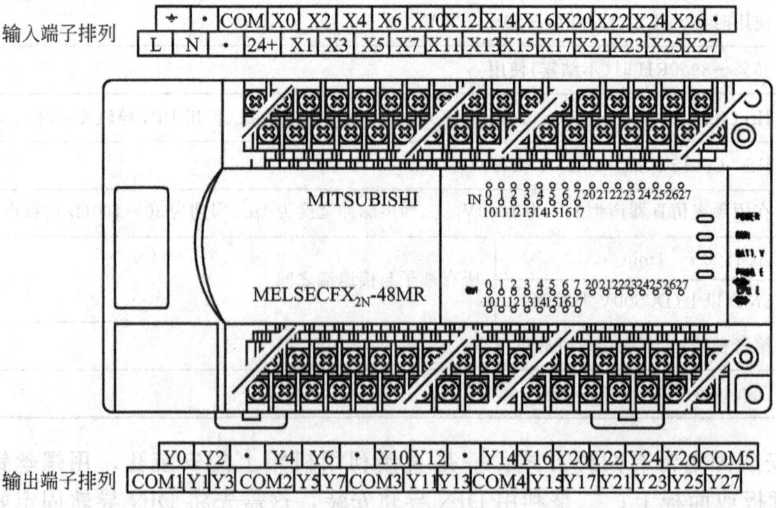

图 3-4 FX_{2N} 系列 PLC 接线端子排列示例（FX_{2N}-48MR）

表 3-9　FX_{2N} 电源技术指标

项　目		FX_{2N}-16M	FX_{2N}-32M FX_{2N}-32E	FX_{2N}-48M FX_{2N}-48E	FX_{2N}-64M	FX_{2N}-80M	FX_{2N}-128M
电源电压		AC100～240V　50/60Hz					
允许瞬间断电时间		对于 10ms 以下的瞬间断电，控制动作不受影响					
电源保险丝		250V　3.15A，$\phi5\times20$mm		250V　5A，$\phi5\times20$mm			
电力消耗/(V·A)		35	40(32E 35)	50(48E 45)	60	70	100
传感器电源	无扩展部件	DC24V　250mA 以下		DC24V　460mA 以下			
	有扩展部件	DC5V　基本单元 290mA　扩展单元 690mA					

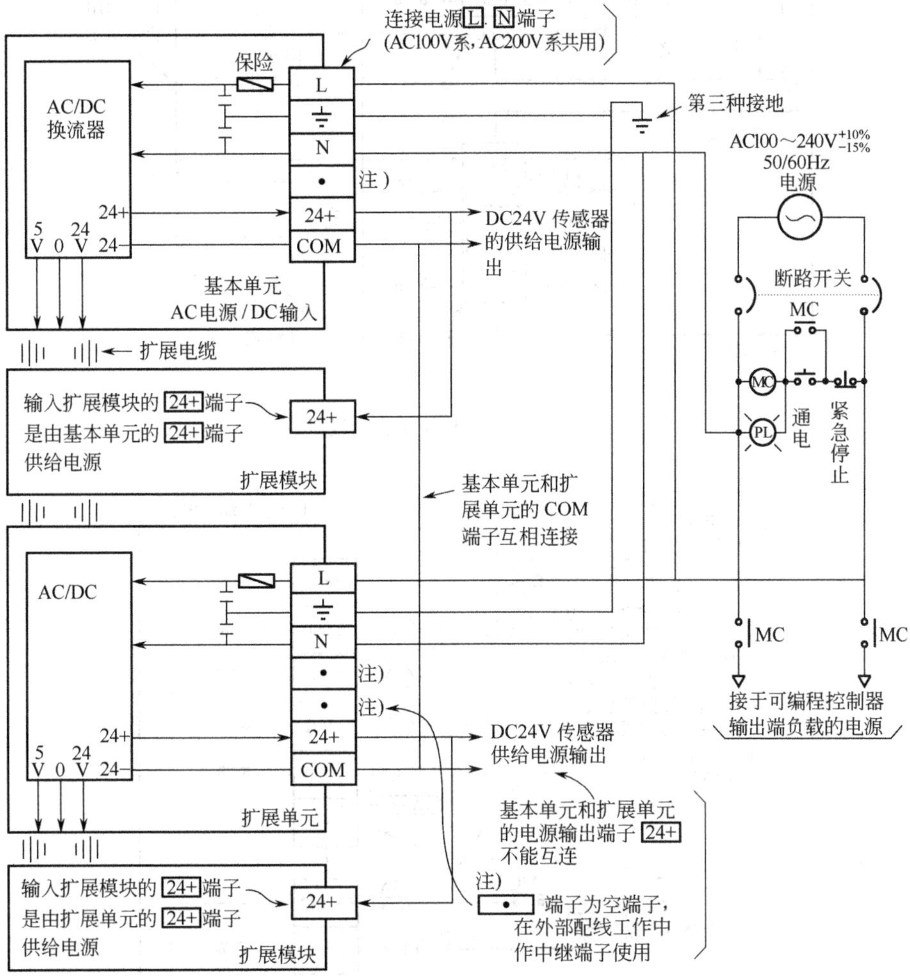

图 3-5　AC 电源、DC 输入型机电源配线

二、输入口器件的接入

由图 3-4 可知，输入端子在面板上部。每一个螺钉可接入一路信号，COM 端为公共端。开关、按钮及各种传感器接入 PLC 时，每个触点的两个接头分别连接一个输入点及输入公共端。开关、按钮等器件都是无源器件，PLC 内部电源能为每个输入点大约提供 7mA 工作电流。有源传感器在接入时须注意与机内有源器件及电源的极性配合（模拟量信号的输入须

采用专用的模拟量工作单元）。图 3-6 所示为输入器件的接线图。

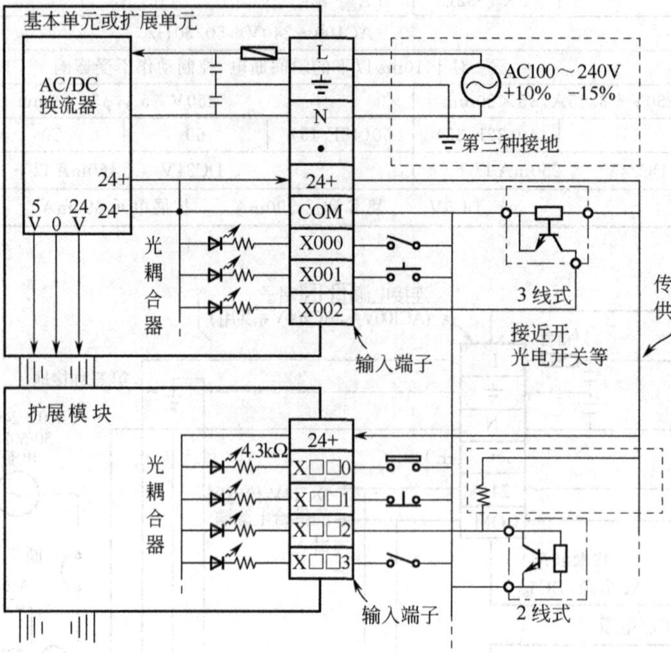

图 3-6　输入器件的接线

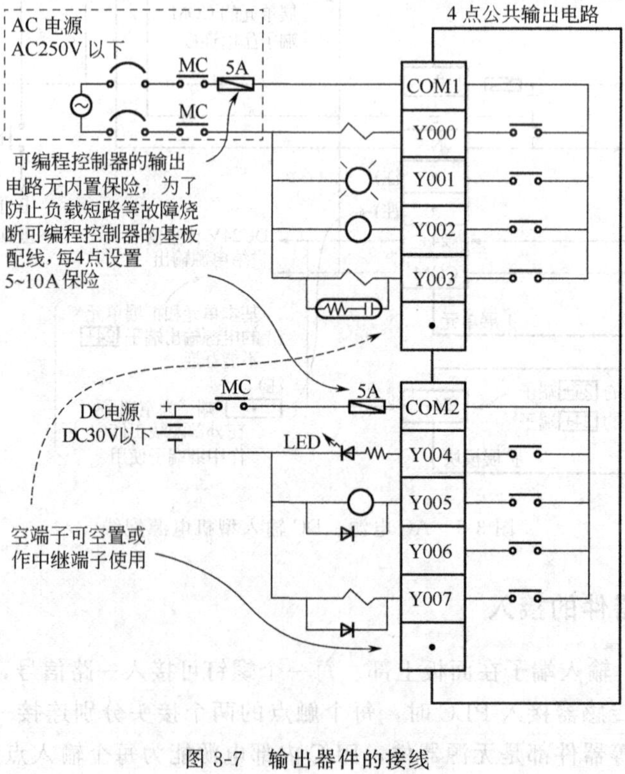

图 3-7　输出器件的接线

三、输出口器件的接入

PLC 的输出口上连接的器件主要是继电器、接触器、电磁阀的线圈。这些器件均采用 PLC 机外的专用电源供电，PLC 内部不过是提供一组开关接点。接入时线圈的一端接输出点螺钉，一端经电源接输出公共端。图 3-4 下部为输出端子，由于输出口连接线圈种类多，所需的电源种类及电压不同，输出口公共端常分为许多组，而且组间是隔离的。PLC 输出口的电流定额一般为 2A，大电流的执行器件须配装中间继电器。图 3-7 所示为输出器件为继电器时的输出连接图。

四、通信线的连接

PLC 一般设有专用的通信口。FX_{2N} 系列 PLC 为 RS-422 口，与通信口的接线常采用专用的接插件连接。

五、接地线的连接

PLC 应接地运行，前述接线图中第三种接地指专用的就近接地桩接地，用达到一定要求的导线将其与 PLC 接线端子排上的接地点连接即可。具体要求可见第十二章。

第三节　FX_{2N} 系列可编程控制器编程元件分类及功能

可编程控制器用于工业控制，其实质是用程序表达控制过程中事物间的逻辑或控制关系。而就程序来说，这种关系必须借助机内器件来表达，这就要求在可编程控制器内部设置具有各种各样功能的，能方便地代表控制过程中各种事物的元器件。这就是编程元件。

可编程控制器的编程元件从物理实质上来说是计算机的存储单元。具有不同使用目的的编程元件由系统程序赋予了不同的功能。考虑工程技术人员的习惯，用继电器命名，称为输入继电器、输出继电器、辅助（中间）继电器、定时器、计时器等。为了明确它们的物理属性，称为“软继电器”。从编程的角度出发，可以不管这些器件的物理实现，只注重它们的功能，像在继电器电路中一样使用它们。

在 PLC 中，这种“元件”的数量往往是巨大的。为了区分它们的功能，也为了不重复选用，元件编上了号码。这些号码也是计算机存储单元的地址。

一、FX_{2N} 系列 PLC 编程元件的分类及编号

FX_{2N} 系列 PLC 具有十多种编程元件，已在表 3-7 中全部列出。FX_{2N} 系列 PLC 编程元件的编号分为两个部分，第一部分是代表功能的字母，如输入继电器用“X”表示，输出继电器用“Y”表示。第二部分为数字，为该类器件的序号。FX_{2N} 系列 PLC 中输入继电器及输出继电器的序号为八进制，其余器件的序号为十进制。从元件的最大序号可以了解可能具有的某类器件的最大数量。例如表 3-7 中输入继电器的编号范围为 X000～X267（八进制编号），则可计算出 FX_{2N} 系列 CPU 可能接入的最大输入信号数为 184 点。但这里指的是存储单元数量而不是具体基本单元或扩展单元已安装的输入端子数量（输出口的情况与此类似）。

从存储单元的占用上来看，FX_{2N} 系列 PLC 编程元件可以分为位元件和字元件。位元

件在存储器中只占一位，用于存储逻辑数据。一个字节可安排 8 个位元件。输入继电器及输出继电器是最典型的位元件。辅助继电器、状态器也是位元件。数据寄存器是字元件，一个字 16 位，用于存储数字数据。定时器及计数器是位复合元件，具有一个控制位及两个设定值数据区（16 位或 32 位）。FX_{2N} 系列 PLC 位元件也可以组合起来用于数字数据的存储。

编程使用中一般可以认为位编程元件和继电器的功能类似，具有线圈和常开、常闭触点，而且触点的状态随着线圈的状态而变化，即当线圈被选中（通电）时，常开触点闭合，常闭触点断开，当线圈失去选中条件时，常闭接通，常开断开。作为计算机的存储单元，从实质上来说，某个元件被选中，只是代表这个元件的存储位置 1，失去选中条件只是这个存储位置 0。由于存储器的状态可以无限次访问，位元件可认为有无数多个常开、常闭触点。和继电接触器元件不同的另一个特点是，作为计算机的存储单元，可编程控制器的元件可以组合使用。除上所述，编程元件的使用还有一定的要点，以下结合梯形图，介绍基本编程元件的使用要素。字元件等其他元件将在第六章介绍。

二、FX_{2N} 系列 PLC 基本编程元件及使用

编程元件的使用要素含元件的启动信号、复位信号、工作对象、设定值及掉电特性等，不同类型的元件涉及的使用要素不尽相同。现结合器件介绍如下。

1. 输入继电器（X）

FX_{2N} 系列可编程控制器输入继电器编号范围为：X000～X267（184 点）。

输入继电器是接收机外信号的窗口。从使用来说，输入继电器的线圈只能由机外信号驱动，在反映机内器件逻辑关系的梯形图中并不出现。梯形图中常见的是输入继电器的常开、常闭触点。它们的工作对象是其他编程元件的线圈。图 3-8 中常开触点 X001 即是输入继电器应用的例子。

2. 输出继电器（Y）

FX_{2N} 系列可编程控制器输出继电器编号范围为：Y000～Y267（184 点）。

输出继电器是 PLC 中唯一具有外部触点的继电器。输出继电器可通过外部接点接通该输出口上连接的输出负载或执行器件。输出继电器的线圈只能由程序驱动。输出继电器的内部常开、常闭触点可作为其他器件的工作条件出现在程序中。梯形图 3-8 中 X001 是输出继电器 Y000 的工作条件，X001 接通，Y000 置1，X001 断开，Y000 复位。时间继电器 T0 在

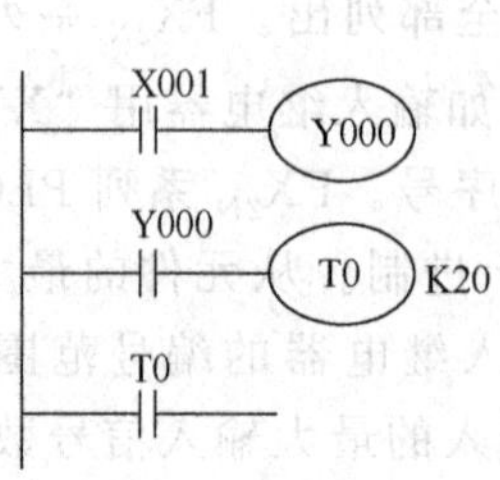

图 3-8　输入继电器的应用

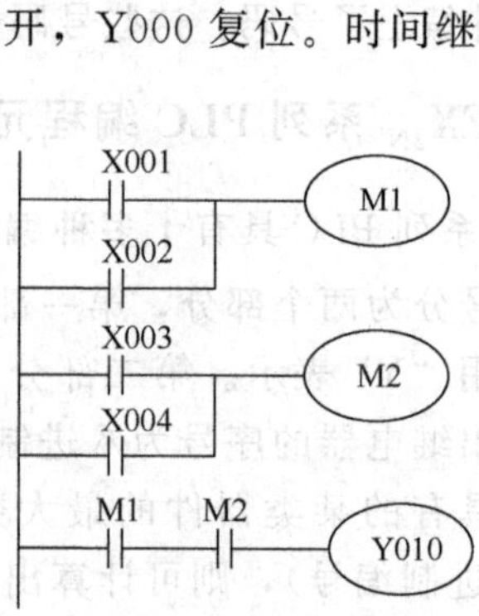

图 3-9　通用型辅助继电器的应用

Y000 的常开触点闭合后开始计时，T0 可以看作是 Y000 的工作对象。输出继电器为无掉电保持功能的继电器，也就是说，若置 1 的输出继电器在 PLC 停电时其工作状态将归 0。

3. 辅助继电器（M）

辅助继电器有通用型辅助继电器及特殊辅助继电器两大类，现分别介绍。

（1）通用型辅助继电器

M0～M499（500 点），见表 3-7 中辅助继电器的“一般用”一栏。

PLC 中配有大量的通用辅助继电器，其主要用途和继电器电路中的中间继电器类似，常用于逻辑运算的中间状态存储及信号类型的变换。辅助继电器的线圈只能由程序驱动。它只具有内部触点。图 3-9 中 X001 和 X002 并列为辅助继电器 M1 的工作条件，Y010 为辅助继电器 M1 和 M2 串联的工作对象。

（2）具有掉电保持的通用型辅助继电器

M500～1023（524 点）及 M1024～M3071（2048 点），见表 3-7 中辅助继电器的“锁存用”一栏。

掉电保持是指在 PLC 外部电源停电后，由机内电池为部分存储单元供电，可以记忆它们在掉电前的状态。其中 M1024～M3071 为固定停电保持区域，M500～1023 出厂时设定为停电保持区域。如需要改变时，用户可在 M0～M499 及 M500～1023 区域中自由设定停电保持区。设定通过专用的编程软件进行。

以下是掉电保持辅助继电器应用的一个例子。图 3-10 为滑块左右往复运动机构，若辅助继电器 M600 及 M601 的状态决定电动机的转向，且 M600 及 M601 为具有掉电保持的通用型辅助继电器，在机构掉电又来电时，电动机可仍按掉电前的转向运行，直到碰到限位开关才发生转向的变化。

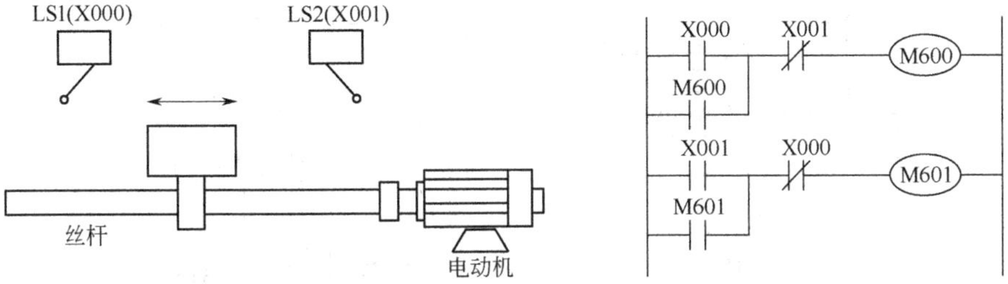

图 3-10　掉电保持辅助继电器的应用

（3）特殊辅助继电器

M8000～M8255（256 点）。

特殊辅助继电器是具有特定功能的辅助继电器。根据使用方式可以分为两类。

① 触点利用型特殊辅助继电器　其线圈由 PLC 自行驱动，用户只能利用其触点。这类特殊辅助继电器常用作时基、状态标志或专用控制元件出现在程序中。例如 M8000 为运行标志（PLC 运行中接通）；M8002 为初始脉冲（只在 PLC 开始运行的第一个扫描周期接通）；M8012 为 100ms 时钟脉冲；M8013 为 1s 时钟脉冲等。

② 线圈驱动型特殊辅助继电器　这类继电器由用户程序驱动线圈后，PLC 作特定动作。例如，M8030 为锂电池欠压指示灯（BATT LED）熄灭命令；M8033 为 PLC 停止工作时存储器保持；M8034 为禁止全部输出；M8039 为定周期扫描命令等。

4. 定时器（T）

定时器相当于继电器电路中的时间继电器，可在程序中用作延时控制。FX_{2N} 系列 PLC 定时器具有以下四种类型。

100ms 定时器：	T0～T199	200 点	计时范围：0.1～3276.7s
10ms 定时器：	T200～T245	46 点	计时范围：0.01～327.67s
1ms 积算定时器：	T246～T249	4 点（中断动作）	计时范围：0.001～32.767s
100ms 积算定时器：	T250～T255	6 点	计时范围：0.1～3276.7s

可编程控制器中的定时器是对机内 1ms、10ms、100ms 等不同规格的时钟脉冲计数计时的，时钟脉冲即定时器的计时单位。定时器除了占有自己编号的存储器位外，还配有设定值寄存器和当前值寄存器。设定值寄存器存放程序赋予的定时设定值。当前值寄存器记录计时当前值。这些寄存器为 16 位二进制存储器，其最大值乘以定时器的计时单位值即是定时器的最大计时范围值。定时器满足计时条件时开始计时，当前值寄存器则开始计数，当它的当前值与设定值寄存器存放的设定值相等时定时器动作，其常开触点接通，常闭触点断开，并通过程序作用于控制对象，达到时间控制的目的。

图 3-11 所示为定时器在梯形图中使用的情况。图 3-11(a) 为普通定时器。图 3-11(b) 为积算定时器。图 3-11(a) 中 X001 为计时条件，当 X001 接通时定时器 T10 计时开始。K20 为设定值，十进制数“20”为该定时器计时单位值的倍数。T10 为 100ms 定时器，当设定值为“K20”时，其计时时间为 2s。图中 Y010 为定时器的工作对象。当计时时间到，定时器 T10 的常开触点接通，Y010 置 1。在计时中，计时条件 X001 断开或 PLC 电源停电，计时过程中止且当前值寄存器复位（置 0）。若 X001 断开或 PLC 电源停电发生在计时过程完成且定时器的触点已动作时，触点的动作也不能保持。

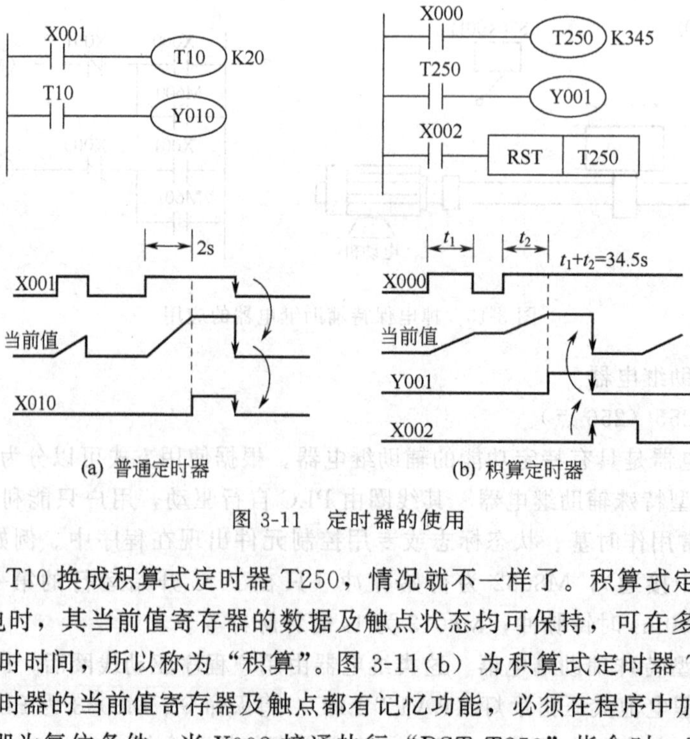

(a) 普通定时器　　(b) 积算定时器

图 3-11　定时器的使用

若把定时器 T10 换成积算式定时器 T250，情况就不一样了。积算式定时器在计时条件失去或 PLC 失电时，其当前值寄存器的数据及触点状态均可保持，可在多次断续的计时过程中“累计”计时时间，所以称为“积算”。图 3-11(b) 为积算式定时器 T250 的工作梯形图。因积算式定时器的当前值寄存器及触点都有记忆功能，必须在程序中加入专门的复位指令。图中 X002 即为复位条件。当 X002 接通执行“RST T250”指令时，T250 的当前值寄存器置 0，其触点复位。

定时器可采用十进制常数（K）作为设定值，也可用数据寄存器（D）的内容作间接指定。

5. 计数器（C）

计数器在程序中用作计数控制。FX_{2N} 系列 PLC 计数器可分为内部计数器及外部计数器。内部计数器是对机内元件（X、Y、M、S、T 和 C）的信号计数的计数器。由于机内信号的变动频率低于扫描频率，内部计数器是低速计数器，也称普通计数器。现代 PLC 都具有对机外高于机器扫描频率的信号进行计数的功能，这时需用到高速计数器。本书第九章将介绍整体式 PLC 集成高速计数器的使用。现将普通计数器分类介绍如下。

（1）16 位增计数器（设定值：1～32767）

有两种 16 位二进制增计数器，通用的 C0～C99（100 点）和掉电保持用的 C100～C199（100 点）。

16 位指其设定值及当前值寄存器为二进制 16 位寄存器，其设定值在 K1～K32767 范围内有效。设定值 K0 与 K1 意义相同，均在第一次计数时，其触点动作。

图 3-12 所示为 16 位增计数器的工作情况。梯形图中计数输入 X011 是计数器的工作条件，X011 每接通一次驱动计数器 C0 的线圈时，计数器的当前值加 1。“K10”为计数器的设定值。当第 10 次执行线圈指令时，计数器的当前值和设定值相等，触点就动作。计数器 C0 的工作对象 Y000 接通，在 C0 的常开触点置 1 后，即使计数器输入 X011 再动作，计数器的当前值状态保持不变。

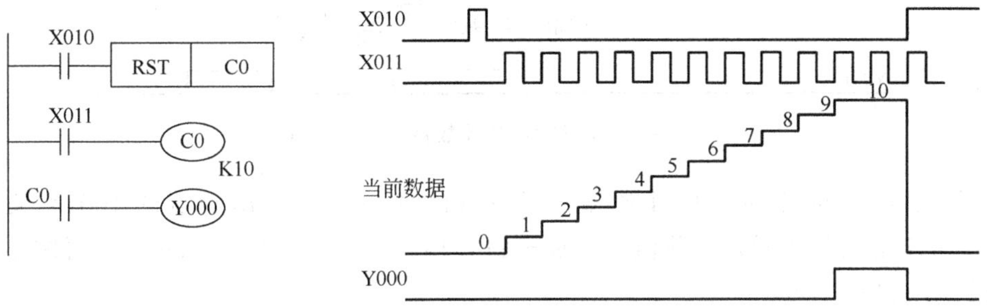

图 3-12 16 位增计数器的工作情况

由于计数器的工作条件，X011 本身就是断续工作的。外电源正常时，其当前值寄存器具有记忆功能，因而即使是非掉电保持型的计数器也需复位指令才能复位。图中 X010 为复位条件。当复位输入 X010 接通时，执行 RST 指令，计数器的当前值复位为 0，输出触点也复位。

计数器的设定值除了常数（K）设定外，也可通过数据寄存器（D）间接设定。

使用计数器 C100～C199 时，即使停电，当前值和输出触点的状态也能保持。

（2）32 位增/减计数器（设定值：－2147483648～＋2147483647）

有两种 32 位的增/减计数器，通用的 C200～C219（20 点）和掉电保持用的 C220～C234（15 点）。

32 位计数器的设定值寄存器为 32 位。由于是双向计数，32 位的首位为符号位。设定值的最大绝对值为 31 位二进制数所表示的十进制数。计数区间为－2147483648～＋2147483647。设定值可直接用常数（K）或间接用数据寄存器（D）的内容。间接设定时，要用元件号紧连在一起的两个数据寄存器。

计数的方向（增计数或减计数）由特殊辅助继电器 M8200～M8234 设定。

对于 C□□□，当方框所示数字相同的 M8□□□置 1 时为减法计数，当 M8□□□置 0 时为加法计数。

图 3-13 所示为 32 位增/减计数器的工作情况。图中 X014 作为计数输入驱动 C200 线圈进行增计数或减计数。X012 为计数方向选择。计数器设定值为−5。当计数器的当前值由−6 增加为−5 时，其触点置 1，由−5 减少为−6 时，其触点置 0。

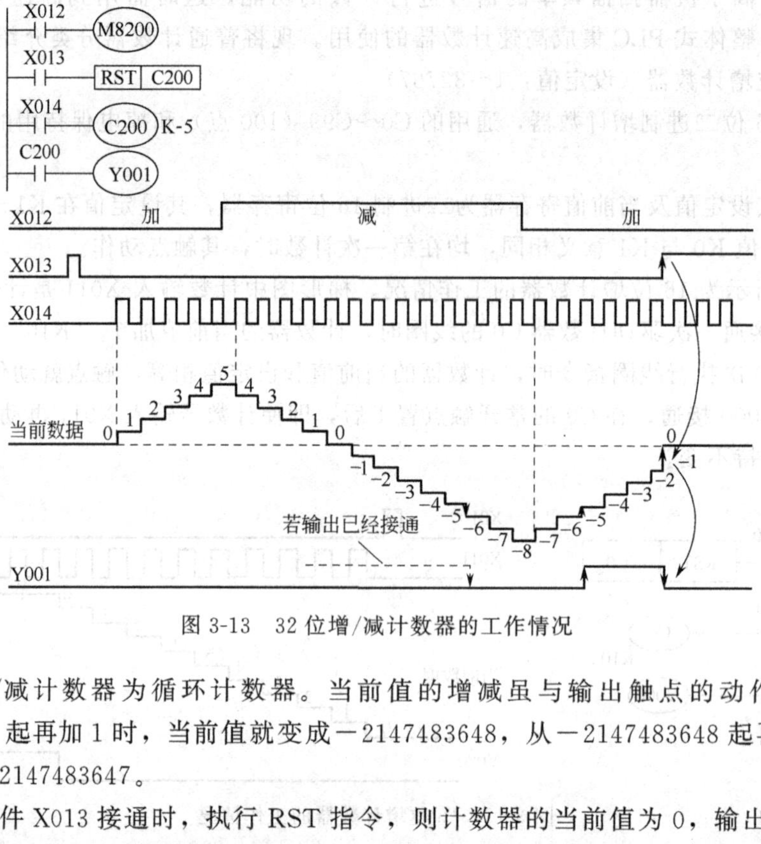

图 3-13 32 位增/减计数器的工作情况

32 位增/减计数器为循环计数器。当前值的增减虽与输出触点的动作无关，但从+2147483647 起再加 1 时，当前值就变成−2147483648，从−2147483648 起再减 1 时，当前值则变为+2147483647。

当复位条件 X013 接通时，执行 RST 指令，则计数器的当前值为 0，输出触点也复位；使用掉电保持计数器，其当前值和输出触点状态皆能在掉电时保持。

32 位计数器可当作 32 位数据寄存器使用，但不能用做 16 位指令中的操作元件。

第四节 FX_{2N} 系列可编程控制器的基本指令

三菱 FX_{2N} 系列 PLC 具有基本指令 27 种，如表 3-10 所示。基本指令可作以下分类。

一、触点类指令

在梯形图中，触点或者触点的组合（触点块）用来表示事件（输出）发生的条件，触点、触点组合与其他梯形图符号间的相互关联是组成梯形图的最主要的内容。除了继电器电路中常用的常开与常闭触点外，PLC 中根据脉冲功能需要又衍生出上升沿脉冲触点及下降沿脉冲触点。根据触点与梯形图母线及与其他梯形图符号间的关联，触点指令可以分为以下几类。

表 3-10 基本指令一览表

助记符名称	功能	梯形图表示及可用元件	助记符名称	功能	梯形图表示及可用元件
[LD] 取	逻辑运算开始与左母线连接的常开触点	XYMSTC	[OUT] 输出	线圈驱动指令	YMSTC
[LDI] 取反	逻辑运算开始与左母线连接的常闭触点	XYMSTC	[SET] 置位	线圈接通保持指令	SET YMS
[LDP] 取脉冲 上升沿	逻辑运算开始与左母线连接的上升沿检测	XYMSTC	[RST] 复位	线圈接通清除指令	RST YMSTCD
[LDF] 取脉冲 下降沿	逻辑运算开始与左母线连接的下降沿检测	XYMSTC	[PLS] 上沿脉冲	上升沿微分输出指令	PLS YM
[AND] 与	串联连接常开触点	XYMSTC	[PLF] 下沿脉冲	下降沿微分输出指令	PLF YM
[ANI] 与非	串联连接常闭触点	XYMSTC	[MC] 主控	公共串联点的连接线圈	MC N YM
[ANDP] 与脉冲 上升沿	串联连接上升沿检测	XYMSTC	[MCR] 主控复位	公共串联点的清除指令	MCR N
[ANDF] 与脉冲 下降沿	串联连接下降沿检测	XYMSTC	[MPS] 进栈	连接点数据入栈	MPS MRD MPP
[OR] 或	并联连接常开触点	XYMSTC	[MRD] 读栈	从堆栈读出连接点数据	
[ORI] 或非	并联连接常闭触点	XYMSTC	[MPP] 出栈	从堆栈读出数据并复位	
[ORP] 或脉冲 上升沿	并联连接上升沿检测	XYMSTC	[INV] 反转	运算结果取反	INV
[ORF] 或脉冲 下降沿	并联连接下降沿检测	XYMSTC	[NOP] 空操作	无动作	变更程序中替代某些指令
[ANB] 电路块与	并联电路块的串联连接		[END] 结束	顺控程序结束	顺控程序结束返回到 0 步
[ORB] 电路块或	串联电路块的并联连接				

1. 与左母线直接相连接触点的指令

含从母线直接取用常开触点指令 LD，从母线直接取用常闭触点指令 LDI，从母线直接取用上升沿脉冲触点指令 LDP，从母线直接取用下降沿脉冲触点指令 LDF。以上 4 种指令均为有操作数指令（助记符后接有地址）。当常开触点的存储单元置 1 时，常闭触点的存储单元置 0 时，有能流经母线通过触点。上升沿触点指令的功能是：指令元件置 1 的时刻有能流通过一个扫描周期。下降沿触点指令的功能是：指令元件置 0 的时刻有能流通过一个扫描周期。

2. 单个触点与梯形图其他区域相连接的指令

单个触点与梯形图其他区域连接有串联及并联两种情形，加上触点有常开、常闭、上升沿、下降沿等 4 类，该类指令共有 8 条，分别是串联常开触点指令 AND，串联常闭触点指令 ANI，串联上升沿触点指令 ANDP，串联下降沿触点指令 ANDF，并联常开触点指令 OR，并联常闭触点指令 ORI，并联上升沿触点指令 ORP，并联下降沿触点指令 ORF。这 8 条指令也为有操作数指令，其功能也从能流通过的角度理解。图 3-14 所示为一段含有单个触点指令的梯形图，标出了以上相关指令的使用方法。图中 M100 常闭及 Y002 常开两个触点，虽然也是与母线直接相连，但由于不是该梯形图支路的第一个符号，因而被看作并联在前列符号上的触点。图 3-14 中还给出了该梯形图的指令表。

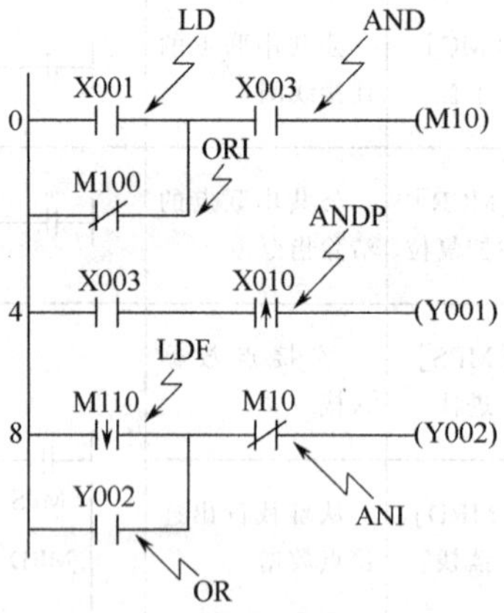

语句步	指令	元素
0	LD	X001
1	ORI	M100
2	AND	X003
3	OUT	M10
4	LD	X003
5	ANDP	X010
7	OUT	Y001
8	LDF	M110
10	OR	Y002
11	ANI	M10
12	OUT	Y002

图 3-14 单个触点指令说明

3. 表达多个触点与梯形图其他区域相连接的指令

在逻辑关系较复杂的梯形图中，常见触点的串并联混合连接，或存在触点及触点块后连接多个输出分支的情况，这需要用到以下指令。

(1) 触点块的连接指令

并联触点块的串联指令 ANB 及串联触点块的并联指令 ORB 用来表示多触点组合与前边梯形图的关系。图 3-15 所示给出了这两指令的应用实例。图 3-15 中存在着 X000、X001 组成的触点块与 X002、X003、X004、X005、X006 组成触点块的串联连接及 X002、X003 组成的触点块与 X004、X005 组成的触点块并联的连接，需使用 ANB、ORB 指令。在使用这两条指令时，指令语句的叙述总是先说明触点块的构成，再说明触点块与前边触点区域的关系，图 3-15 中也给出了梯形图对应的指令表。ANB、ORB 指令为无操作数指令。

(2) 栈操作指令

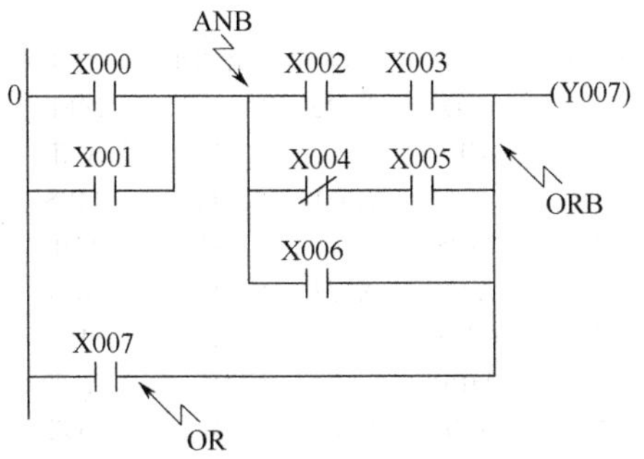

语句步	指令	元素	
0	LD	X000	
1	OR	X001	
2	LD	X002	←ANB 指令建立新母线
3	AND	X003	
4	LDI	X004	←
5	AND	X005	
6	ORB		
7	OR	X006	
8	ANB		
9	OR	X007	
10	OUT	Y007	

图 3-15 ANB，ORB 指令说明

MPS（进栈）、MRD（读栈）、MPP（出栈）为栈操作指令，用于梯形图某节点后存在分支支路的情况。图 3-16 给出了栈操作指令的应用情况。从图 3-16 中不难看出，当分支仅有两个支路时用不到读栈指令，只有三个及以上个分支时才在进栈与出栈指令中间使用读栈指令。栈指令要求成对使用，也就是说用了进栈指令就应该用出栈指令。此外，栈指令可嵌套使用，即进了一层栈后，其后的梯形图分支上又有分支存在。图 3-17 是二层堆栈的例子。FX_{2N} 的堆栈最多可有 11 层。最后请注意图 3-16 中第一个支路与第四个支路的逻辑关系完全相同，但所使用的指令却不一样，这是由于 FX_{2N} 系列 PLC 指令规则规定，在线圈下并联的线圈或触点与线圈组合不以梯形图分支对待，不需要使用栈指令。栈指令为无操作数指令。

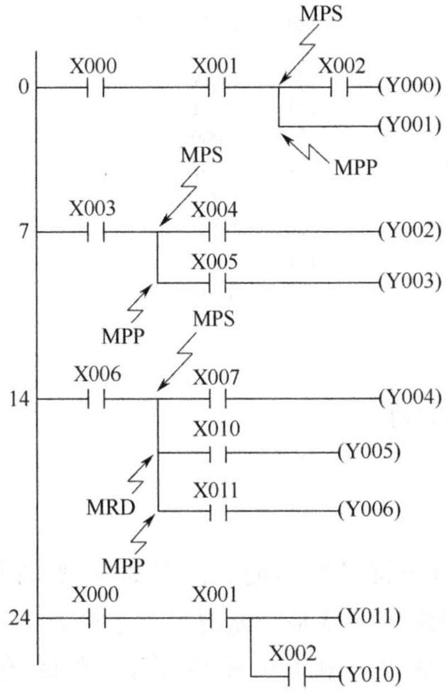

语句步	指令	元素	语句步	指令	元素
0	LD	X000	14	LD	X006
1	AND	X001	15	MPS	
2	MPS		16	AND	X007
3	AND	X002	17	OUT	Y004
4	OUT	Y000	18	MRD	
5	MPP		19	AND	X010
6	OUT	Y001	20	OUT	Y005
7	LD	X003	21	MPP	
8	MPS		22	AND	X011
9	AND	X004	23	OUT	Y006
10	OUT	Y002	24	LD	X000
11	MPP		25	AND	X001
12	AND	X005	26	OUT	Y011
13	OUT	Y003	27	AND	X002
			28	OUT	Y010

图 3-16 栈操作指令的应用

（3）主控触点指令

主控触点指令含主控触点指令（MC）及主控触点复位（MCR）两条指令。它们的功能与栈指令有许多相似之处，都是以一个触点实现对一片梯形图区域的控制。不同之处在于栈指令是用“栈”建立一个分支节点（梯形图支路的分支点），而主控触点指令则用增绘一个

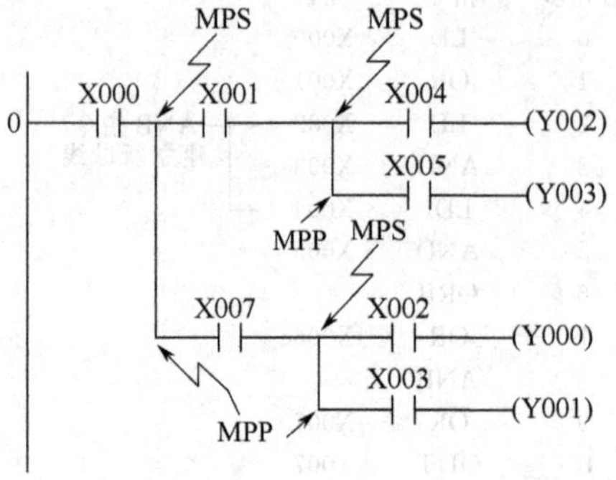

语句步	指令	元素	语句步	指令	元素
0	LD	X000	9	MPP	
1	MPS		10	AND	X007
2	AND	X001	11	MPS	
3	MPS		12	AND	X002
4	AND	X004	13	OUT	Y000
5	OUT	Y002	14	MPP	
6	MPP		15	AND	X003
7	AND	X005	16	OUT	Y001
8	OUT	Y003			

图 3-17　二层堆栈

实际的触点建立一个由这个触点隔离的区域。图 3-18 所示为主控触点的说明，图中 M100 为主控触点，该触点是触点后梯形图区域的“能流关卡”，因而称为“主控”。MC、MCR 指令需要成对使用，MC 指令建立新母线，MCR 指令则返回到原母线。MC 指令可以嵌套 8 层。MC 指令中的“N0”为主控触点的嵌套编号（0～7）。当不嵌套时，同一程序中编号可以都使用 N0，N0 的使用次数没有限制。另外，图 3-18 指令表中“SP”表示空格（以下类同）。

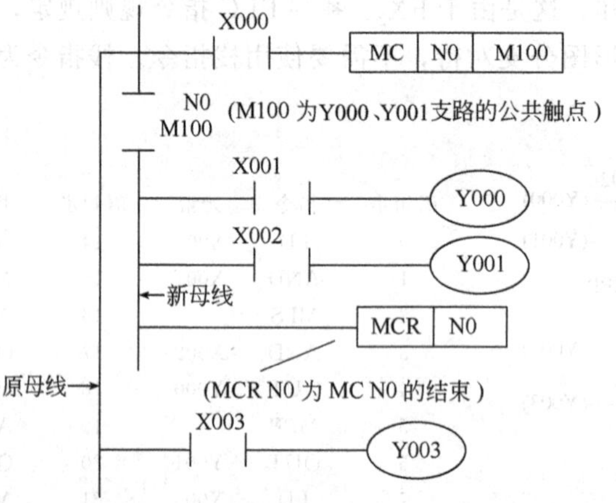

LD	X000
MC	N0
SP	M100
LD	X001
OUT	Y000
LD	X002
OUT	Y001
MCR	N0
LD	X003
OUT	Y003

图 3-18　MC、MCR 指令说明

二、线圈输出类指令

线圈用来表示梯形图支路的输出，同样功能的梯形图符号是功能框。表 3-10 所列基本指令中复位、置位指令，上升沿、下降沿检出指令的图形符号就是功能框（为了简便，本书一些梯形图中功能框以括号形式绘出）。在梯形图中，如果说触点区域是某种事件的条件，那么线圈及功能框则表达的是事件的操作内容。线圈输出指令可分为以下三类。

1. OUT 指令

OUT 指令是有操作数指令，当能流到达线圈时，OUT 指令使线圈的存储单元置 1，能流失去时置 0。线圈输出指令的操作数可以是输出继电器，也可以是其他位元件。当为输出继电器时，OUT 指令的执行意味着对应的输出口置 1，该口上所连接的执行器件动作。而为其他位元件时，仅有相应存储单元的状态发生变化。另外需说明的是在同一程序中，针对某个线圈的梯形图分支应只有一条（线圈的工作条件是唯一的）。当存在同一线圈工作条件不同的两条输出线圈指令时，PLC 仅执行排在后边的那一条。

2. 置位、复位指令

SET 指令及 RST 指令为置位、复位指令，是一种特殊的线圈输出指令。它们和线圈指令的不同点在于当有能流到达置位指令时，指令操作数所对应的存储单元置 1，而后能流失去时，该存储器仍保持置 1，必须有能流到达复位该操作数的复位指令时，才复位置 0。

3. 上升沿检出指令及下降沿检出指令

上升沿检出指令 PLS 及下降沿检出指令 PLF 用于检出信号的变化成分。当有能流到达 PLS 指令时，PLS 指令操作数所对应的存储单元接通一个扫描周期。当能流失去时，PLF 指令使操作数对应的存储单元接通一个扫描周期。

图 3-19 所示为线圈输出、复置位及上升沿下降沿检出指令的说明。读者可结合信号时序图自行分析。

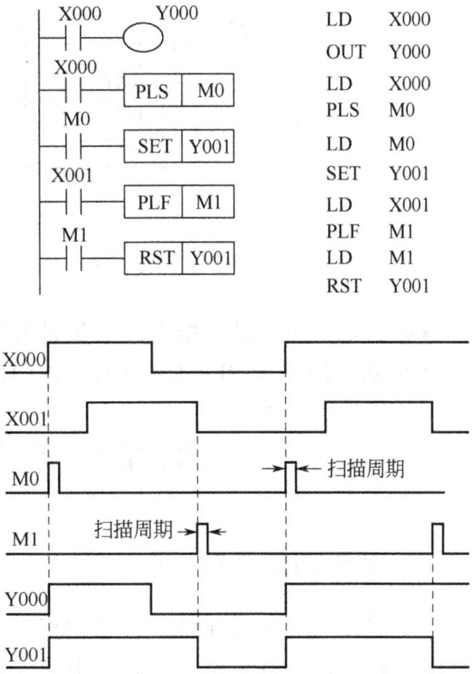

图 3-19 PLS、PLF 复置位及线圈输出指令说明

4. 定时器、计数器输出指令

FX 系列 PLC 定时器、计数器没有专用的指令，它们的输出也使用 OUT 指令。但定时器、计数器输出指令在 OUT 后除了应带有定时器、计数器的编号（地址）外，还需要标明定时器或计数器的设定值。

三、其他基本指令

除了以上所谈到的指令外，基本指令中还包括 INV（取反）指令、NOP（空操作）及 END（程序结束）指令。取反指令用于将指令前的运算结果取反，该指令可以在 AND 或 ANI，ANDP 或 ANDF 指令的位置后编程，也可以在 ORB、ANB 指令回路中编程，但不能像 OR、ORI、ORP、ORF 指令那样单独使用，也不能像 LD、LDI、LDP、LDF 那样单独与母线连接。图 3-20 及图 3-21 给出了取反指令应用的情形，图中梯形图能流线上的斜线即表示 INV 指令。

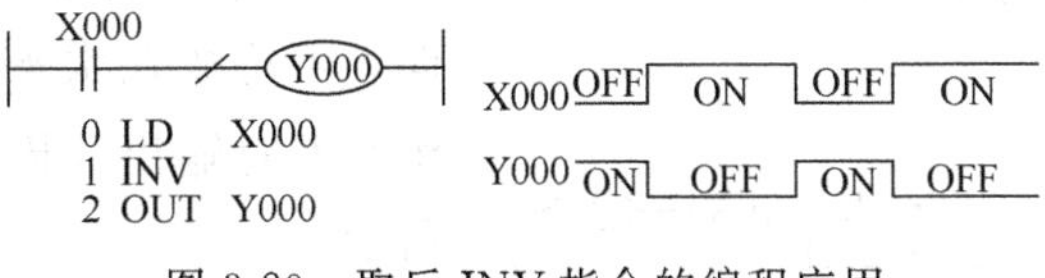

图 3-20 取反 INV 指令的编程应用

空操作指令可以理解为程序表中预留的“空档”，可作为调试时增补指令使用。从指令本身的意义来说，空操作即是没有操作。

程序结束指令表示指令的结尾。在程序的分段调试时，可在长程序中加入 END 指令，从而调试 END 指令前边的部分程序。

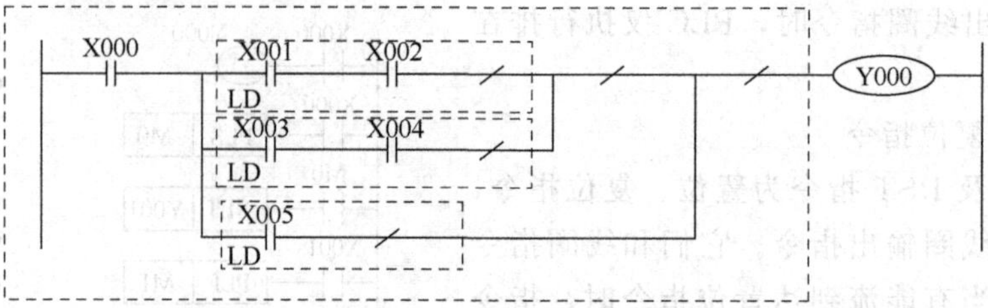

图 3-21 INV 指令在 ORB、ANB 指令的复杂回路中的编程

最后需要指出的是，指令的数量是有限的，只有已确定的指令及其对应的梯形图才能为 PLC 所识别，因而在 PLC 应用中，设计梯形图时一定要用 PLC 指令中已有的图形结构。

第五节 编程规则及注意事项

一、梯形图的结构规则

梯形图作为一种编程语言，绘制时应当有一定的规则。另一方面，PLC 的基本指令具有有限的数量，也就是说，只有有限的编程元件的符号组合可以为指令表达。不能为指令表达的梯形图从编程语法上来说就是不正确的，尽管这些“不正确的”梯形图有时能正确地表达某些需要的逻辑关系。为此，在编辑梯形图时，要注意以下几点。

① 梯形图的各种符号要以左母线为起点，右母线为终点（通常省略右母线），从左向右分行绘出。每一行的开始是触点群组成的“工作条件”，最右边是线圈表达的“工作结果”。一行写完，自上而下依次再写下一行。注意，触点不能接在线圈的右边，如图 3-22(a) 所示；线圈也不能直接与左母线相连，必须要通过触点连接，如图 3-22(b) 所示。

② 触点应画在水平线上，不能画在垂直分支线上。例如在图 3-23(a) 中触点 E 被画在垂直线上，便很难正确识别它与其他触点的关系，也难于判断通过触点 E 对输出线圈的控制作用。因此，应根据信号单向自左至右、自上而下流动的原则，结合输出线圈 F 的几种可能控制路径画成如图 3-23(b) 所示的形式。

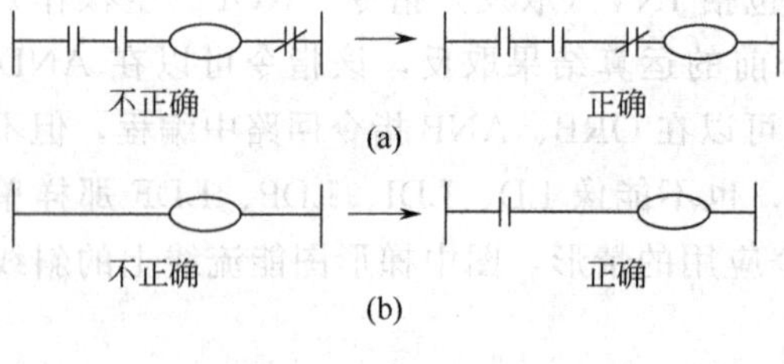

图 3-22 规则（1）说明

③ 不包含触点的分支应放在垂直方向，不可放在水平位置，以便于识别触点组合及对输出线圈的控制路径，如图 3-24 所示。

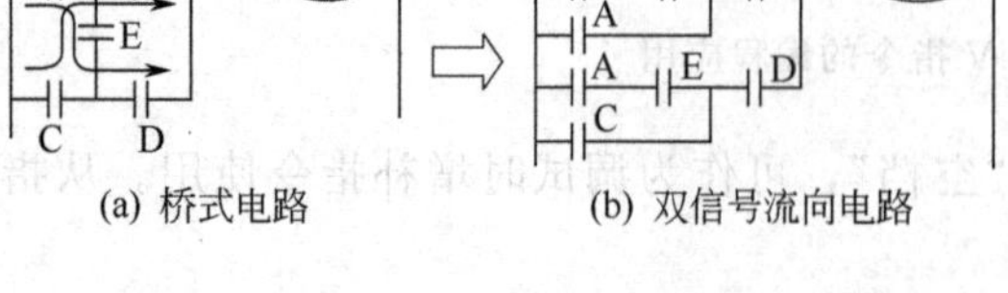

(a) 桥式电路　(b) 双信号流向电路

图 3-23 规则（2）说明：桥式梯形图改成双信号流向的梯形图

④ 如果有几个电路块并联时，应将触点最多的支路块放在最上面。在有几个并联回路相串联时，应将并联支路多的尽量靠近母线。这样可以使编制的程序简洁明了，语句较少。如图 3-25 所示。

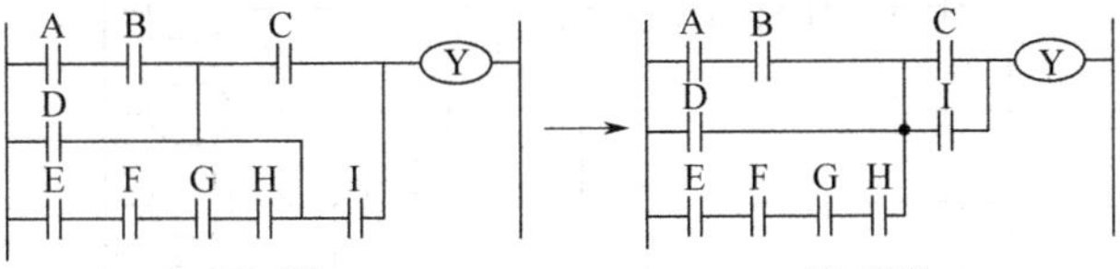

(a) 不正确　　(b) 正确

图 3-24 规则（3）说明

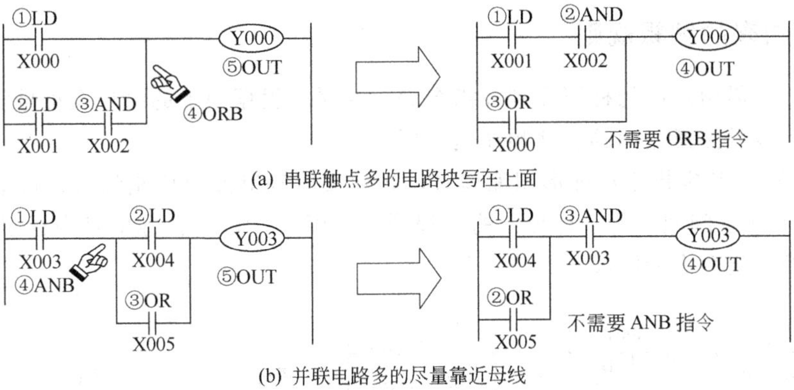

图 3-25 规则（4）说明

⑤ 遇到不可编程的梯形图时，可根据信号路径对原梯形图重新编排，以便于正确应用 PLC 指令来编程。图 3-26 中举了几个实例，将不可编程梯形图重新安排成了可编程的梯形图。

梯形图推荐画法如图 3-27 所示。

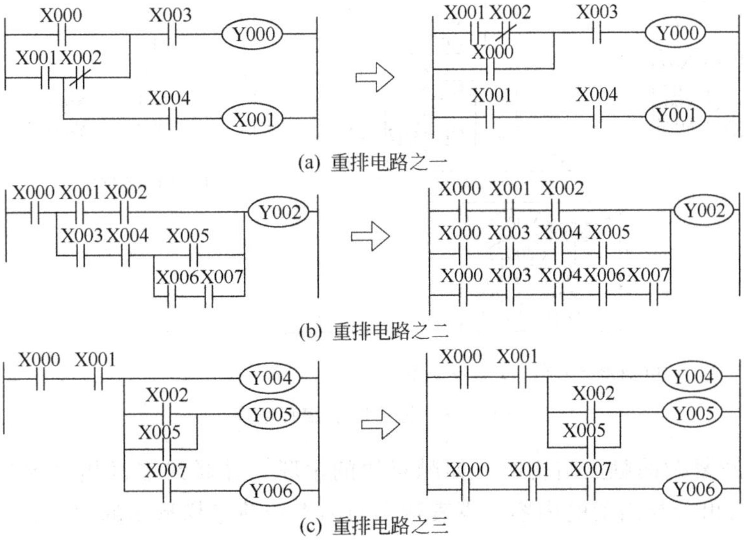

图 3-26 重排电路举例

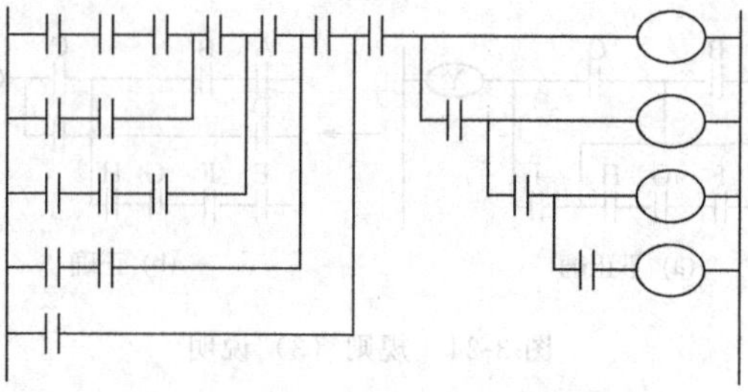

图 3-27　梯形图推荐画法

二、语句表的编辑规则

在许多场合需由绘好的梯形图列写指令表。这时，根据图上的符号及符号间的相互关系正确地选取指令及注意正确的表达顺序是重要的。

① 利用 PLC 基本指令对梯形图编程时，必须按信号单方向从左到右、自上而下的原则进行。图 3-28 所示阐明了所示梯形图的编程顺序。图 3-28(a) 目标电路中标示的 A、B、C 为梯形图转换为指令表的阶段性“节点”。

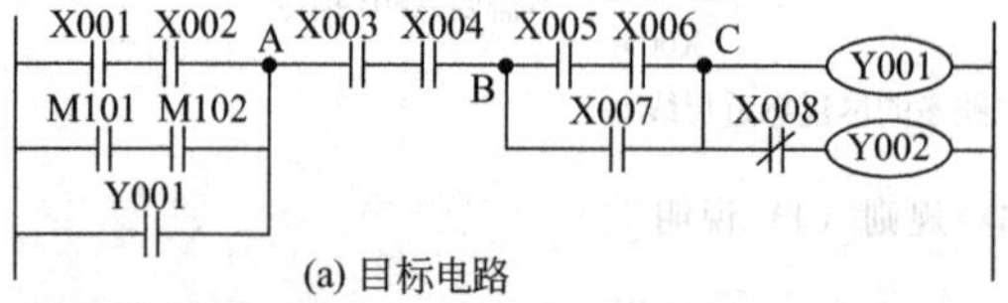

(a) 目标电路

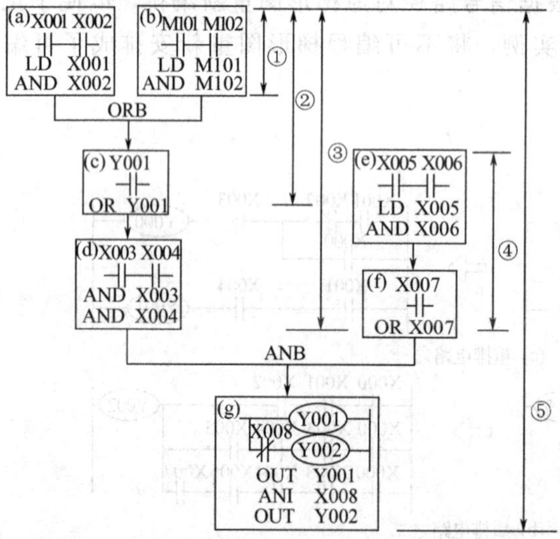

(b) 梯形图依节点分块逐块编程

语句步	指令	元素	说明
0	LD	X001	①②③⑤
1	AND	X002	
2	LD	M101	
3	AND	M102	
4	ORB		
5	OR	Y001	
6	AND	X003	
7	AND	X004	
8	LD	X005	④
9	AND	X006	
10	OR	X007	
11	ANB		
12	OUT	Y001	
13	ANI	X008	
14	OUT	Y002	

(c) 语句表程序

图 3-28　梯形图的编程顺序

② 在处理较复杂的触点结构时，如触点块的串联、并联或堆栈相关指令，指令表的表达顺序为：先写出参与因素的内容，再表达参与因素与前序梯形图的关系。

习题及思考题

3-1　简述 FX_{2N} 系列的基本单元、扩展单元和扩展模块的用途。

3-2　简述输入继电器、输出继电器、定时器及计数器的用途。

3-3　定时器和计数器各有哪些使用要素？如果梯形图线圈前的触点是工作条件，那么定时器和计数器的工作条件有什么不同？

3-4　画出与下列语句表对应的梯形图。

0	LD	X001		SP	K2550	17	PLS	M101
1	OR	M100	10	OUT	Y032	19	LD	M101
2	ANI	X002	11	LD	T50	20	RST	C60
3	OUT	M100	12	OUT	T51	22	LD	X005
4	OUT	Y031		SP	K35	23	OUT	C60
5	LD	X003	15	OUT	Y033		SP	K10
7	OUT	T50	16	LD	X004	26	OUT	Y034

3-5　画出与下列语句表对应的梯形图。

0	LD	X000	6	AND	X005	12	AND	M101
1	AND	X001	7	LD	X006	13	ORB	
2	LD	X002	8	AND	X007	14	AND	M102
3	ANI	X003	9	ORB		15	OUT	Y034
4	ORB		10	ANB		16	END	
5	LD	X004	11	LD	M101			

3-6　写出图 3-29 所示梯形图对应的指令表。

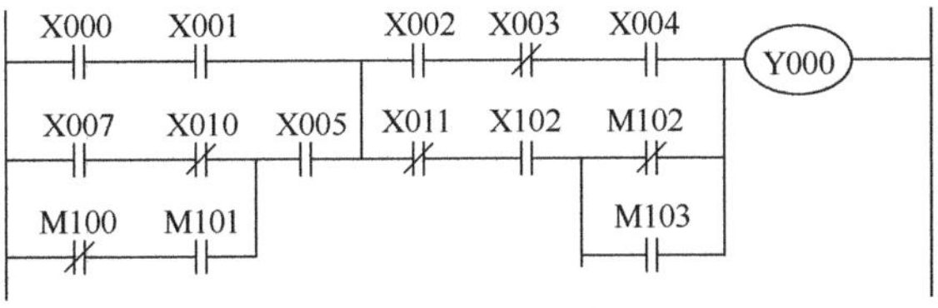

图 3-29　题 3-6 图

3-7　写出图 3-30 所示梯形图对应的指令表。

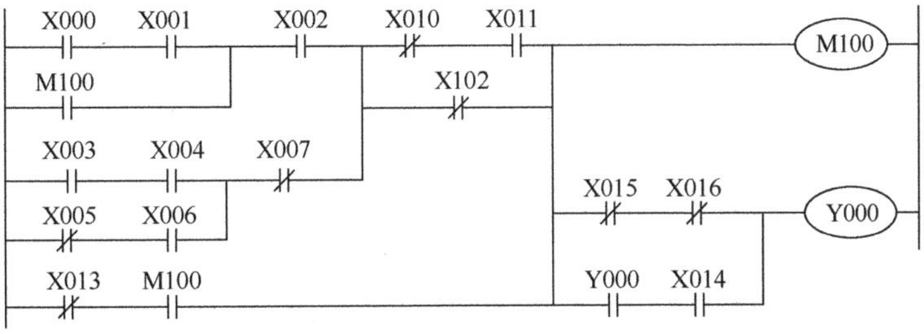

图 3-30　题 3-7 图

3-8　写出图 3-31 所示梯形图对应的指令表。

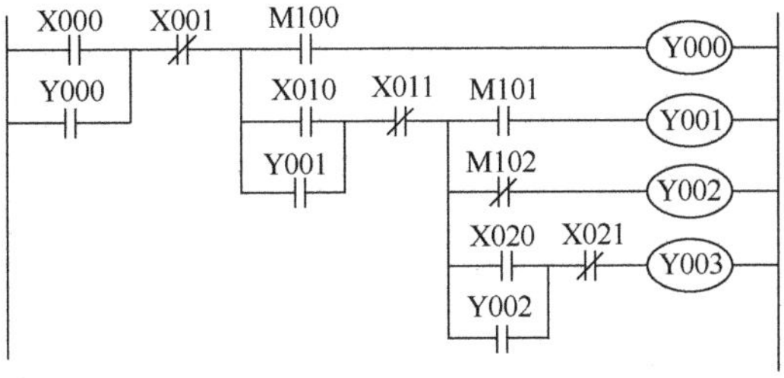

图 3-31　题 3-8 程序

3-9　画出图 3-32 中 M206 的时序图。

3-10　画出图 3-33 中 Y000 的时序图。

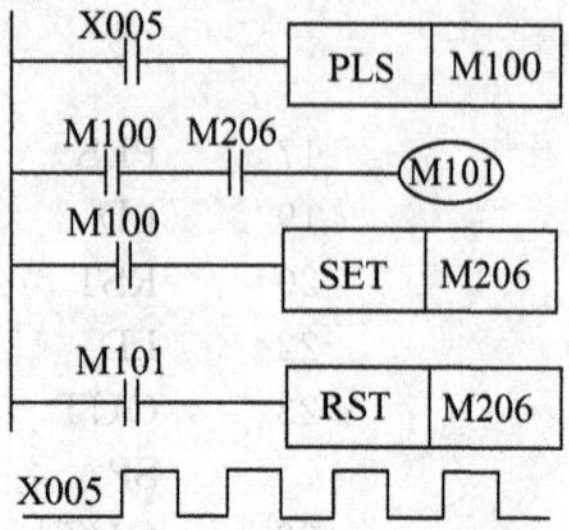

图 3-32　题 3-9 图

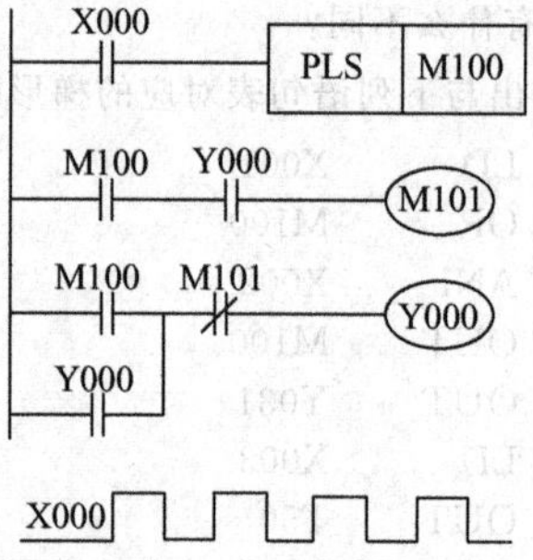

图 3-33　题 3-10 图

第四章　可编程控制器基本指令的编程应用

内容提要： 基本指令是PLC程序中应用最频繁的指令，熟练应用基本指令是进行PLC编程的基础。

本章在介绍常用的工业控制基本环节编程的基础上以实例说明 FX_{2N} 系列PLC基本指令的编程应用。

编制完成的程序需下载到PLC中运行，各PLC厂商都为自己的产品配备了编程软件，本章简要介绍SWOPC-FXGP/WIN-C编程软件的用法。

第一节　可编程控制器的应用开发步骤

PLC是通用的工业控制计算机，可以应用在各种工业控制场合。PLC的应用开发过程大致由几下步骤组成。

一、控制对象的生产工艺过程及控制要求调查

PLC应用开发之前要充分了解应用目的和任务。例如要控制一台设备，需要了解设备相关的生产工艺，设备的操作动作过程，设备要设置哪些操作装置，如按钮、主令开关或人机界面，配有哪些检测单元、哪些执行机构，如电动机的接触器或液压系统的电磁阀，并要认真弄清这些装置间的操动配合及制约关系。在以上工作的基础上清点接入PLC的信号数量及选择合适的机型。

二、可编程控制器的资源分配及接线设计

控制对象的主令信号、反馈信号及执行信号都要输入PLC或由PLC输出。也就是说要为每一个信号分配连接PLC的输入及输出口，如某个按钮接入某个输入口，某个接触器的线圈接入某个输出口等。同时考虑PLC及外围接入设备的电源。

输入输出接线的连接分配实际上也是机内存储单元输入继电器及输出继电器的分配。这一步完成之后需初步考虑编程的方法及程序中还需要使用哪些机内器件，如定时器、计数器及辅助继电器等，这些机内器件也要落实到具体的器件编号。

三、程序编制

PLC控制系统的功能是通过程序实现的。程序描述了控制系统各种事物间的联系及制约。在将主令信号、反馈信号接入PLC，并用机内编程元件代表它们时，程序也就变成了机内各种器件间关系的描述。

编程时首先要选择编程的方法及程序的结构，还要选择编程语言将程序构思变成具体的程序。

四、程序的调试及修改完善

初步编制完成的程序需下载到 PLC 中实际运行，并与控制设备联机调试修改后才能达到较好的控制效果。

第二节　常用基本环节的编程

作为编程元件及基本指令的应用，本节讨论一些基本环节的编程。这些环节常作为梯形图的基本单元出现在程序中。

一、三相异步电动机单向运转控制：启—保—停电路单元

三相异步电动机单向运转控制电路在第二章中已经接触过。现将有关图纸转绘图 4-1 中。其中图 4-1(a) 为 PLC 的输入输出接线图，从图 4-1(a) 中可知，启动按钮 SB2 接于 X001，停车按钮 SB1 接于 X000，交流接触器 KM 接于 Y000。这就是端子分配，实质是存储单元的分配，是为程序安排代表控制系统中事物的机内元件。图 4-1(b) 是三相异步电动机单向控制梯形图。它是机内元件的逻辑关系进而也是控制系统内各事物间逻辑关系的体现。

梯形图 4-1(b) 的工作过程分析如下：当按钮 SB2 被按下时 X001 接通，Y000 置 1，这时电动机开始连续运行。需要停车时，按下停车按钮 SB1，串联于 Y000 线圈回路中的 X000 的常闭触点断开，Y000 置 0，电动机失电停车。

梯形图 4-1(b) 称为启—保—停电路。这个名称主要来源于图中并联在常开触点 X001 上的常开触点 Y000。它的作用是当按钮 SB2 松开，输入继电器 X001 断开时，线圈 Y000 仍然能保持接通状态。工程中把这个触点叫做“自保持触点”。启—保—停电路是梯形图中最典型的单元，它包含了梯形图程序的全部要素。这些要素如下。

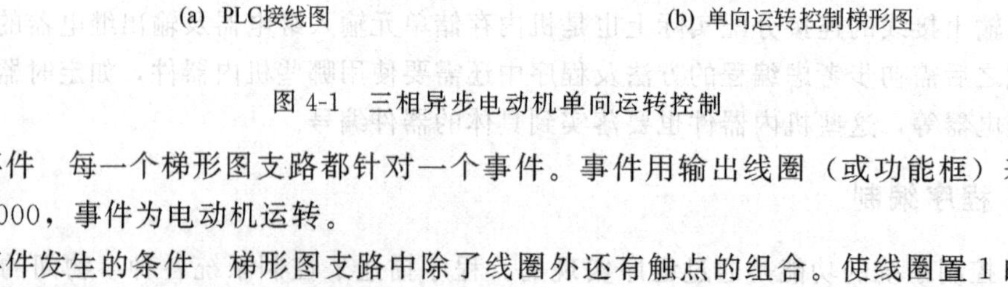

(a) PLC接线图　　(b) 单向运转控制梯形图

图 4-1　三相异步电动机单向运转控制

① 事件　每一个梯形图支路都针对一个事件。事件用输出线圈（或功能框）表示。本例中为 Y000，事件为电动机运转。

② 事件发生的条件　梯形图支路中除了线圈外还有触点的组合。使线圈置 1 的条件是事件发生的条件。本例中为启动按钮 X001 置 1。

③ 事件得以延续的条件　触点组合中使线圈置 1 得以保持的条件。本例中为与触点 X001 并联的 Y000 的自保持触点闭合。

④ 使事件中止的条件　触点组合中使线圈置 1 中断的条件。本例中为 X000 的常闭触点

断开。

二、三相异步电动机可逆运转控制：互锁环节

在上例的基础上，如希望实现三相异步电动机可逆运转，需增加一个反转控制按钮和一只反转接触器。PLC 的端子分配及梯形图见图 4-2。它的梯形图设计可以这样考虑：选两套启—保—停电路，一个用于正转（通过 Y000 驱动正转接触器 KM1）；一个用于反转（通过 Y001 驱动反转接触器 KM2）。考虑正转、反转两个接触器不能同时接通，在两个接触器的驱动支路中分别串入另一个接触器的常闭触点（如 Y000 支路串入 Y001 的常闭触点），这样当代表某个转向的驱动元件接通时，代表另一个转向的驱动元件就不可能同时接通了。这种两个线圈回路中互串对方常闭触点的电路结构形式叫做“互锁”。这个例子的提示是：在多输出的梯形图中，要考虑多输出间的相互制约（多输出时这种制约称为联锁）。

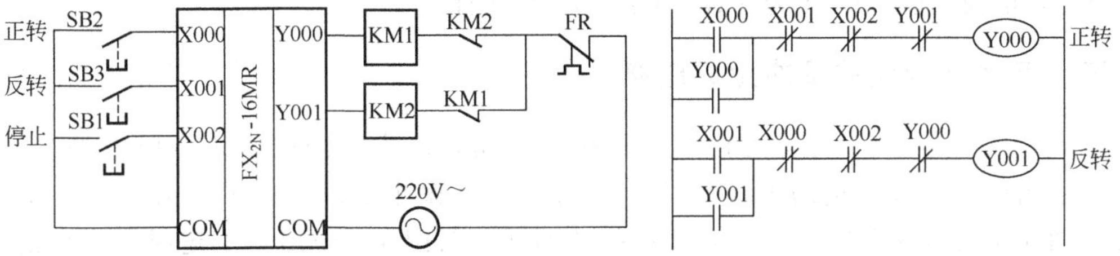

图 4-2 三相异步电动机可逆运转控制

三、两电动机分时启动电路：基本延时环节

两台交流异步电动机，一台启动 10s 后第二台启动，共同运行后一同停止。欲实现这一功能，给两台电动机供电的两只交流接触器要占用 PLC 的两个输出口（Y001 及 Y002）。由于是两台电动机联合启停，仅选一只启动按钮（X000）和一只停止按钮（X002）就够了，但延时功能需一只定时器（T1）。梯形图的设计可以依以下顺序：先绘两台电动机独立的启—保—停电路；第一台电动机使用启动按钮启动；第二台电动机使用定时器的常开触点启动；两台电动机均使用同一停止按钮，然后再解决定时器的工作问题；由于第一台电动机启动 10s 后第二台电动机启动；第一台电动机运转是 10s 的计时起点，因而将定时器的线圈并接在第一台电动机的输出线圈上。本题的 PLC 控制梯形图已绘于图 4-3 中。

四、定时器延时功能的扩展环节

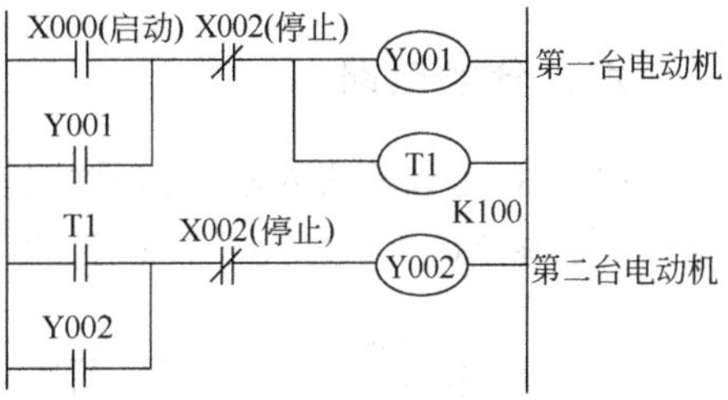

图 4-3 两台异步电动机延时启动控制

定时器的计时时间都有一个最大值，如 100ms 的定时器最大计时时间为 3276.7s。如工程中所需的延时时间大于定时器的最大计时时间时，一个最简单的方法是采用定时器接力计时方式，即先启动一个定时器计时，计时时间到时，用到时定时器的常开触点启动第二只定时器，再使用第二只定时器启动第三只……记住使用最后一只定时器的触点去控制最终的控制对象就可以了。图 4-4 中的梯形图即是两定时器接力的例子。总延时时间是所有参与接力定时器延时时间之和。

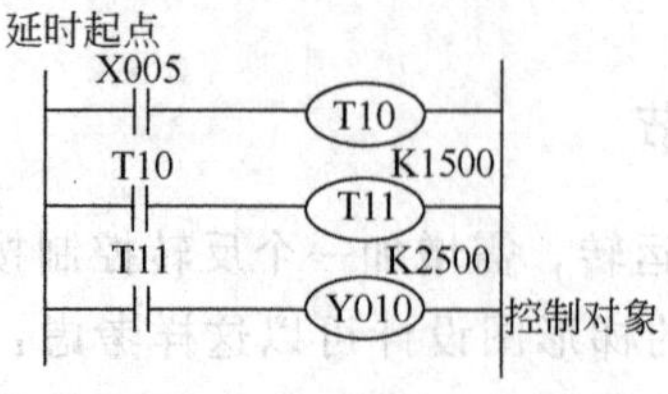

图 4-4　两定时器接力延时 400s

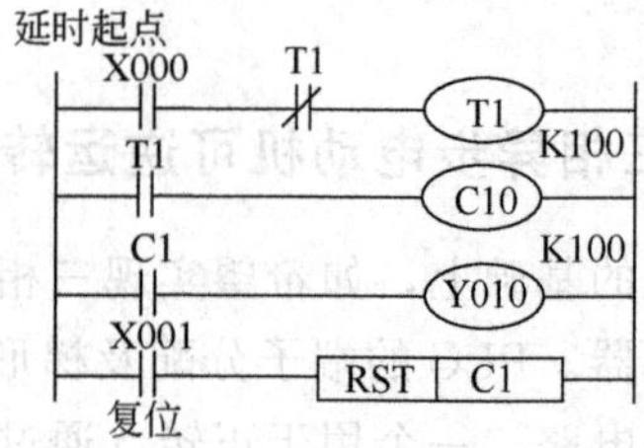

图 4-5　定时器配合计数器延时 1000s

另外还可以利用计数器配合定时器获得长延时，如图 4-5 所示。当 X000 保持接通时，由于定时器 T1 的线圈回路中接有定时器 T1 的常闭触点，使得定时器 T1 每隔 10s 复位一次。T1 的常开触点每 10s 接通一个扫描周期，使计数器 C10 计一个数，当计到 C10 的设定值时，C1 的常开触点使 Y010 接通。从 X000 接通为始点的延时时间为：定时器的时间设定值×计数器的设定值。X001 为计数器 C10 的复位条件。

五、定时器构成的脉冲生成电路

图 4-5 中定时器 T1 实质是构成一种振荡电路，产生时间间隔为定时器的设定值，脉冲宽度为一个扫描周期的方波脉冲。上例中这个脉冲序列用作了计数器 C10 的计数脉冲。图 4-6 是用两个定时器产生脉冲的梯形图。与图 4-5 中用一个定时器产生的脉冲不同的是，两个定时器产生的脉冲列的脉宽及脉冲间隔都可以调节。图 4-6 中显示，脉冲宽度调 T0 的设定值，脉冲间隔的调整可以调 T1。在现代工程问题中，脉冲列是常用信号之一。

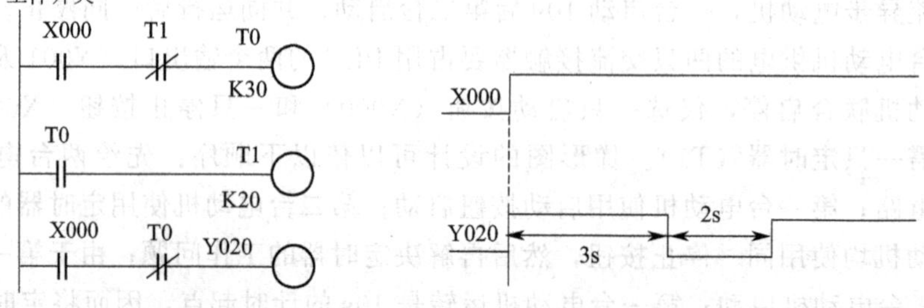

(a) 梯形图　　(b) 时序图

图 4-6　两个定时器构成的脉冲发生器

六、分频电路

用 PLC 可以实现对输入信号的任意分频，图 4-7 所示是一个 2 分频电路。待分频的脉冲信号加在 X000 端，设 M101 及 Y010 初始状态均为 0。

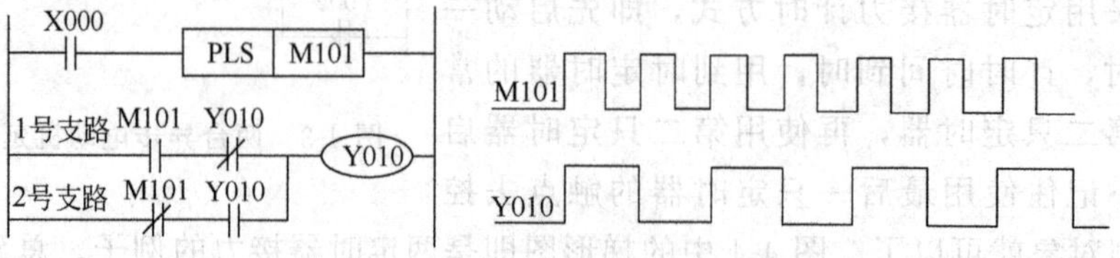

图 4-7　2 分频电路及波形

图 4-7 分频梯形图的分析可通过表 4-1 进行。表中序号为分频前脉冲 M101 状态发生变化的序号。在分析了 9 个信号点的情况后，对比 M101 的状态与 Y010 的状态变化已可以看出图 4-7 具有 2 分频功能。

表 4-1 2 分频电路分频过程分析表

序　　号	M101 状态	Y010 前次状态	1 号支路状态	2 号支路状态	Y101 本次状态
1	1	0	1	0	1
2	0	1	0	1	1
3	1	1	0	0	0
4	0	0	0	0	0
5	1	0	1	0	1
6	0	1	0	1	1
7	1	1	0	0	0
8	0	0	0	0	0
9	1	0	1	0	1

第三节 基本指令编程实例

【例 4-1】 三组抢答器

儿童 2 人、青年学生 1 人和教授 2 人成 3 组抢答。儿童任一人按钮均可抢得，教授需两人同时按钮可抢得。在主持人按下开始按钮同时宣布开始后 10s 内有人抢答则幸运彩球转动表示庆贺。

本例选用 FX_{2N}-16MR 型 PLC 一台，程序设计可依下列步骤进行。

1. 安排输入输出端子及机内器件

表 4-2 给出了本例 PLC 的端子及机内器件安排情况。输出口 Y001～Y004 上接有抢得指示灯及彩球，分别代表儿童抢得、学生抢得、教授抢得及彩球转动 4 个事件，是本例梯形图中的输出线圈。

表 4-2 三组抢答器 PLC 机内器件安排表

输 入 端 子	输 出 端 子	其 他 器 件
儿童抢答按钮：X001、X002 学生抢答按钮：X003 教授抢答按钮：X004、X005 主持人开始开关：X011 主持人复位按钮：X012	儿童抢得指示灯：Y001 学生抢得指示灯：Y002 教授抢得指示灯：Y003 彩球：Y004	定时器：T10

2. 根据输出要求绘梯形图草图

设计梯形图时可先绘含有 4 个启—保—停支路的草图表达各个输出的基本关系，如图 4-8 所示。

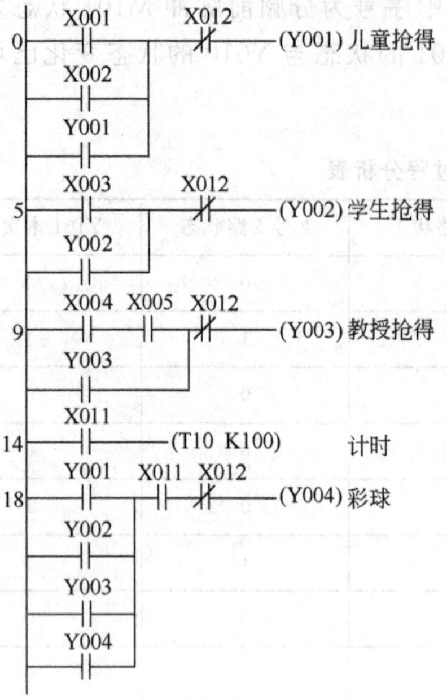

图 4-8　三组抢答器梯形图（草图）

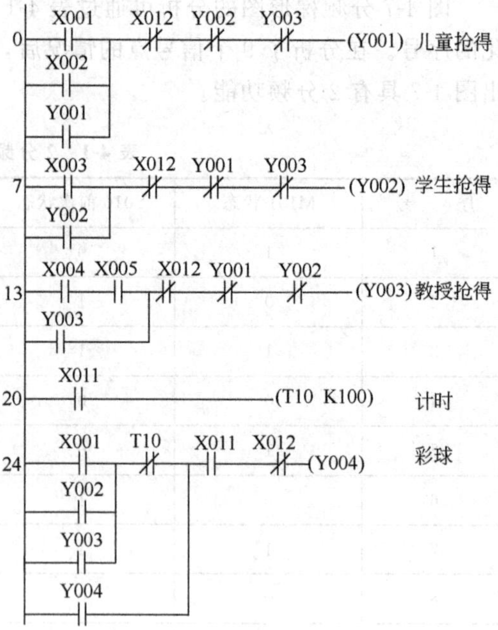

图 4-9　三组抢答器梯形图（完成）

3. 考虑各输出之间的制约并对草图做出修改

① 抢答器的重要性能是竞时封锁，也就是若已有某组按钮抢答，则其他组再按无效，体现在梯形图上是 Y001～Y003 间的互锁。这要求在 Y001～Y003 支路中互串其余两个输出继电器的常闭触点。

② 按控制要求，只有在主持人宣布开始的 10s 内 Y001～Y003 接通才能启动彩球，且彩球启动后，该定时器也应失去对彩球的控制作用。因而梯形图 4-9 中在 Y004 输出支路中串入了定时器 T10 的常闭触点，且在母线及 T10 间并上了 Y004 的自保触点。

图 4-9 是程序设计完成后的梯形图。

【例 4-2】 五组抢答器控制设计

五个队参加抢答比赛，比赛规则及所使用的设备如下。

设有主持人总台及各个参赛队分台。总台设有总台灯及总台音响，总台开始及总台复位按钮。分台设有分台灯，分台抢答按钮。各队抢答必须在主持人给出题目，说了“开始”并同时按了开始控制钮后的 10s 内进行，如提前抢答，抢答器将报出“违例”信号（违例扣分）。10s 时间到还无人抢答，抢答器将给出应答时间到信号，该题作废。在有人抢答情况下，抢得的队必须在 30s 内完成答题。如 30s 内还没答完，则作答题超时处理。灯光及音响信号所表示的意义安排如下。

音响及某台灯：正常抢得。

音响及某台灯加总台灯：违例。

音响加总台灯：无人应答及答题超时。

在一个题目回答终了后，主持人按下复位按钮。抢答器恢复原始状态，为第二轮抢答作好准备。

本例设计过程如下。

1. 安排输入输出端子及机内器件

为了清晰地表达总台灯、各台灯、总台音响这些输出器件的工作条件，机内器件除了选用了应答时间及答题时间两个定时器外还选用了一些辅助继电器，现将本例机内器件的安排列于表 4-3。

表 4-3 五组抢答器 PLC 机内器件安排表

输入器件	输出器件	机内其他器件
X000:总台复位按钮	Y000:总台音响	M0:公共控制触点继电器
X001～X005:分台按钮	Y001～Y005:各台灯	M1:应答时间辅助继电器
X010:总台开始按钮	Y014:总台灯	M2:抢答辅助继电器
		M3:答题时间辅助继电器
		M4:音响启动信号继电器
		T1:应答时限 10s
		T2:答题时限 30s
		T3:音响时限 1s

2. 分析抢答器的控制要求

本例输出器件比较多，且需相互配合表示一定的意义。仔细分析并抓住以下几个关键事件对编写输出器件的工作条件有重要的意义。

① 主持人是否按下开始按钮。这是正常抢答和违例的界限。

② 是否有人抢答。

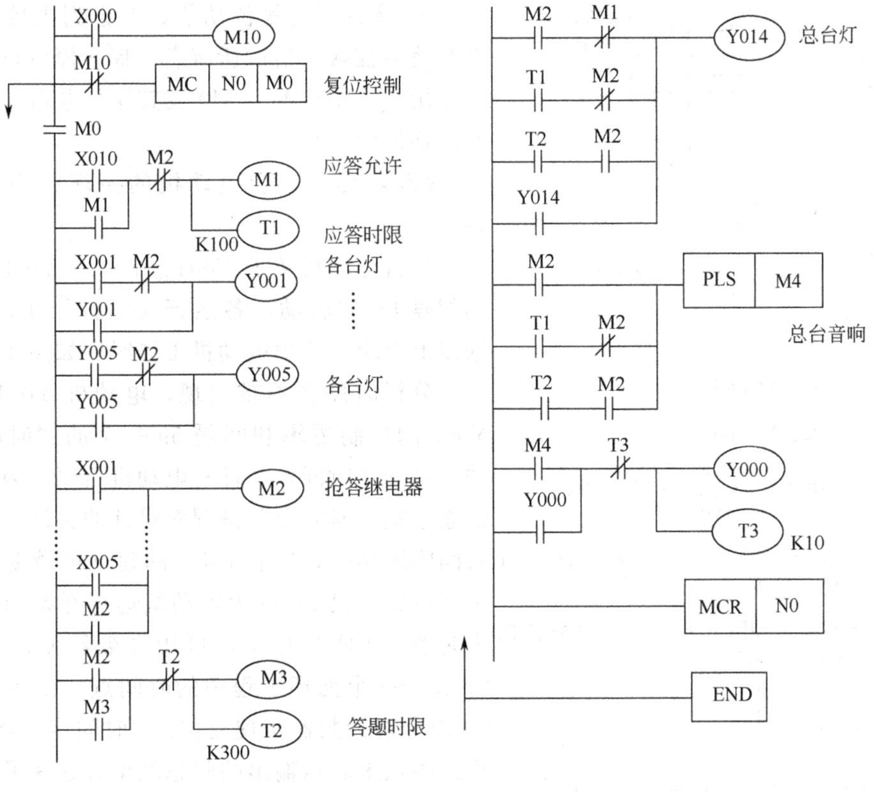

图 4-10 五组抢答器梯形图

③ 应答时间是否到时。

④ 答题时间是否到时。

程序设计时，要先用机内器件将以上事件表达出来，并在后续的设计中用这些器件作为主要输出，如总台音响及分台、总台灯的工作条件。

3. 按以下顺序绘制梯形图（内容可见图 4-10）

① 先绘出图中“应答允许”、“应答时限”、“抢答继电器”、“答题时限”等支路。这些支路中的输出器件是进一步设计的基础。

② 设计各台灯梯形图。各台灯启动条件中串入抢答继电器 M2 的常闭触点体现了抢答器的竞时封锁原则，即在已有人抢得之后再按按钮抢答是无效的。

③ 设计总台灯梯形图。由总台灯工作条件分析可知，梯形图中应有以下 4 项内容。

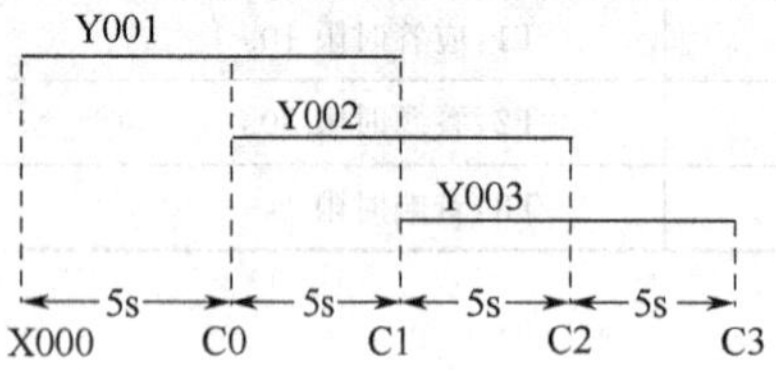

图 4-11　三台电动机控制时序图

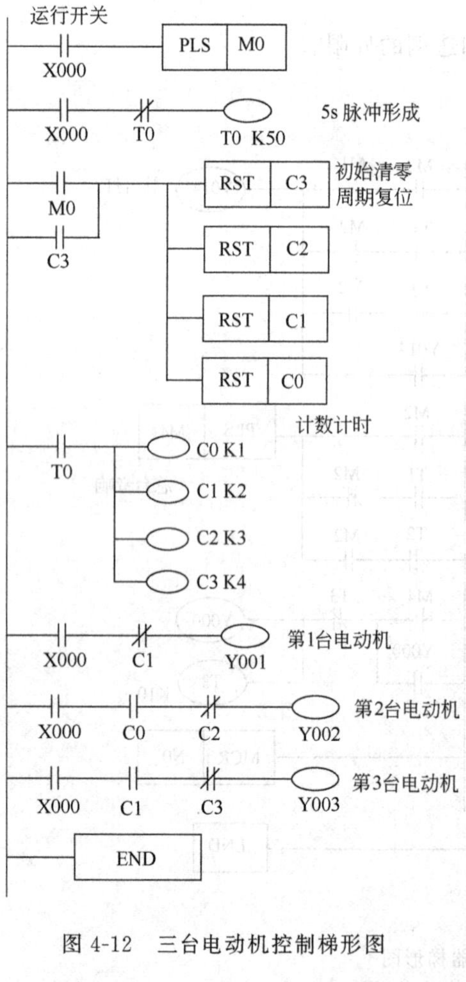

图 4-12　三台电动机控制梯形图

· M2 的常开和 M1 的常闭串联：主持人未按开始按钮即有人抢答，违例。

· T1 的常开和 M2 的常闭串联：应答时间到无人抢答，本题作废。

· T2 的常开和 M2 的常开串联：答题超时。

· Y014 常开：自保触点。

④ 设计总台音响梯形图。总台音响梯形图的结构本来可以和总台灯一样，但为了缩短音响的时间（设定为 1s），在音响的输出条件中加入了启动信号的脉冲处理环节。有关的支路请读者自行分析。

⑤ 最后解决复位功能。考虑到主控触点指令具有使主控触点后的所有启—保—停电路输出中止的作用，将主控触点 M0 及其相关电路加在已设计好的梯形图前部。

【例 4-3】　三台电动机的循环启停运转控制设计

三台电动机接于 Y001、Y002、Y003。要求它们相隔 5s 钟启动，各运行 10s 钟停止，并循环。据以上要求。绘出电动机工作时序如图 4-11 所示。

分析时序图不难发现，电动机 Y001、Y002、Y003 的控制逻辑和间隔 5s 一个的“时间点”有关，每个“时间点”都有电动机启停，因而用程序建立这些“时间点”是程序设计的关键。由于本例时间间隔相等，“时间点”的建立可借助振荡电路及计数器。设 X000 为电动机运行开始的时刻，用定时器 T0 实现振荡，再用计数器 C0、C1、C2、C3 作为一个循环过程中的时间点。循环功能借助 C3 对全部计数器实现复位。“时间点”建立之后，用这些点来表示输出的状态就十分容易了。设计好的梯形图如图 4-12 所示。梯形图中 Y001、Y002、

Y003 支路都是典型的启—保—停电路，其中启动及停止条件均由“时间点”组成。

【例 4-4】 十字路口交通灯控制

这也是一个时序控制例子。十字路口南北向及东西向均设有红、黄、绿信号灯，六只灯依一定的时序循环往复工作。图 4-13 是交通灯的时序图。

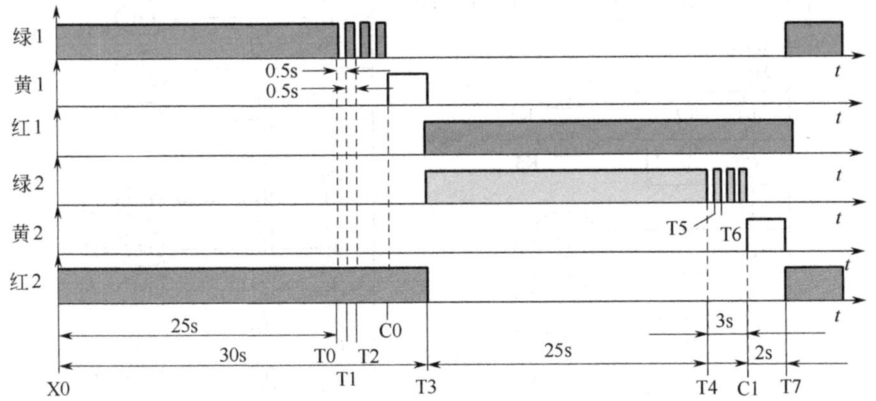

图 4-13　交通灯的时序图

本例的关键仍然是要用机内器件将灯状态变化的“时间点”表示出来。分析时序图，找出灯状态发生变化的每个“时间点”并安排相应的器件，如表 4-4 所示。

表 4-4　时间点及实现方法

器　件	意　　义	实　现　方　法
X000	启动及循环起点，绿 1、红 2 点亮	启动按钮
T0	绿 1 亮 25s 定时器	T0 设定值 K250，从 X000 接通起计时，计时时间到绿 1 断开，T1 计时
T1、T2、	绿 1 闪动 3 次控制	T1、T2 形成振荡，T1 通时绿 1 点亮，C0 计数
C0	黄 1 亮 2s 起点	T2 为 C0 计数信号，C0 接通时黄 1 点亮
T3	黄 1 亮 2s 定时器	T3 设定值 K20，T3 接通时为红 1、绿 2 点亮，红 2 熄灭
T4	绿 2 亮 25s 定时器	T4 设定值 K250，从 T3 接通时计时，计时时间到绿 2 断开，T6 计时
T5、T6	绿 2 闪动 3 次控制	T5、T6 形成振荡，T5 通时绿 2 点亮，C1 计数
C1	黄 2 亮 2s 起点	T6 为 C1 计数信号，C1 接通时黄 2 点亮
T7	黄 2 亮 2s 定时器	T7 设定值 K20，T7 接通时黄 2 熄灭，一循环周期结束

本例梯形图设计步骤如下。

① 依表 4-4 所列器件及工作方式绘出各“时间点”形成支路。这些支路是依“时间点”的先后顺序绘出的，且采用一点扣一点的方式完成的。

② 以“时间点”为工作条件绘各灯的输出梯形图。

③ 为了实现交通灯的启停控制，在已绘好的梯形图上增加主控环节。作为一个循环的结束，控制第二个循环开始的定时器 T7 的常闭触点也作为条件串入主控指令中。本例梯形图绘于图 4-14。

【例 4-5】 运料小车的往返运行控制

图 4-15 所示小车一个工作周期的动作要求如下。

按下启动按钮 SB（X000），小车电动机 M 正转（Y010），小车第一次前进，碰到限位

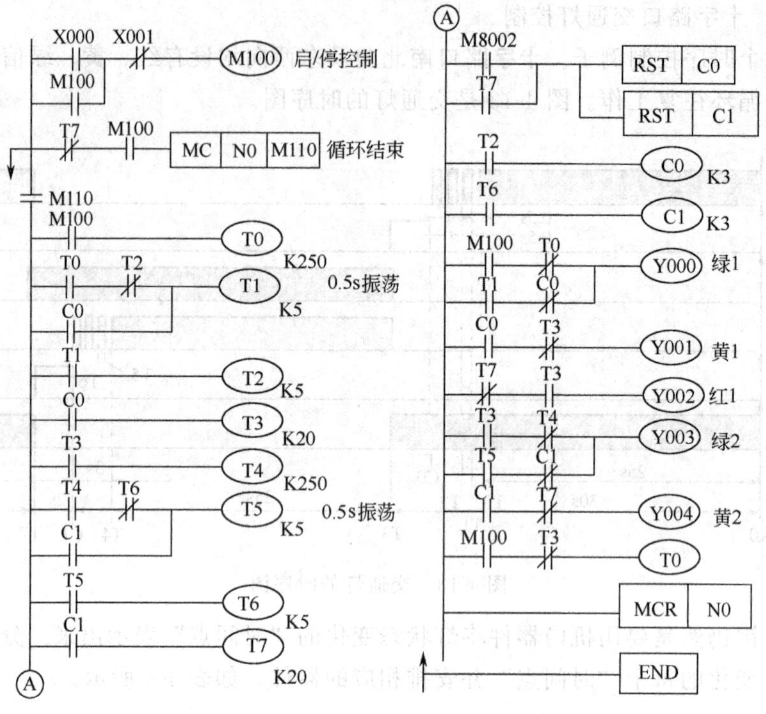

图 4-14　交通信号灯梯形图

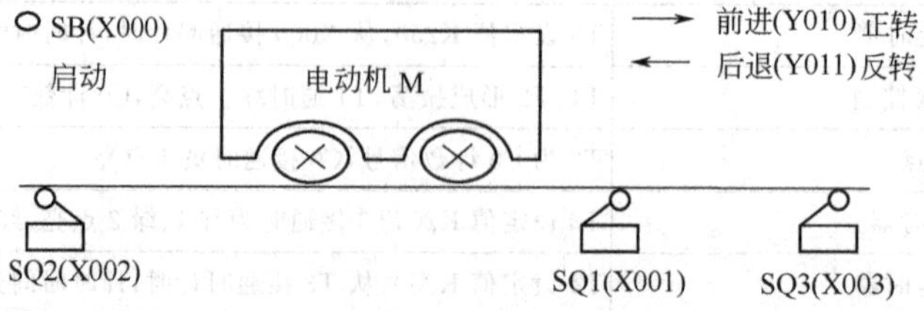

图 4-15　运料小车往返运行示意图

开关 SQ1（X001）后小车电动机 M 反转（Y011），小车后退。

小车后退碰到限位开关 SQ2（X002）后，小车电动机 M 停转。停 5s 后，第二次前进，碰到限位开关 SQ3（X003），再次后退。

第二次后退碰到限位开关 SQ2（X002）时，小车停止。

该例梯形图设计步骤如下。

1. 分析

本例的输出较少，只有电动机正转输出 Y010 及反转输出 Y011，但控制工况比较复杂。由于分为第一次前进、第一次后退、第二次前进、第二次后退，且限位开关 SQ1 在两次前进过程中，限位开关 SQ2 在两次后退过程中所起的作用不同，想直接绘制针对 Y010 及 Y011 的启—保—停电路梯形图是不太容易的。为了将问题简化，可不直接针对电动机的正转及反转列写梯形图，而是针对第一次前进、第一次后退、第二次前进、第二次后退列写启—保—停电路梯形图。为此选 M100、M101 及 M110、M111 作为两次前进及两次后退的辅助继电器，选定时器 T37 控制小车第一次后退在 SQ2 处停止的时间，本例的输入、输出口安排已标在图 4-15 中了。

2. 绘梯形图草图

针对两次前进及两次后退绘出的梯形图草图如图 4-16 所示。图中有第一次前进、第一次后退、计时、第二次前进、第二次后退 5 个支路，每个支路的启动与停止条件都是清楚的，但是程序的功能却不能符合要求。分析以上梯形图可以知道，若依以上程序，第二次前进碰到 SQ1 时即会转入第一次后退的过程，且第二次后退碰到 SQ2 时还将启动定时器，不能实现停车。

3. 修改梯形图

既然以上提及的不符合控制要求的两种情况都发生在第二次前进之后，那么就可以让 PLC“记住”第二次前进的“发生”，从而对计时及后退加以限制。于是选择 M102 作为第二次前进继电器，对草图修改后的程序如图 4-17 所示。图中将两次后退并列到一起，还增加了前进与后退的继电器互锁。

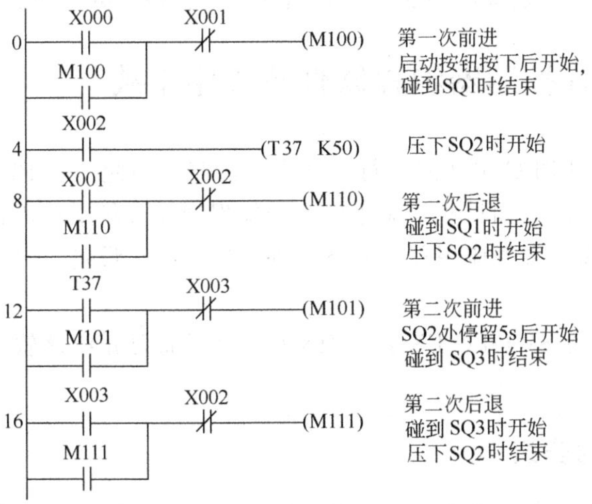

图 4-16 小车往返控制梯形图草图

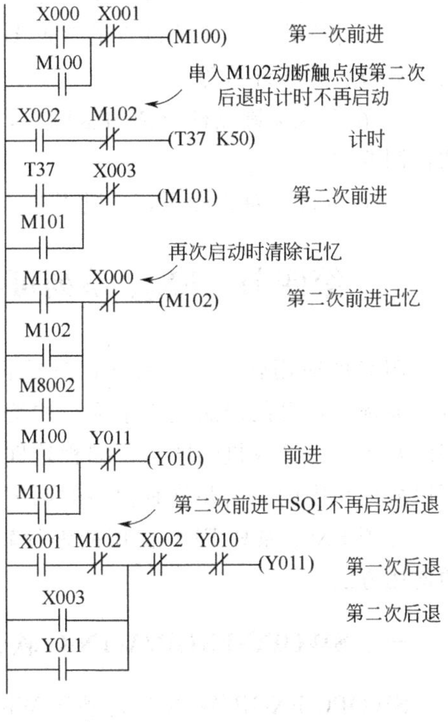

图 4-17 小车往返控制梯形图

以上五个实例的编程方法为“经验法”。

1.“经验法”是基于梯形图的结构的编程方法

(1) 梯形图支路的结构方法

梯形图由许多支路构成，每个支路的结尾是一个或多个输出线圈，线圈的前边是由触点及触点块组成的输出条件，这就是梯形图的基本结构。

梯形图支路的基本模式为启—保—停电路。每个启—保—停电路的输出可以是系统的实际输出，也可以是中间变量。

(2) 梯形图支路的表达方法

梯形图是计算机的编程语言。存储单元也即机内编程元件是计算机工作的对象，也是组成梯形图的基本元素，或者说，梯形图是用机内器件的关系表达控制要求的。

2. “经验法”编程步骤及要点

① 在准确了解控制要求后，合理地为控制系统中的事件分配输入输出口，选择必要的机内器件，如定时器、计数器、辅助继电器。

② 对于一些控制要求较简单的输出，可直接写出它们的工作条件，依启—保—停电路模式完成相关的梯形图支路。工作条件稍复杂的可借助辅助继电器（如例 4-5 中小车前进部分的 M100、M101。）

③ 对于较复杂的控制要求，为了能用启—保—停电路模式绘出各输出口的梯形图，要正确分析控制要求，并确定组成总的控制要求的关键点。在空间类逻辑为主的控制中，关键点为影响控制状态的点（如抢答器例中主持人是否宣布开始，答题是否到时等），在时间类逻辑为主的控制中（如交通灯），关键点为控制状态转换的时间。

④ 将关键点用梯形图表达出来。关键点总是用机内器件来代表的，在安排机内器件时需要考虑并安排好。绘关键点的梯形图时，可以使用常见的基本环节，如定时器计时环节、振荡环节、分频环节等。

⑤ 在完成关键点梯形图的基础上，针对系统最终的输出，使用关键点综合出最终输出的控制要求。

⑥ 审查以上草绘图纸，在此基础上，补充遗漏的功能，更正错误，进行最后的完善。

第四节 FX_{2N} 系列可编程控制器编程软件及程序下载

PLC 的应用软件编制完成后都要下载到 PLC 中才能运行，并实现控制。为此，各 PLC 生产商都为自己的产品生产了配套的编程产品。如早些年应用较多的编程器及近年来应用较多的基于个人计算机的图示化编程软件。除了方便应用程序的下载外，这些编程设备一般还可以协助程序的编制并具有程序的调试功能。

三菱 FX_{2N} 系列 PLC 使用的编程软件为 SWOPC-FXGP/WIN-C。以下简要介绍该软件的使用方法。

一、SWOPC-FXGP/WIN-C 软件的安装

SWOPC-FXGP/WIN-C 是基于 Windows 的应用软件。可通过梯形图符号、指令语句及 SFC 符号创建及编辑程序，还可以在程序中加入中文、英文注释，它还能够监控 PLC 运行时各编程元件的状态及数据变化，还具有程序和监控结果的打印功能。

在计算机中安装 SWOPC-FXGP/WIN-C 时将含有 SWOPC-FXGP/WIN-C 软件的光盘插入光盘驱动器，在光盘目录里双击 setup 即进入安装，之后则可按照软件提示完成安装工作。

安装完成后，不需要接入 PLC，即可离线编程。

二、SWOPC-FXGP/WIN-C 编程软件的界面

运行 SWOPC-FXGP/WIN-C 软件后，将出现初始启动画面，点击菜单栏中“文件”

菜单并在下拉菜单条中选取“新文件”菜单条，即出现图 4-18 所示的 PLC 类型设置对话框，选择好机型，点击“确认”后，出现程序编辑的主界面，如图 4-19 所示。主界面含以下几个主要分区：菜单栏（包含 11 个主菜单项）、工具栏（快捷操作窗口）、用户编辑区，编辑区下边分别是状态栏及功能键栏，界面右侧还可以看到功能图栏。以下分别说明。

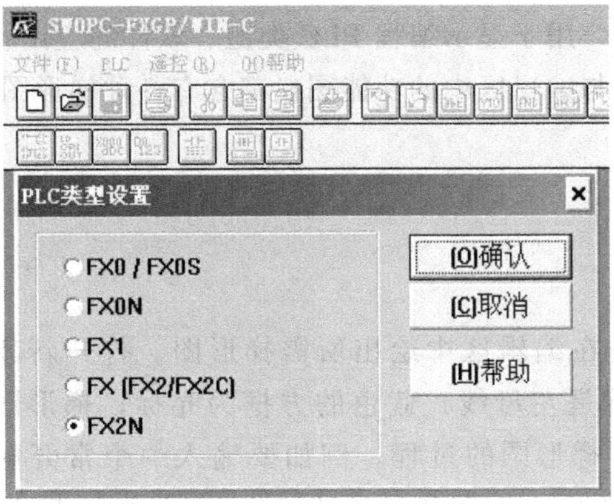

图 4-18　PLC 类型设置对话框

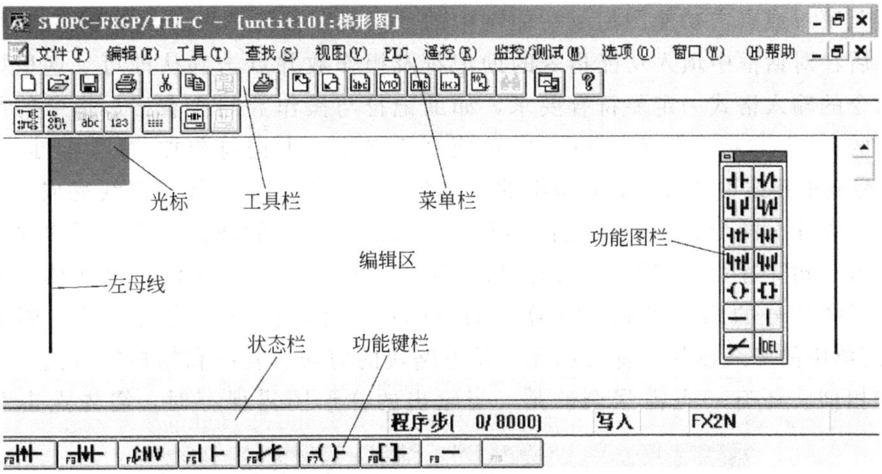

图 4-19　SWOPC-FXGP/WIN-C 软件主界面

1. 菜单栏

菜单栏是以菜单形式操作的入口，菜单含文件、编辑、工具、查找、视图、PLC、遥控、监控及调试等项。用鼠标点击某项菜单，可弹出该菜单的细目，如文件项目的细目含新建、打开、保存、另存为、打印、页面设置等项，编辑菜单中含剪切、复制、粘贴、删除等项，可知这些菜单的主要功能为程序文件的管理及编辑。菜单栏中的其他项目涉及编程方式的变换、程序的下载传送、程序的调试及监控等操作。

2. 工具栏

工具栏提供简便的鼠标操作，将最常用的 SWOPC-FXGP/WIN-C 编程操作以按钮形式设定到工具栏。可以用菜单栏中的“视图”菜单选项来显示或隐藏工具条。菜单栏中涉及的各种功能在工具条中大多都能找到。

3. 编辑区

编辑区用来显示正在编辑的程序。可用梯形图、指令表等方式进行程序的编辑工作。也可以使用菜单栏中“视图”菜单及工具栏中梯形图及指令表按钮实现梯形图程序与指令表程序的转换。

4. 状态栏、功能键栏及功能图栏

编辑区下部是状态栏，用于显示编程 PLC 类型、软件的应用状态及所处的程序步数等。状态栏下为功能键栏，其与编辑区中的功能图栏都含有各种梯形图符号，相当于梯形图绘制的图形符号库。

三、编程操作

1. 梯形图的编程操作

采用梯形图编程即是在编辑区中绘出所需梯形图。打开新建文件时主窗口左边可以见到一根竖直的线，这就是左母线。蓝色的方框为光标，梯形图的绘制过程是取用图形符号库中的符号“拼绘”梯形图的过程。例如要输入一个常开触点，可点击功能图栏中的常开触点，也可以在“工具”菜单中选“触点”，并在下拉菜单中点击“常开触点”，这时出现图 4-20 的对话框，在框中输入触点的地址及其他有关参数后点击“确认”，要输入的常开触点及其地址就出现在光标所在的位置。需输入功能指令时，点击工具菜单中的“功能”菜单或点击功能图栏及功能键中的“功能”按钮即可弹出如图 4-21 所示的对话框，然后在对话框中填入功能指令的助记符及操作数并点击确认即可。这里要注意的是功能指令的输入格式一定要符合要求，如助记符与操作数间要空格，指令的脉冲执行方式中加的“P”与指令间不空格，32 位指令需在指令助记符前加“D”且也不空格等。梯形图符号间的连线可通过工具菜单中的“连线”菜单选择水平线与竖线完成。另外还需记住，不论绘什么图形，先要将光标移到需要绘这些符号的地方。梯形图程序的修改可以使用插入、删除等菜单或按钮操作。修改元件地址可以双击元件后重新填写弹出的对话框。梯形图符号的删除可利用计算机的删除键，梯形图竖线的删除可利用菜单栏中“工具”菜单中的竖线删除。梯形图元件及电路块的剪切、复制和粘贴等方法与其他编辑软件操作相似。还有一点需强调的是，当绘出的梯形图需保存时，需先点击菜单栏中

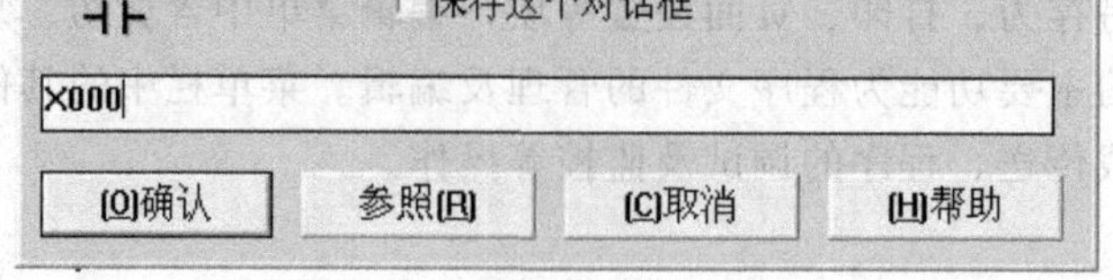

图 4-20 触点设置对话框

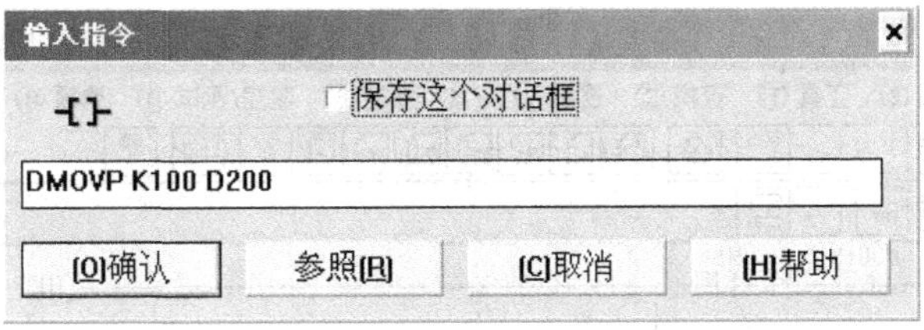

图 4-21　功能指令设置对话框

“工具”项下拉菜单的“转换”后才能保存，未经转换点击保存按钮存盘即关闭编辑软件，编绘的梯形图将丢失。

2. 指令表的编程操作

采用指令表编程时可以在编辑区光标位置直接输入指令表。一条指令输入完毕后，按回车键光标移至下一条指令的位置，则可输入下一条指令。指令表编辑方式中指令的修改也十分方便，将光标移到需修改的指令上，重新输入新指令即可。

程序编制完成后可以利用菜单栏中“选项”菜单项下“程序检查”功能对程序做语法及双线圈的检查，如有问题，软件会提示程序存在错误。

四、程序的下载

应用软件下载到 PLC 的过程是装有 SWOPC-FXGP/WIN-C 的计算机和 PLC 的通信过程。通信最简单的设备是一根 FX-232CAB 电缆，电缆的一头接计算机的 RS-232 口，另一头接在 PLC 的 RS-422 通信口上。软件安装完成并连接好硬件后，再正确选择计算机的通信口即可。具体操作为打开软件，在菜单栏中选择“PLC”菜单，在下拉菜单条中选“端口设置”后，选中电缆所实际连接的计算机的 232 口编号即完成设置。

程序下载需点击菜单栏中“PLC”菜单，在下拉菜单中再选“传送”及“写出”即可将编辑完成的程序下载到 PLC 中，传送菜单中的“读入”命令则用于将 PLC 中的程序读入编程计算机中修改。PLC 中一次只能存入一个程序，下载新程序后，旧有的程序即被覆盖。

五、程序的调试及运行监控

程序的调试及运行监控是程序开发的重要环节，很少有程序一经编制就是完善的，只有经过试运行甚至现场运行才能发现程序中不合理的地方并且进行修改。SWOPC-FXGP/WIN-C 编程软件具有监控功能，可用于程序的调试及监控。

1. 程序的运行及监视

程序下载后仍保持编程计算机与 PLC 联机，PLC 置运行状态，软件编辑区显示梯形图状态，点击菜单栏中“监控/测试”菜单后点击“开始监控”即进入元件监控状态。这时，梯形图上将显示 PLC 中各触点的状态及各数据存储单元的数值变化。如图 4-22 所示，图中有长方形光标显示的位元件处于接通状态，数据元件中的存数则直接标出。在监控状态中点击“停止监控”则可中止监控状态。

元件状态的监视还可以通过表格方式实现。编辑区显示梯形图或指令表状态下，点击菜单栏中“监控/测试”菜单后点击“进入元件监控”即显示元件监控状态对话

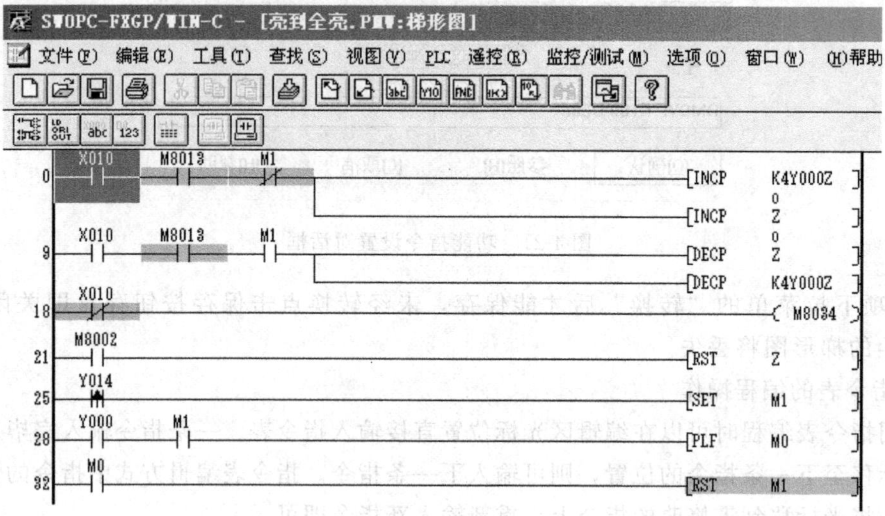

图 4-22　梯形图监控

框，这时可在对话框中设置需监控的元件，则当 PLC 运行时就可显示运行中各元件的状态。

2. 位元件的强制状态

在调试中可能需要 PLC 的某些位元件处于 ON 或 OFF 状态，以便观察程序的反应。这可以通过“监控/测试”菜单中的“强制 Y 输出”及“强制 ON/OFF”命令实现。点击这些命令时将弹出对话框，在对话框中需设置要强制的内容并点击“确定”即可。

3. 改变 PLC 字元件的当前值

在调试中有时需改变字元件的当前值，如定时器、计数器的当前值及存储单元的当前值等。具体操作也是从“监控/测试”菜单中进入，选“改变当前值”并在弹出的对话框中设置元件及数值后点击“确定”即可。

习题及思考题

4-1　某通风机运转监视系统，如果三台通风机中有两台在工作，信号灯就持续发亮；如果只有一台通风机工作，信号灯就以 0.5Hz 的频率闪光；如果三台通风机都不工作，信号灯就以 2Hz 频率闪光；如果运转监视系统关断，信号灯停止运行。请设计采用 PLC 控制的相关电路及软件。

4-2　设计一个节日礼花弹引爆程序。礼花弹用电阻点火器引爆。为了实现自动引爆，减轻工作人员的操作负担，保证安全，提高动作的准确性，采用 PLC 控制，要求编制以下两种控制程序。

① 1～13 号礼花弹，每个引爆间隔为 0.1s；13～14 号礼花弹，引爆间隔为 0.2s。

② 1～6 号礼花弹引爆间隔 0.1s，引爆完后停 10s，接着 7～12 号礼花弹引爆，间隔 0.1s，引爆完后又停 10s，接着 13～18 号礼花弹引爆，间隔 0.1s，引爆完后再停 10s，接着 19～24 号礼花弹引爆，间隔 0.1s。

引爆用一个引爆启动开关控制。

4-3　三相异步电动机Y-△降压启动控制继电接触器电路如图 4-23 所示。设计 PLC 控制硬件接线图及程序，实现Y接启动 6s 后，自动换接为△接运行（Y-△换接时要求断电 0.3s）。

4-4　图 4-24 为两台电动机顺序控制继电接触器电路图。试分析电路的功能并设计相同功能梯形图实现 PLC 控制。注意说明 PLC 输入输出端子连接。

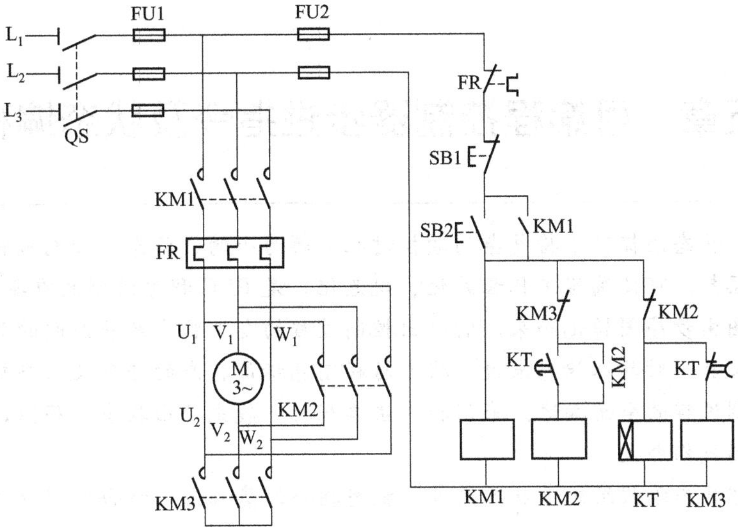

图 4-23　三相异步电动机Y-△降压启动电路

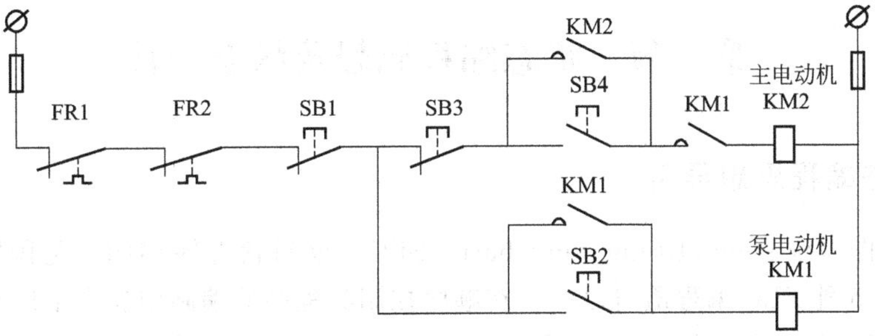

图 4-24　两台电动机顺序控制继电接触器电路

第五章　可编程控制器步进指令及状态编程法

内容提要：状态法提供了将复杂的顺控过程分解为小的“状态”分别编程，再组合成整体程序的编程思想。可使编程工作程式化、规范化，是PLC程序编制的重要方法之一。

状态转移图由步序图转化而来，需绘出控制过程的全部状态及状态间的关联，是顺序控制编程的重要工具。对具体状态来说，状态转移图包括该状态的任务及状态转移的条件及方向，是具体控制过程的全面描述。采用状态法编程时一般先绘出状态转移图，再将状态转移图转换为梯形图或指令表。

本章在介绍状态编程思想、状态元件、状态指令的基础上，结合实例说明状态编程方法及应用。

第一节　状态编程思想及状态元件

一、状态编程思想导引

顺序功能图（Sequential Function Chart，SFC）也叫状态转移图，是国际电工委员会（IEC）推荐的5种PLC编程语言之一，在顺序控制类程序的编制中获得了广泛的应用。

在介绍SFC编程思想之前，先回顾一下第四章例4-5——运料小车的往返运行控制。为该项目设计的梯形图见图4-17。该图的设计暴露了使用经验法及基本指令编制的程序存在以下一些问题。

① 工艺动作表达烦琐。

② 梯形图涉及的联锁关系较复杂，处理起来较麻烦。

③ 梯形图可读性差，很难从梯形图看出具体控制工艺过程。

为此，人们一直寻求一种易于构思、易于理解的图形程序设计工具。它应有流程图的直观，又有利于复杂控制逻辑关系的分解与综合。这种图就是状态转移图。为了说明状态转移图，现将小车的各个工作步骤用工序表示，并依工作顺序将工序连接成图5-1，这就是步序图，状态转移图的雏形。

从图5-1看到，该图有以下结构特征。

① 复杂的控制任务或工作过程分解成了若干个工序，也称为“步”。

② 每个工序的方框右边都用水平线连接了本工序的任务，各工序的任务明确而具体。

③ 各工序间都用竖线表示工序的承接关系，竖线称为“有向线段”，各工序间的联系清楚。

④ 连接两工序间的竖线上用短横线标示了工序转换的条件，短横线称为“开关”，工序间的转换条件直观。

这种图很容易理解，可读性很强，能清晰地反映整个控制过程，能带给编程人员清晰的

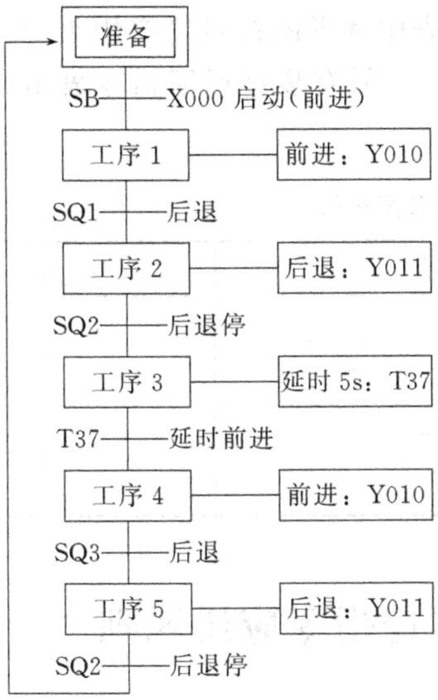

图 5-1　小车往返运行系统步序图

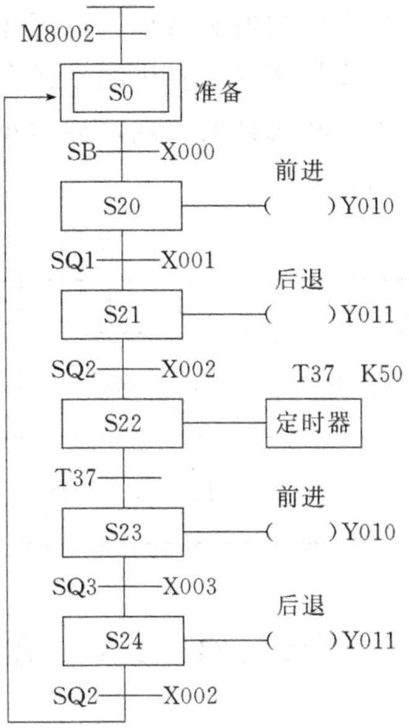

图 5-2　小车往返运行控制状态转移图

编程思路。其实，将图中的“工序”更换为“状态”，就得到了小车往返运行控制的状态转移图，如图 5-2 所示。状态转移图以“S□□”标志的方框表示“步”，也即“状态”，用方框间的有向连线表示状态间的联系，方框间连线上的短横线“开关”表示状态转移的条件，方框上横向引出的类似于梯形图支路的符号组合表示该状态的任务。这些都是与步序图密切对应的。而“S□□”是状态器——FX 系列 PLC 为状态编程特地安排的专用编程元件的编号（也是存储单元的地址）。

令人遗憾的是，顺序功能图虽然是 IEC 推荐的编程语言，但只有少数 PLC 的开发商将它列入编程软件功能。也就是说目前只有少数 PLC 系列的编程软件能将顺序功能图直接转换为机器码。FX 系列 PLC 为状态编程所做的安排是：提供专用的状态元件及步进顺控指令。在将顺序功能图转绘为梯形图后才能下载到 PLC。

鉴于以上情况，状态编程的一般思想为：将一个复杂的控制过程分解为若干个工作状态，明确各状态的任务、状态转移条件和转移方向，再依据总的控制顺序，将这些状态组合形成状态转移图，最后依一定的规则将状态转移图转绘为梯形图程序。

二、状态元件及步进顺控指令

FX_{2N} 系列 PLC 的状态元件见表 5-1。状态继电器用“S”表示，在表 5-1 所列范围内取

表 5-1　FX_{2N} 系列 PLC 的状态元件

类　　别	元件编号	点　数	用　途　及　特　点
初始状态	S0～S9	10	用于状态转移图(SFC)的初始状态
返回原点	S10～S19	10	多运行模式控制当中，用作返回原点的状态
一般状态	S20～S499	480	用作状态转移图(SFC)的中间状态
掉电保持状态	S500～S899	400	具有停电保持功能，用于停电恢复后需继续执行停电前状态的场合
信号报警状态	S900～S999	100	用作报警元件使用

值，具有位元件的所有特征，也可作为辅助继电器在程序中使用。此外，FX_{2N} 系列 PLC 还为状态编程安排了两条步进顺控指令，如表 5-2 所示。表中梯形图符号栏中用类似于常开接点的符号表示状态器的接点，称为步进接点指令（STL）。另有步进返回指令表示状态编程程序段的结束。

表 5-2 步进顺控指令功能及梯形图符号

指令助记符、名称	功 能	梯形图符号	程 序 步
STL 步进接点指令	步进接点驱动	S	1
RET 步进返回指令	步进程序结束返回	RET	1

第二节 FX_{2N} 系列 PLC 步进顺控指令应用规则

一、步进接点指令的关键意义在于程序段的隔离

步进顺控指令编程的重点是弄清状态转移图与状态梯形图间的对应关系，并掌握步进指令编程的规则。图 5-3 所示为状态转移图与状态梯形图对照。从图中不难看出，转移图中的一个状态在梯形图中用一条步进接点指令表示，使每一个状态程序成为相对独立的程序段。STL 指令的意义为“激活”某个状态，在梯形图上体现为主母线上引出的常开状态触点(用空心框线绘出以与普通常开触点区别)。该触点有类似于主控触点的功能，该触点后的所有操作均受这个常开触点的控制。“激活”的另一层意思是采用 STL 指令编程的梯形图区间，只有被激活的程序段才被扫描执行，而且在状态转移图的一个单流程中，一次只有一个状态被激活。而且规定被激活的状态有自动关闭激活它的前个状态的能力。这样就形成了状态程序段间的隔离，使编程者在考虑某个状态的工作任务时，不必考虑状态间的联锁。而且当某个状态被关闭时，该状态中以 OUT 指令驱动的输出全部停止，这也使在状态编程区域的不同的状态中使用同一个线圈输出成为可能（并不是所有的 PLC 厂商的产品都是这样）。

图 5-3 状态转移图与状态梯形图对照

二、状态程序三要素

使用 STL 指令编绘的状态梯形图和状态转移图一样，还有个特点是每个状态的程序表述十分规范。分析图 5-3 中一个状态程序段不难看出每个状态程序段都由以下三要素构成。

1. 负载驱动（工作任务）

即本状态做什么。如图中 OUT Y005 ，输入 X001 接通后的 OUT Y004 及 M100 接通后的 SET Y010。表达本状态的工作任务（输出）时可以使用 OUT 指令也可以使用 SET 指令。它们的区别是 OUT 指令驱动的输出在本状态关闭后自动关闭，使用 SET 指令驱动的输出可保持到后序状态或状态程序段外直到使用 RST 指令使其复位。

2. 转移条件

即满足什么条件实行状态转移。如图中 X003 接点接通时，执行 SET S21 指令，实现状态转移。但在发生流程的跳跃及回转等情况时，转移应使用 OUT 指令。图 5-4(a)、(b)、(c) 给出了几种使用 OUT 指令实现状态转移的情况。

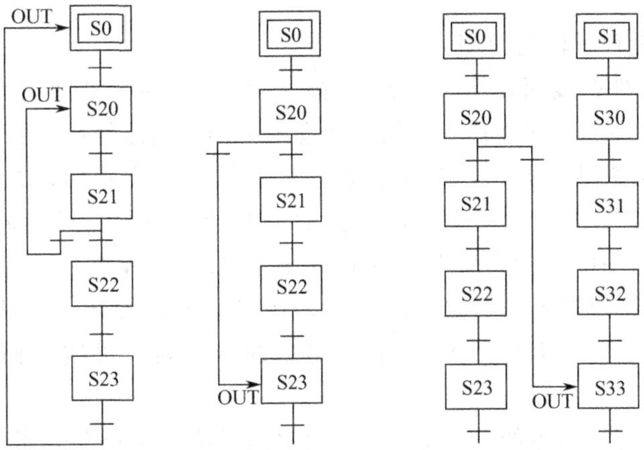

(a) (b) (c)

图 5-4　非连续状态转移图

3. 转移方向

即转移到什么状态去。如图中 SET S21 指令指明下一个状态为 S21。S21 是在状态转移图中与 S20 直接相连接的状态。

三、STL 指令编程的其他注意事项

1. 编程顺序

状态三要素的表达要按先任务再转移的方式编程，顺序不得颠倒。

2. 新母线及状态内指令的使用

STL 步进接点指令有建立子（新）母线的功能，其后的输出及状态转移操作都在子母线上进行。这些操作可以有较复杂的条件，可在步进接点后使用的指令如表 5-3 所示。

表 5-3　可在状态内处理的顺控指令一览表

状态 ＼ 指令		LD/LDI/LDP/LDF AND/ANI/ANDP/ANDF OR/ORI/ORP/ORF/INV/OUT, SET/RST,PLS/PLF	ANB/ORB MPS/MRD/MPP	MC/MCR
初始状态/一般状态		可以使用	可以使用	不可使用
分支,汇合状态	输出处理	可以使用	可以使用	不可使用
	转移处理	可以使用	不可使用	不可使用

表中的栈操作指令 MPS/MRD/MPP 在状态内不能直接与步进接点指令后的新母线连接，应接在 LD 或 LDI 指令之后，如图 5-5 所示。此外，厂家建议最好不要在 STL 指令内使用跳转指令。

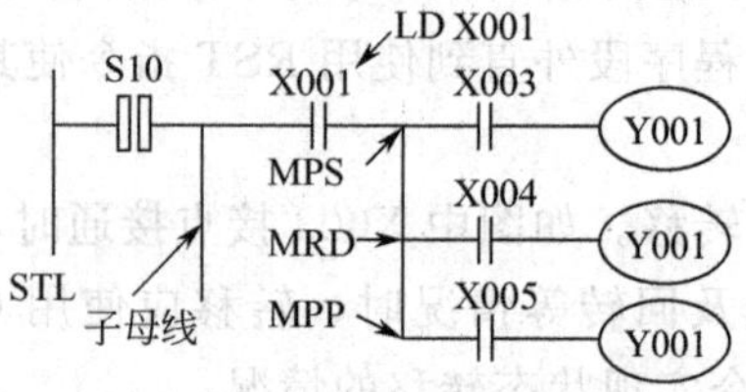

图 5-5　栈操作指令在状态内的正确使用

3. 状态编程段编程元件的使用

允许同一编程元件的线圈在不同的 STL 接点后多次使用。但要注意，同一定时器不要用在相邻的状态中。在同一程序段中，同一状态继电器也只能使用一次。

在为程序安排状态继电器时，要注意状态继电器的分类功用，初始状态要从 S0～S9 中选择，S10～S19 是为需设置动作原位的控制安排的，在不需设置原位的控制中不要使用。在一个较长的程序中可能有状态程序段及非状态编程程序段。程序进入状态编程区间可以使用 M8002 作为进入初始状态的信号。在状态编程段转入非状态程序段时必须使用 RET 指令。该指令的含义是从 STL 指令建立的子（新）母线返回到梯形图的原母线上去。

对应图 5-2 的状态梯形图如图 5-6 所示，图中同时给出了指令表程序，梯形图与指令表的对应关系请读者自行分析。图中 STL 指令的梯形图符号为简略画法。

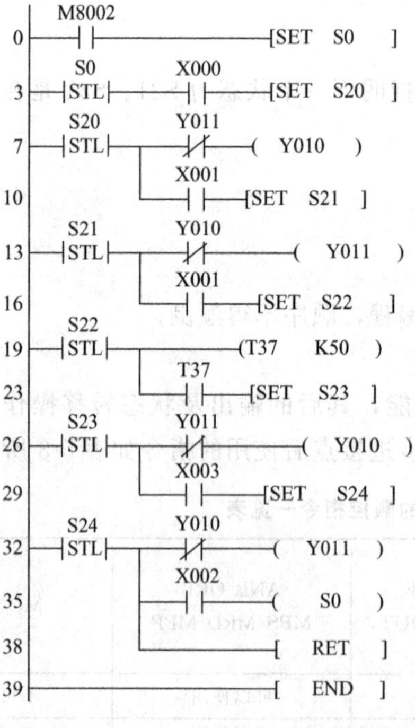

0	LD	M8002	23	LD	T37
1	SET	S0	24	SET	S23
3	STL	S0	26	STL	S23
4	LD	X000	27	LDI	Y011
5	SET	S20	28	OUT	Y010
7	STL	S20	29	LD	X003
8	LDI	Y011	30	SET	S24
9	OUT	Y010	32	STL	S24
10	LD	X001	33	LDI	Y010
11	SET	S21	34	OUT	Y011
13	STL	S21	35	LD	X002
14	LDI	Y010	36	OUT	S0
15	OUT	Y011	38	RET	
16	LD	X001	39	END	
17	SET	S22			
19	STL	S22			
20	OUT	T37　K50			

图 5-6　小车自动往返状态梯形图及指令表

第三节　FX_{2N}系列可编程控制器分支、汇合状态转移图及程序编制

前节小车的状态转移图的结构是最简单的，只有一个流动路径，称为单流程转移图。针对复杂的控制任务绘转移图时可能存在多种需依一定条件选择的分支路径，或者存在几个需同时进行的并行过程。为了应对这类程序的编制，状态编程法将多分支、汇合转移图规范为选择性分支汇合及并行性分支汇合两种典型形式，并提出了它们的编程表达原则。

一、选择性分支、汇合及其编程

1. 选择性分支状态转移图的特征

图 5-7 所示为具有三个分支的选择性分支状态转移图。图中分支点 A 以上及汇合点 B 以下为公共流程。分支点及汇合点间有三个分支。选择性分支状态编程规定多选择性分支中每次只能有一个分支被开通。选择性分支状态转移图的特征是分支的选择“开关”在分支上。

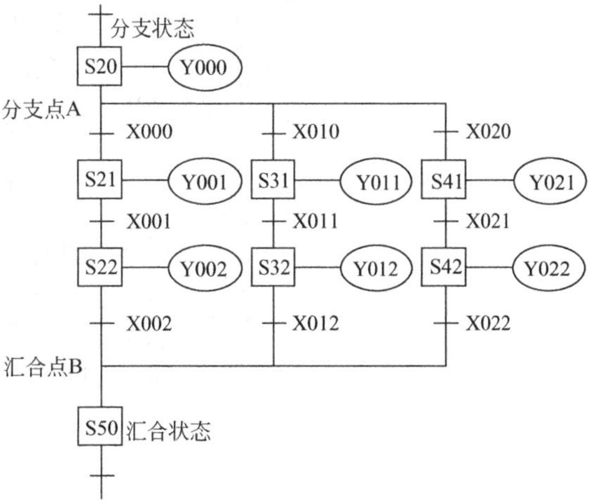

图 5-7　选择性分支状态转移图

2. 由状态转移图转绘梯形图

除了遵守状态三要素的表达顺序外，由选择性分支、汇合状态转移图转绘梯形图时，关键的是分支与汇合的表达。简单的处理方法是，分支与汇合都集中表达。图 5-8 是图 5-7 对应的梯形图，分支是在状态 S20 中集中表达的。汇合是在程序末集中表达的。也就是说在状态 S22、S32、S42 的梯形图段落中，不包括状态转移有关的内容。另外要注意的是，每个表达转移的梯形图支路都由相应的状态开关开始，这是强调转移必须在相应状态激活的前提下进行。

由于选择性分支每次只能有一个分支被选择，汇合不集中在程序后，而是分散在各汇合前状态中与状态的任务一起表达也是可以的。图 5-8 中还给出了梯形图对应的指令表。注意，当梯形图中分散表达汇合时，对应的指令表当然也要做相应的变动。

3. 选择性分支状态转移图编程例

【例 5-1】　大、小球分类传送装置

图 5-9 所示为使用传送带将大、小球分类传送装置的示意图。图中左上为原点，是机械臂的工作起点。机械臂一个搬运过程为下降、吸球、上升、右行、下降、释放、上升、左行回原点停止。机械臂下降电磁铁压着大球时，下限位开关 LS2（X002）断开，压着小球时，下限位开关 LS2（X002）接通，以此判断是吸住大球还是小球。根据工艺要求，大球、小球要分开放置，其中小球的限位开关为 LS4（X004），大球的限位开关为 LS5（X005），也即是机械臂右行的位置不同。因此该例的状态转移图为带有选择性分支汇合的状态转移图。

绘大小球分类传送的状态转移图如图 5-10（a）所示。图中涉及 PLC 输入输出口除了前文提到的外，左、右移分别由 Y004、Y003 控制，上升及下降分别由 Y002、Y000 控制，吸球电磁铁由 Y001 控制，左限位开关 LS1 接于输入口 X001。

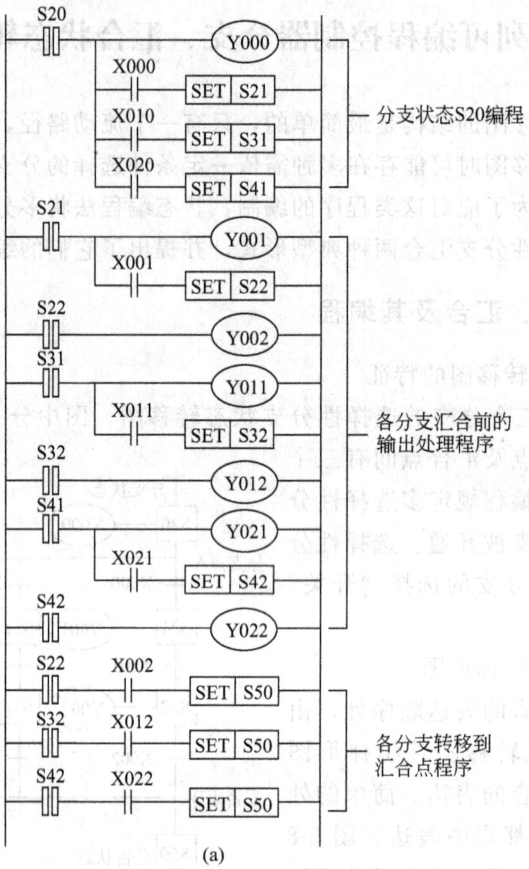

(a)

```
STL   S20
OUT   Y000     驱动处理
LD    X000
SET   S21      转移到第一分支状态
LD    X010
SET   S31      转移到第二分支状态
LD    X020
SET   S41      转移到第三分支状态
STL   S21      第一分支汇合前的输出处理
OUT   Y001
LD    X001
SET   S22
STL   S22
OUT   Y002
STL   S31      第二分支汇合前的输出处理
OUT   Y011
LD    X011
SET   S32
STL   S32
OUT   Y012
STL   S41      第三分支汇合前的输出处理

OUT   Y021
LD    X021
SET   S42
STL   S42
OUT   Y022
STL   S22      第一分支向S50转移
LD    X002
SET   S50
STL   S32      第二分支向S50转移
LD    X012
SET   S50
STL   S42      第三分支向S50转移
LD    X022
SET   S50
```

(b)

图 5-8 选择性分支 SFC 图对应的状态梯形图

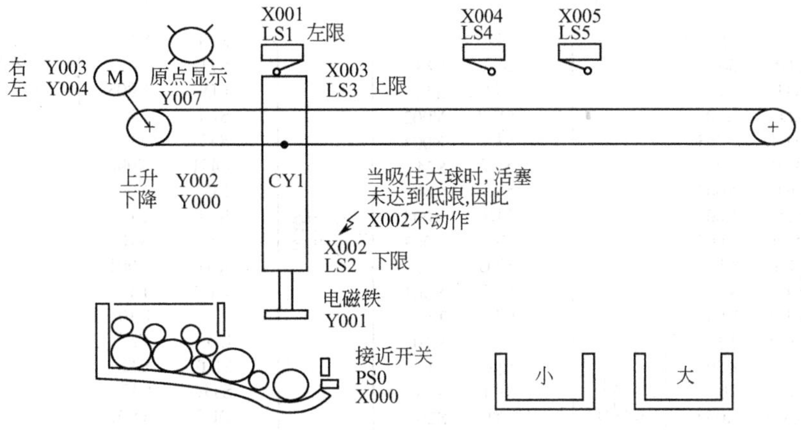

图 5-9 大、小球分类选择传送装置示意图

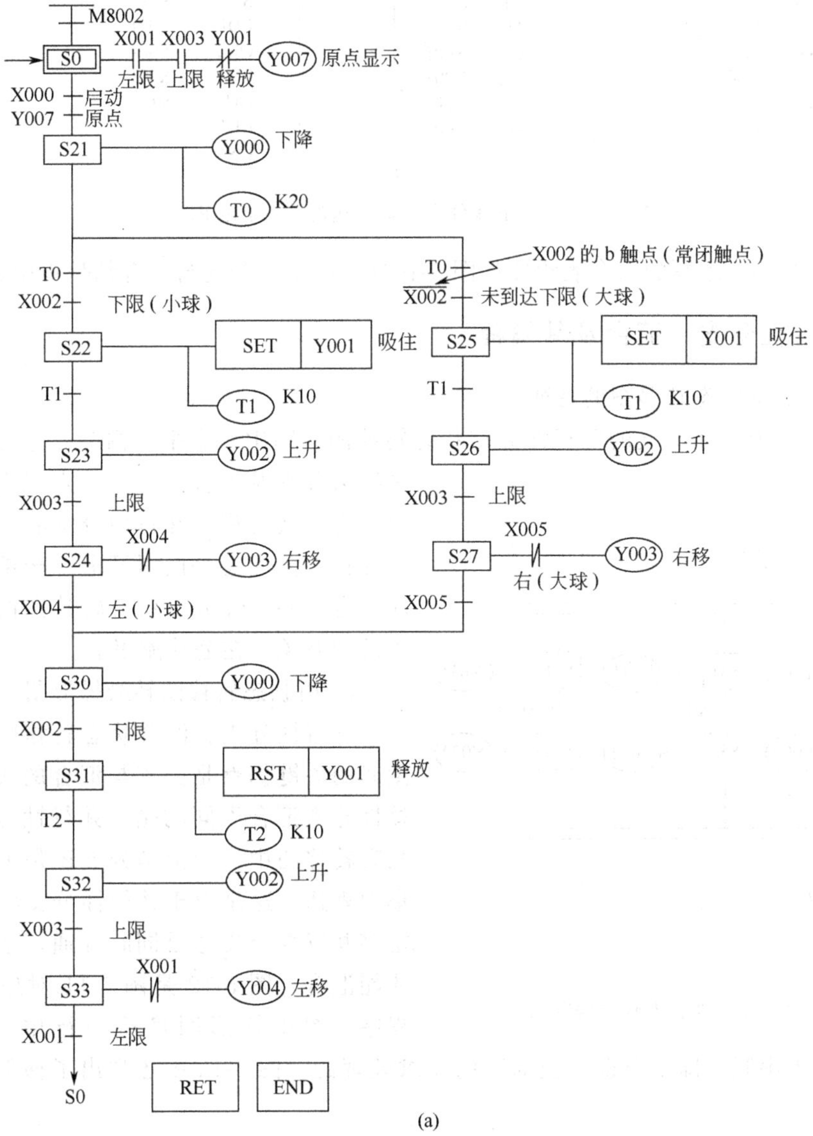

(a)

图 5-10

```
LD    M8002
SET   S0
STL   S0
LD    X001
AND   X003
ANI   Y001
OUT   Y007
LD    X000
AND   Y007
SET   S21
STL   S21
OUT   Y000
OUT   T0
      K20
LD    T0          分支状态程序
AND   X002
SET   S22
LD    T0
ANI   X002
SET   S25
STL   S22
SET   Y001
OUT   T1
      K10
```

```
LD    T1
SET   S23
STL   S23
OUT   Y002
LD    X003
SET   S24
STL   S24
LDI   X004        分支输出程序
OUT   Y003
STL   S25
SET   Y001
OUT   T1
      K10
LD    T1
SET   S26
STL   S26
OUT   Y002
LD    X003
SET   S27
STL   S27
LDI   X005
OUT   Y003
STL   S24
LD    X004
```

```
SET   S30
STL   27          转移到S30程序
LD    X005
SET   S30
STL   S30
OUT   Y000
LD    X002
SET   S31
STL   S31
RST   Y001
OUT   T2
      K10
LD    T2
SET   S32
STL   S32
OUT   Y002
LD    X003
SET   S33
STL   S33
LDI   X001
OUT   Y004
LD    X001
OUT   S0
RET
END
```

(b)

图 5-10 大、小球分类选择传送的状态转移图

根据图 5-10(a) 编写的指令表程序如图 5-10(b) 所示。分支与汇合都是集中表达的。

二、并行性分支、汇合及其编程

1. 并行性分支状态转移图的特征

图 5-11 为具有三个分支的并行性分支状态转移图。图中双水平线内为三个分支，双水平线为分支及汇合点。分支点以上，汇合点以下为公共流程。并行性分支状态编程规定多并行性分支总是同时开通，全部完成后才能汇合。并行性分支状态转移图的特征是分支的“开关”在公共流程上。

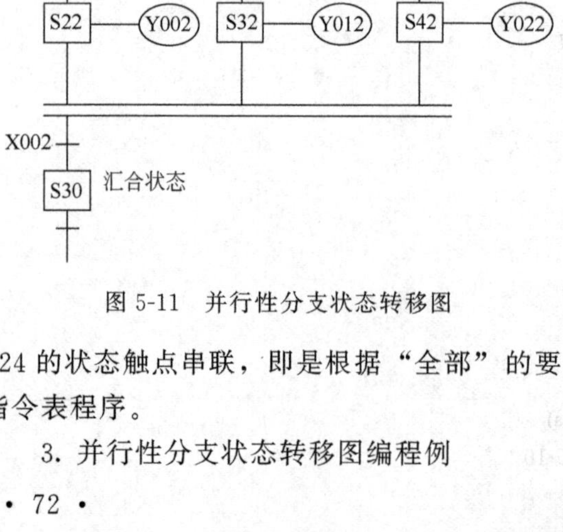

图 5-11 并行性分支状态转移图

2. 由状态转移图转绘梯形图

并行性分支、汇合状态转移图转绘梯形图时的关键仍然是分支与汇合的表达。与选择性分支汇合不同的是，并行性分支、汇合状态转移图中，无论是分支还是汇合都必须集中表达。这是由于并行性分支状态编程规定多并行性分支总是同时开通，全部完成后才能汇合。图 5-12 是图 5-11 对应的梯形图程序。图中梯形图最后一行中 S22、S23、S24 的状态触点串联，即是根据“全部”的要求处理的。图 5-12 中还列出了梯形图对应的指令表程序。

3. 并行性分支状态转移图编程例

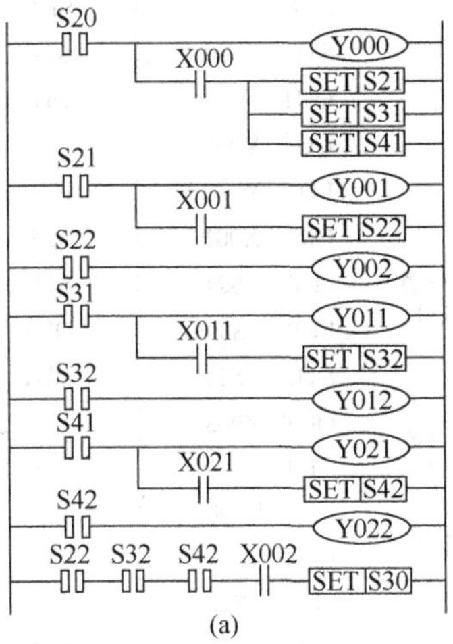

(a)

```
STL   S20
OUT   Y000  驱动处理
LD    X000  并行转移条件
SET   S21   向第一分支转移
SET   S31   向第二分支转移
SET   S41   向第三分支转移
STL   S21  ┐
OUT   Y001 │
LD    X001 │ 第一分
SET   S22  │ 支输出
STL   S22  │ 程序
OUT   Y002 ┘
STL   S31  ┐
OUT   Y011 │
LD    X011 │ 第二分
SET   S32  │ 支输出
STL   S32  │ 程序
OUT   Y012 ┘
STL   S41  ┐
OUT   Y021 │
LD    X021 │ 第三分
SET   S42  │ 支输出
STL   S42  │ 程序
OUT   Y022 ┘
STL   S22  ┐
STL   S32  │
STL   S42  │ 向汇合状
LD    X002 │ 态 S30 转移
SET   S30  ┘
```

(b)

图 5-12　并行分支 SFC 图的状态梯形图

【例 5-2】 按钮人行横道交通灯控制

图 5-13 为人行横道交通灯控制示意图。通常车道信号由状态 S0 控制绿灯（Y003）亮，人行横道信号由状态 S30 控制红灯（Y005）亮。人过横道时按路两边的人行横道按钮 X000 或 X001，延时 30s 后由状态 S22 控制车道黄灯（Y002）亮 10s，再由状态 S23 控制车道红灯（Y001）亮。此后延时 5s 启动状态 S31 使人行横道绿灯（Y006）亮。15s 后人行横道绿灯由状态 S32 和 S33 交替控制 0.5s 闪烁，闪 5 次后人行横道红灯亮 5s 后返回通常状态。

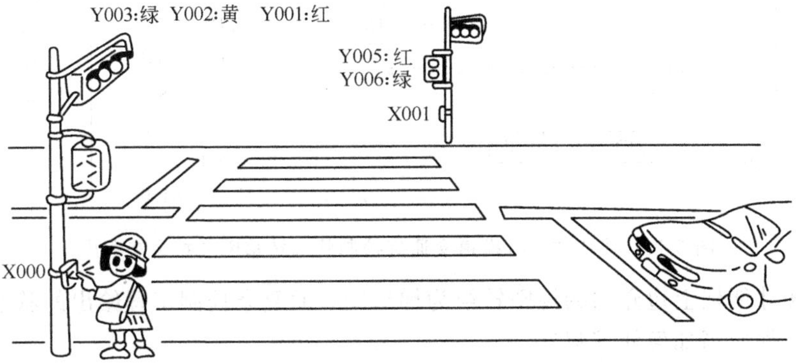

图 5-13　人行横道交通灯控制示意图

人行横道交通灯控制状态转移图及指令表程序如图 5-14 所示。由于人行横道灯及车道灯是同时工作的，这是并行分支汇合的状态转移图。车道灯分支的状态少，人行道灯分支多而且还安排了绿灯闪亮选择性循环分支。

三、分支、汇合的组合流程及虚设状态

以上讨论的状态转移图是选择性分支及并行性分支的典型结构。如果只有这些典型结构

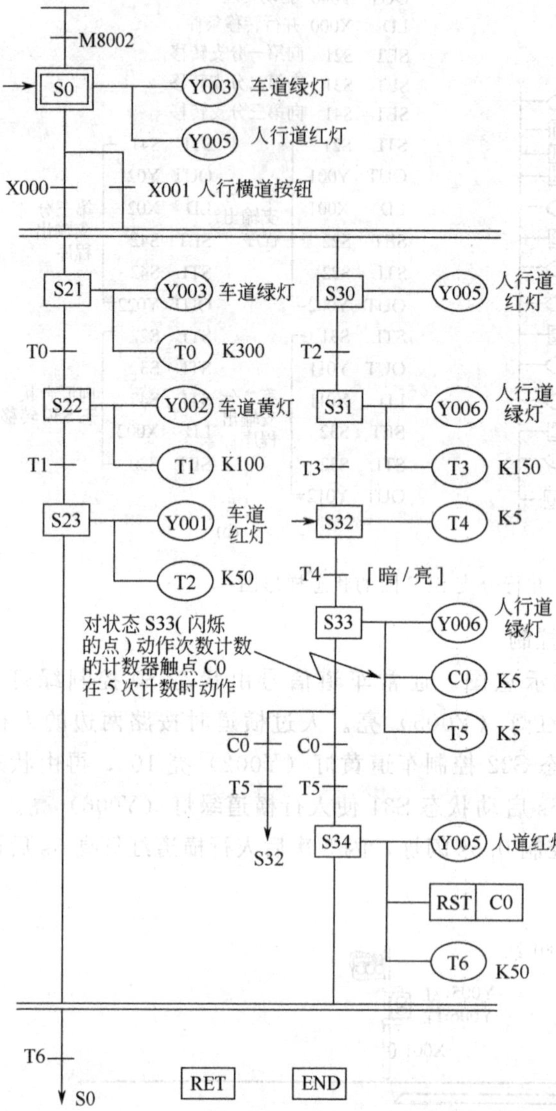

程序如下：

```
LD   M8002        LD   T3
SET  S0           SET  S32
STL  S0           STL  S32
OUT  Y003         OUT  T4
OUT  Y005              K5
LD   X000         LD   T4
OR   X001         SET  S33
SET  S21          STL  S33
SET  S30          OUT  Y006
STL  S21          OUT  C0
OUT  Y003              K5
OUT  T0           OUT  T5
     K300              K5
LD   T0           LD   C0
SET  S22          AND  T5
STL  S22          SET  S34
OUT  Y002         LDI  C0
OUT  T1           AND  T5
     K100         OUT  S32
LD   T1           STL  S34
SET  S23          OUT  Y005
STL  S23          RST  C0
OUT  Y001         OUT  T6
OUT  T2                K50
     K50          STL  S23
STL  S30          STL  S34
OUT  Y005         LD   T6
LD   T2           OUT  S0
SET  S31          RET
STL  S31          END
OUT  Y006
OUT  T3
     K150
```

图 5-14　按钮式人行横道交通灯控制状态转移图及指令表程序

的状态转移图才能依上边介绍的规则转绘为梯形图，而复杂控制工程绘出的状态转移图大多是非典型的，那应当如何处理呢？

答案很简单：将不典型的状态转移图转绘为典型的状态转移图或组合，再依典型结构的处理方法分别处理。图 5-15 即是这种处理的例子。图中左边的状态转移图中选择分支中又包含了选择分支，改绘为右边的形式后就成了典型的选择性分支，就可以直接依选择性分支汇合编程了。

状态转移图的组合还包括图 5-16 所示的 4 种情形。它们直接从汇合线转移到下一个分支线。这样的流程组合既不能直接像典型结构一样编程，也不能采用简单的改绘的方法。这时需在汇合线与分支线间插入一个虚设状态或空状态，以使由虚设状态分开的两部分都能与前边讨论的典型结构相同。

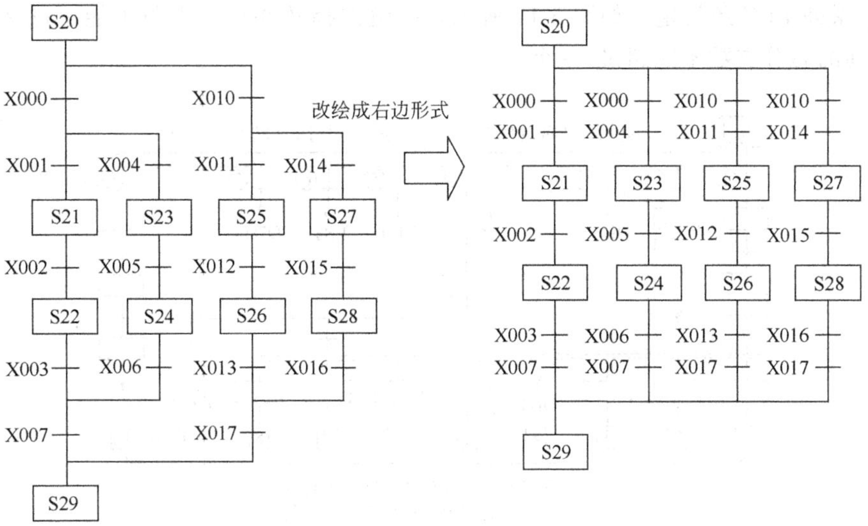

图 5-15　状态转移图的改绘

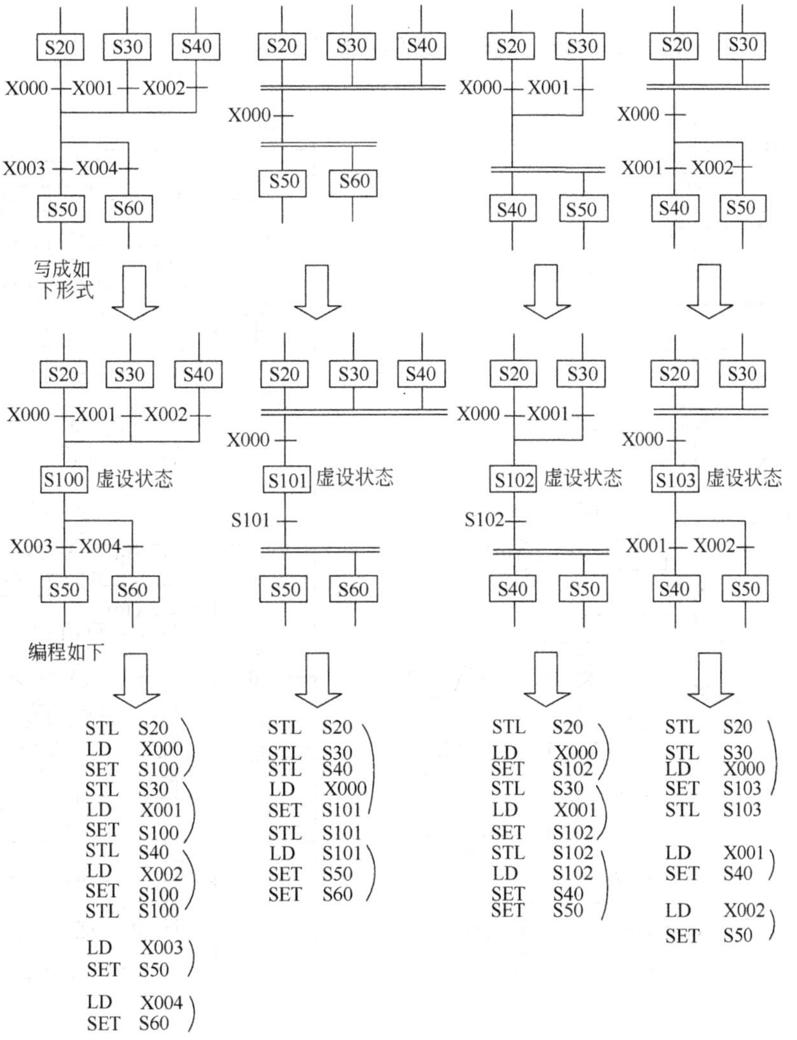

图 5-16　虚设状态的使用

FX_{2N} 系列 PLC 还规定：如图 5-17 所示，一组选择及并行分支数不能超过 8 个，同一个状态下列的总分支数不能超过 16 个。

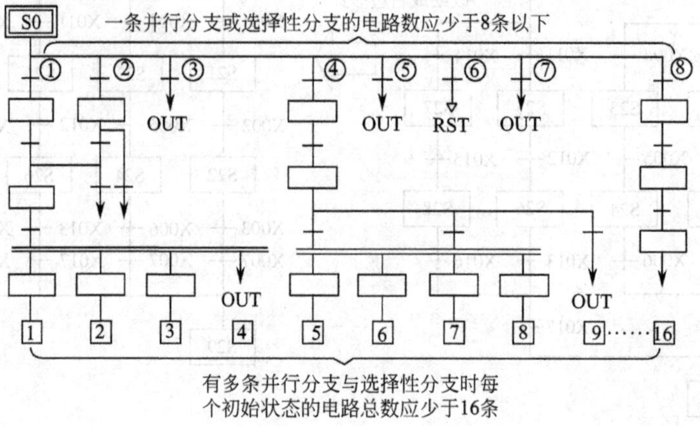

图 5-17 分支数的限定

作为一个例子，图 5-18 为具有跳转与循环的状态转移图及其对应的梯形图。

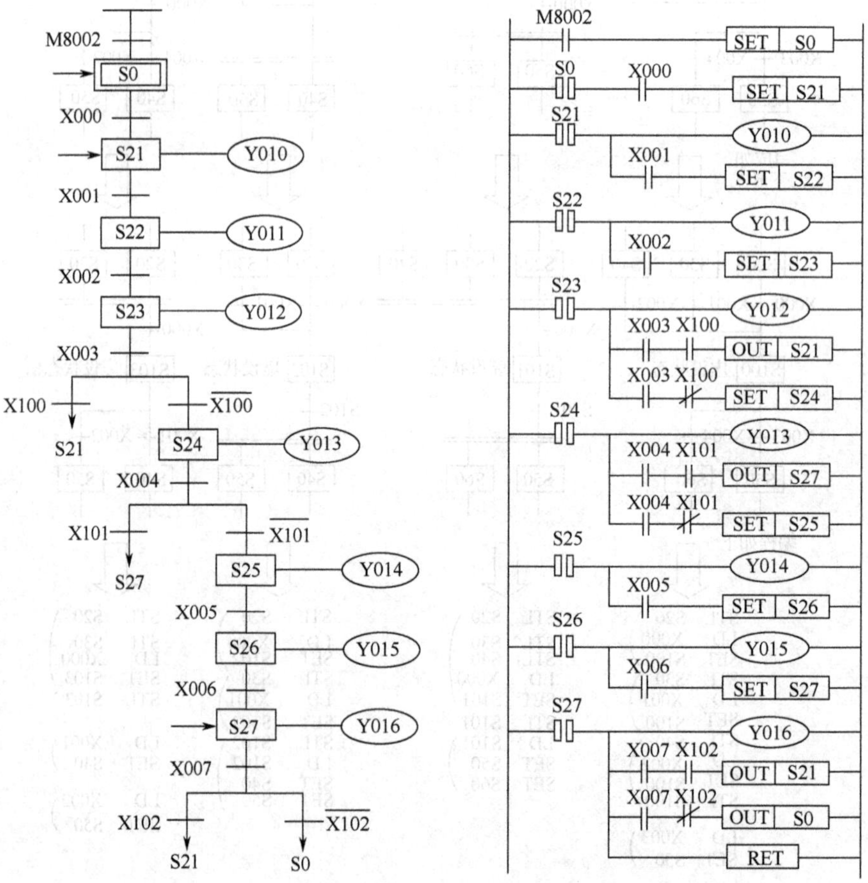

图 5-18 跳转与循环的状态转移图及其对应的梯形图

第四节　非状态编程元件实现的状态法编程

前边已经提到过，从程序运行的角度，状态编程的根本点是状态隔离，即采用 STL 指令编程的梯形图区间，只有被激活的程序段才被扫描执行，而且在状态转移图的一个单流程中，一次只有一个状态被激活。那么，不采用专用的编程元件及专用的状态指令，可不可以采用状态法编程呢？答案是只要设法实现程序段的状态隔离就可以。下面就介绍几种常用的方法。

一、用复位、置位指令实现状态编程

仍以第四章例 4-5 为例。采用复位、置位指令编制小车自动往返状态编程法程序前需先绘状态转移图，如图 5-19 所示。这里用辅助继电器 M100～M105 代表其中的 6 个状态。绘出的梯形图如图 5-20 所示。图中各支路的结构与状态指令编程时类似，只是用辅助继电器的常开触点代替了 STL 指令的状态触点。状态隔离实现的要点是：在相邻的前序状态程序段中使用置位指令（SET）使代表下一个状态的辅助继电器置位，并在接序的状态程序段中使用复位指令关闭前序程序段中的辅助继电器。然后再表达本状态三要素的其他内容。

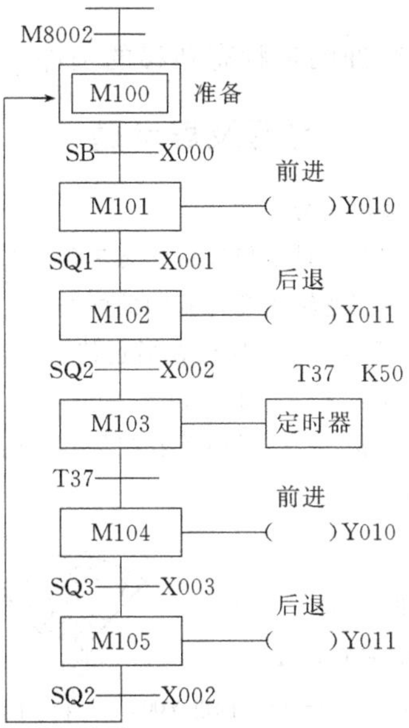

图 5-19　用辅助继电器绘制的状态转移图

二、用移位寄存器指令实现状态编程

许多可编程控制器具有移位寄存器及移位寄存器指令。移位寄存器可以由多位辅助继电器顺序排列组成。移位寄存器各位的状态可在移位脉冲的作用下依一定的方向移动。假如在移位寄存器的第一位中存一个“1”，当移位信号到来时，这个“1”就移到了第二位。下次就移到第三位。这样，就又找到了一个替代状态器的方法。

可以将组成移位寄存器的位看作为一个个的状态。当有“1”移入时，可认为是该状态

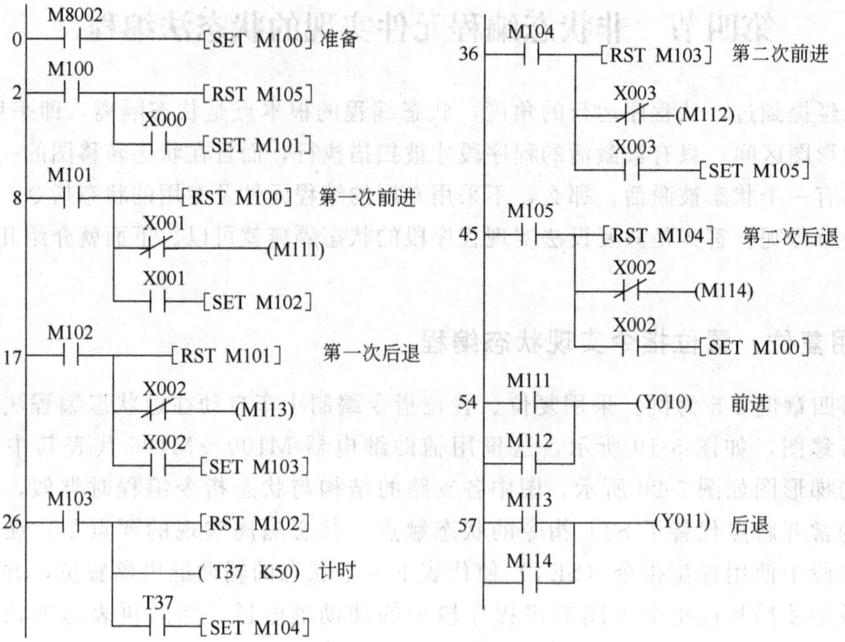

图 5-20 复位、置位指令状态梯形图

被激活，而使移位寄存器移位的脉冲则是状态转移的条件。

习题及思考题

5-1 说明状态编程思想的特点及适用场合。

5-2 状态三要素指什么？状态转移图中是如何表达状态三要素的？

5-3 为什么说状态隔离是化解步序间逻辑关联与制约的好办法？

5-4 有一小车运行过程如图 5-21 所示。小车原位在后退终端，当小车压下后限位开关 SQ1 时，按下启动按钮 SB，小车前进，当运行至料斗下方时，前限位开关 SQ2 动作，此时打开料斗给小车加料，延时 8s 后关闭料斗，小车后退返回，SQ1 动作时，打开小车底门卸料，6s 后结束，完成一次动作，如此循环。请用状态编程法设计其状态转移图。

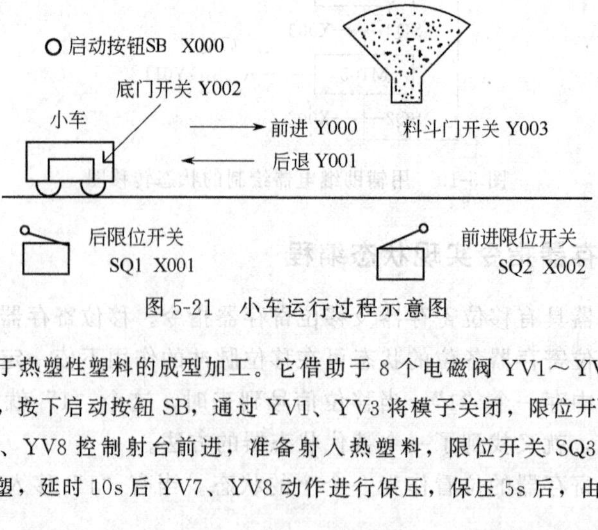

图 5-21 小车运行过程示意图

5-5 某注塑机，用于热塑性塑料的成型加工。它借助于 8 个电磁阀 YV1～YV8 完成注塑各工序。若注塑模在原点 SQ1 动作，按下启动按钮 SB，通过 YV1、YV3 将模子关闭，限位开关 SQ2 动作后表示模子关闭完成，此时由 YV2、YV8 控制射台前进，准备射入热塑料，限位开关 SQ3 动作后表示射台到位，YV3、YV7 动作开始注塑，延时 10s 后 YV7、YV8 动作进行保压，保压 5s 后，由 YV1、YV7 执行预塑，等加料限位开关 SQ4 动作后由 YV6 执行射台的后退，限位开关 SQ5 动作后停止后退，由 YV2、YV4 执行开模，限位开关 SQ6 动作后开模完成，YV3、YV5 动作使顶针前进，将塑料件顶出，顶针终止限位 SQ7 动作后，YV4、YV5 使顶针后退，顶针后退限位 SQ8 动作后，动作结束，完成一个工作循环，等待下一次启动。设计 PLC 控制系统，编制控制程序。

5-6　有一选择性分支状态转移图如图 5-22 所示，请对其进行编程。

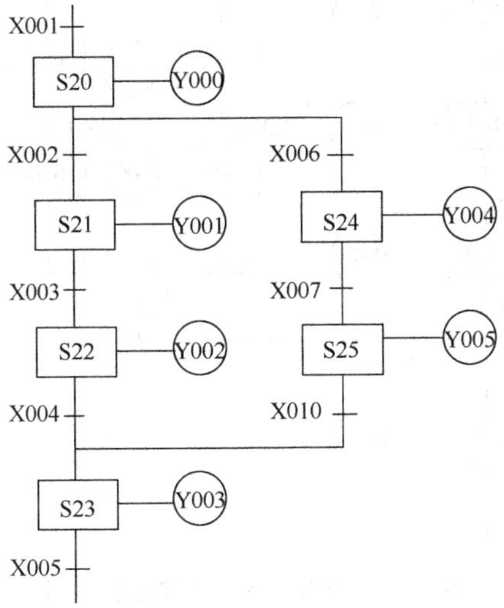

图 5-22　选择性分支状态转移图

5-7　有一并行分支状态转移图如图 5-23 所示。请对其进行编程。

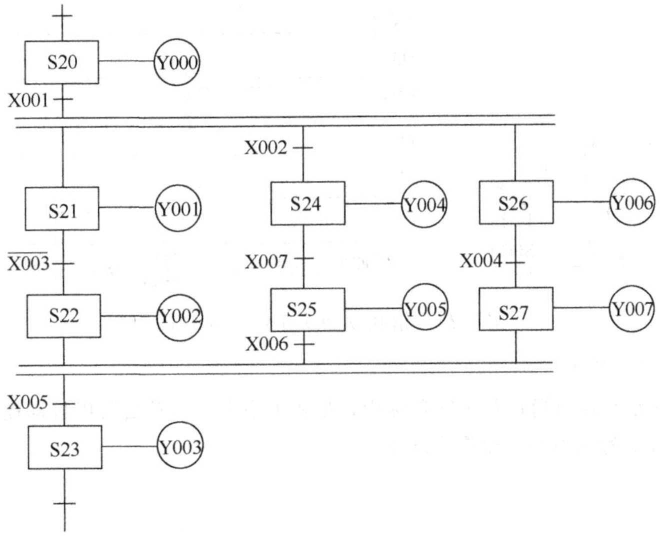

图 5-23　并行分支状态转移图

5-8　有一状态转移图如图 5-24 所示。请对其进行编程。

5-9　某一冷加工自动线有一个钻孔动力头，如图 5-25 所示。动力头的加工过程如下。

① 动力头在原位，加上启动信号（SB）接通电磁阀 YV1，动力头快进。

② 动力头碰到限位开关 SQ1 后，接通电磁阀 YV1、YV2，动力头由快进转为工进。

③ 动力头碰到限位开关 SQ2 后，开始延时，时间为 10s。

④ 当延时时间到，接通电磁阀 YV3，动力头快退。

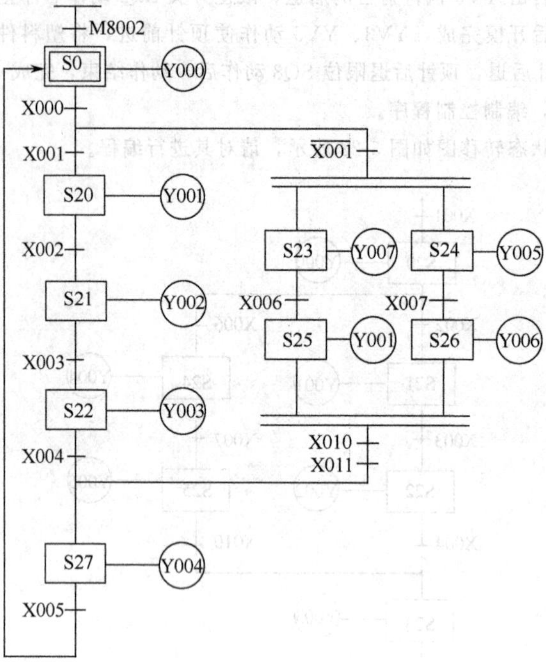

图 5-24　混合分支汇合状态转移图

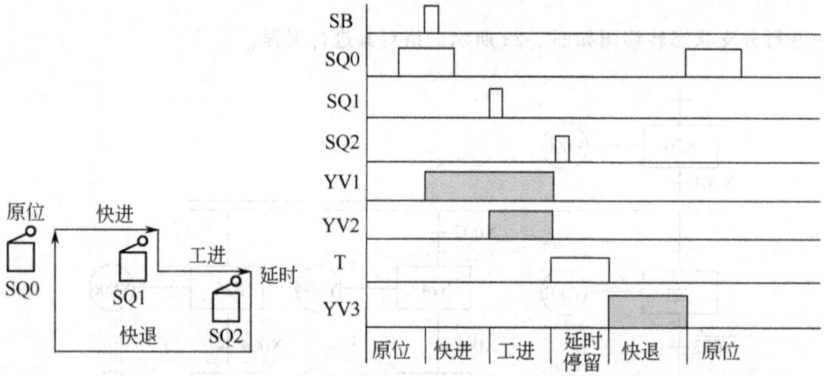

图 5-25　钻孔动力头工序及时序图

⑤ 动力头回原位后，停止。

5-10　在图 5-2 的小车往返运行状态转移图中，如要求小车在启动后可以自动连续地运行，且随时可以停止运行，应对状态转移图及程序做哪些修改？

提高篇

可编程控制器应用技术

第六章　可编程控制器功能指令概述

内容提要： 功能指令是 PLC 数据处理能力的标志。由于数据处理远比逻辑处理复杂，功能指令无论从指令的表达形式上，还是从涉及的机内器件种类及数量上都有一定的特殊性。

本章介绍 FX_{2N} 系列可编程控制器数据类软元件的组成和功能，功能指令的类型，表示形式和使用要素，给出了 FX_{2N} 系列可编程控制器的功能指令总表。

可编程控制器的基本指令主要是基于继电器、定时器、计数器类软元件的逻辑处理的指令。作为工业控制计算机，PLC 仅有基本指令是远远不够的。现代工业控制在许多场合还需要进行数据处理，因而 PLC 制造商逐步在 PLC 中引入功能指令（Functional Instruction）或称为应用指令（Applied Instruction），用于数据的传送、运算、变换及程序控制等功能，如 PID 功能、表功能指令等，这类指令实际上就是一个功能完整的子程序，它大大提高了 PLC 的控制能力。

第一节　数据类编程元件及存储器组成

在前面的章节中，已经介绍了输入继电器 X、输出继电器 Y、辅助继电器 M、状态器 S 等编程元件。这些元件在 PLC 内部反映的是“位”的变化，主要用于开关量信息的传递、变换及逻辑处理，称为“位元件”。而在 PLC 内部，由于功能指令的引入，需处理大量的数据信息，需设置大量的用于存储数值数据的编程元件，这些元件大多以存储器字或双字为存储单位，统称为“字元件”。字元件中的数值可通过程序赋予或通过运算产生，也可以用数据存取单元（外部设备）或编程装置读出与写入。

一、数据类编程元件的种类

1. 数据寄存器（D）

数据寄存器是用于存储数值数据的软元件，以十进制编号。FX_{2N} 系列机中为 16 位（最高位为符号位，数值范围为－32768～＋32768)。如将 2 个相邻的数据寄存器组合，可存储 32 位（最高位为符号位，数值范围为－2147483648～＋2147483648）的数值数据。

常用数据寄存器有以下几类。

(1) 通用数据寄存器（D0～D199 共 200 点）

通用数据寄存器不具备断电保持功能（如果特殊辅助继电器 M8033 为 ON 时，则可以保持)。

(2) 断电保持数据寄存器（D200～D511 共 312 点）

只要不改写，无论 PLC 是从运行到停止，还是停电时，断电保持数据寄存器将保持原有数据而不丢失。

数据寄存器的掉电保持功能也可通过外围设备设定，实现通用到断电保持或断电保持到通用的调整。以上的设定范围是出厂时的设定值。

(3) 特殊数据寄存器（D8000～D8255 共 256 点）

特殊数据寄存器供监控机内元件的运行方式用。在电源接通时，利用系统只读存储器写入初始值。

例如，在 D8000 中，存有监视定时器的时间设定值。它的初始值由系统只读存储器在通电时写入。要改变时可利用传送指令（FNC 12 MOV）写入，如图 6-1 所示。

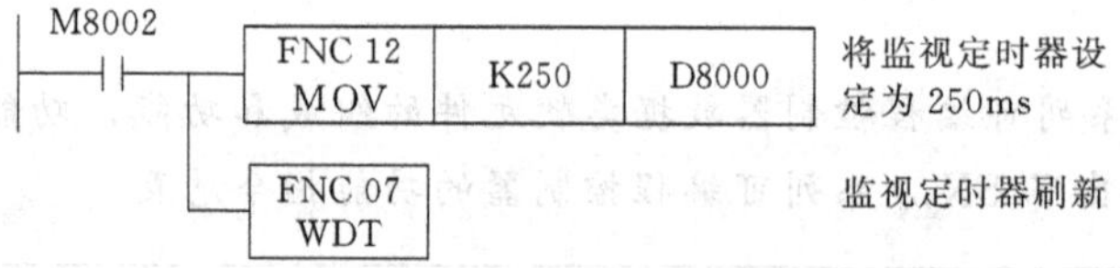

图 6-1　特殊数据寄存器数据的写入

特殊数据寄存器的种类和功能见附录 A。

必须注意的是：未定义的特殊数据寄存器不要使用。

2. 变址寄存器（V0～V7、Z0～Z7 共 16 点）

变址寄存器 V、Z 和通用数据寄存器一样，是进行数值数据读、写的 16 位数据寄存器。主要用于运算操作数地址的修改。

进行 32 位数据运算时，将 V0～V7、Z0～Z7 对号结合使用，如指定 Z0 为低位，则 V0 为高位，组合成为（V0，Z0)。变址寄存器 V、Z 的组合如图 6-2 所示。

图 6-3 所示是变址寄存器应用的例子。根据 V 与 Z 的内容修改软元件地址号，称为软元件的变址。

可以用变址寄存器变址的软元件是：X、Y、M、S、P、T、C、D、K、H、KnX、KnY、KnM、KnS。但是，变址寄存器不能修改 V 与 Z 本身或位数指定用的 Kn 参数。例如 K4M0Z 有效，而 K0ZM0 无效。

3. 文件寄存器（D1000～D2999 共 2000 点）

在 FX_{2N} 可编程控制器的数据寄存器区域，D1000 号以上的数据寄存器为通用停电保持寄存器。利用参数设置可作为最多 7000 点的文件寄存器使用，文件寄存器实际上是一类专用数据寄存器，用于集中存储大量的数据，例如采集数据、统计计算数据、多组控制参数等。

4. 指针

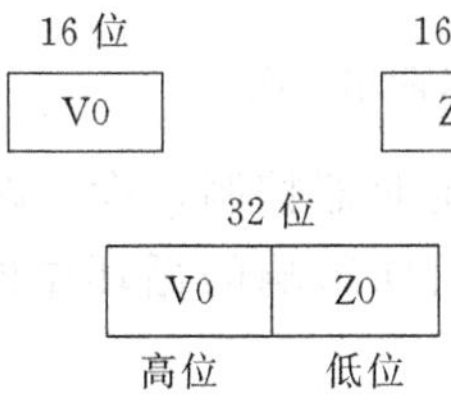

图 6-2 变址寄存器 V、Z 的组合

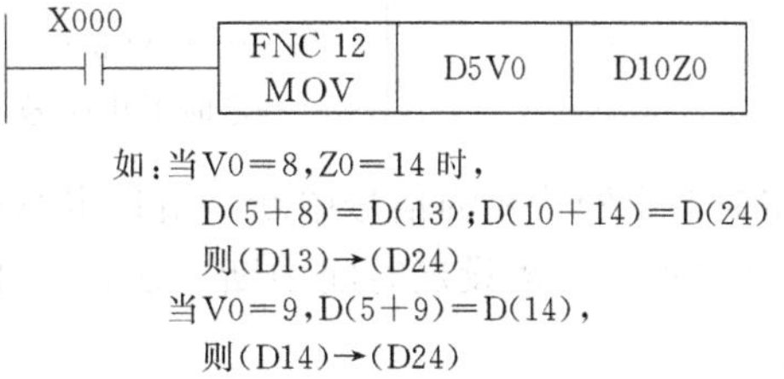

图 6-3 变址寄存器的使用说明

指针用作跳转、中断等程序的入口地址，与跳转、子程序、中断程序等指令一起应用。地址号采用十进制数分配。按用途可分为分支类指针 P 和中断用指针 I 两类，其中中断用指针又可分为输入中断用、定时器中断用及计数器中断用等三种。

(1) 指针 P

指针 P 用于分支指令，其地址号 P0～P127，共 128 点。P63 相当于 END 指令。应用举例如图 6-4 所示。

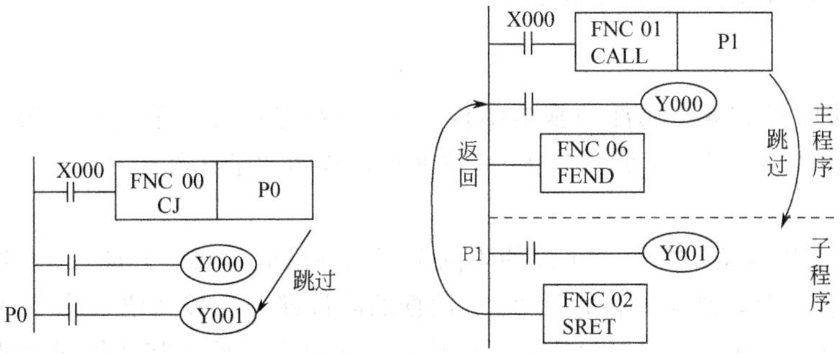

(a) 条件转移　　(b) 子程序调用

图 6-4 指针 P 的使用

图 6-4(a) 所示为指针在条件跳转时使用，图 6-4(b) 所示为指针在子程序调用时使用。在编程时，指针编号不能重复使用。

(2) 指针 I

指针 I 根据用途又分为三种类型。

① 输入中断用指针　输入中断用指针 I00□～I50□，共 6 点。指针的格式如下：

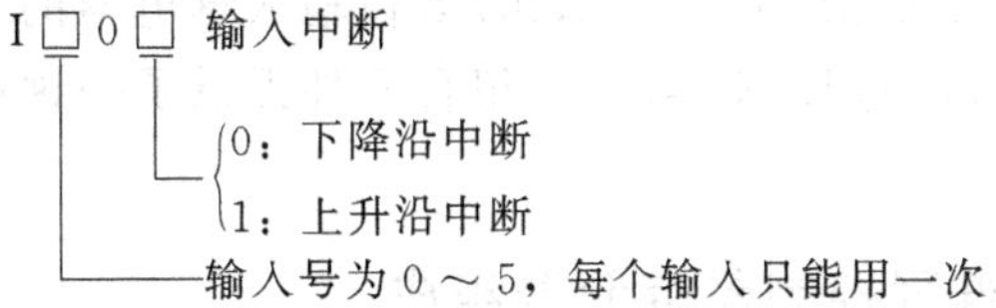

6 个输入中断仅接收对应于输入口 X000～X005 的信号触发。这些输入口无论是硬件设置还是软件管理上都与一般的输入口不同，可以处理比扫描周期短的输入中断信号。上升沿或下降沿指对输入信号类别的选择。

例如，I001 为输入 X000 从 OFF→ON 变化时，执行由该指针作为标号的中断程序，并在执行 IRET 指令时返回。

② 定时器中断用指针　定时器中断用指针 I6□□～I8□□，共 3 点。指针的格式如下：

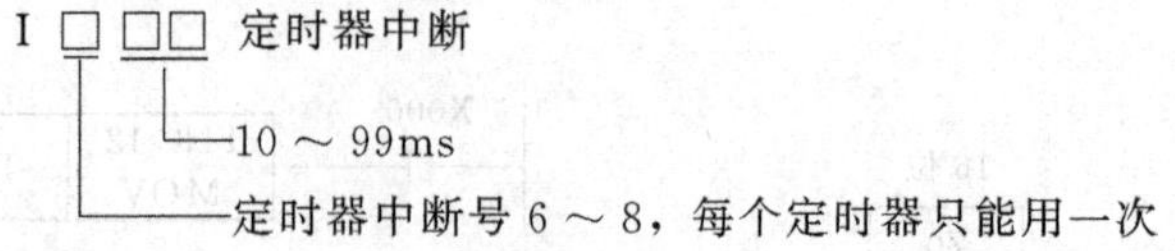

定时器中断为机内信号中断，由指定编号为 6～8 的专用定时器控制。设定时间在 10～99ms 间选取，每隔设定时间中断一次，用于不受 PLC 扫描周期影响的循环中断处理控制程序。

例如，I610 为每隔 10ms 就执行标号为 I610 的中断程序一次，在 IRET 指令执行时返回。

③ 高速计数器中断用指针　计数器中断用指针 I010～I060，共 6 点。指针的格式如下：

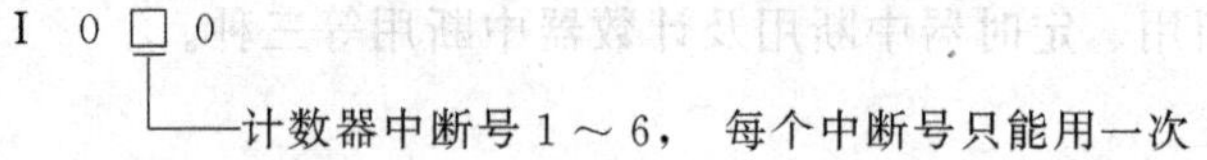

计数器中断可根据 PLC 内部的高速计数器置位指令 HSCS 执行中断程序。

二、数据类编程元件的结构形式

1. 基本形式

FX_{2N} 系列 PLC 数据类元件的基本结构为 16 位存储单元。最高位（第 16 位）为符号位，机内的 T、C、D、V、Z 元件均为 16 位元件，称为"字元件"。

2. 双字元件

为了完成 32 位数据的存储，可以使用两个字元件组成"双字元件"。其中低位元件存储 32 位数据的低位部分，高位元件存储 32 位数据的高位部分。最高位（第 32 位）为符号位。在指令中使用双字元件时，一般只用其低位地址表示这个元件，其高位同时被指令占用。虽然取奇数或偶数地址作为双字元件的低位是任意的，但为了减少元件安排上的错误，建议用偶数作为双字元件的元件号。

3. 位组合元件

位组合元件提供了用输入继电器 X、输出继电器 Y、辅助继电器 M 及状态继电器 S 等位元件 4 位一组存储数字数据的方法。表达为 KnX、KnY、KnM、KnS。其中"n"取 1～8，最大可组成 32 位存储单元。如 KnX000 表示位组合元件是由从 X000 开始的 n 组位元件组合。若 n 为 1，则 K1X000 指由 X000、X001、X002、X003 4 位输入继电器的组合；而 n 为 2，则 K2X000 是指 X000 ～ X007 8 位输入继电器的 2 组组合。除此之外，位组合元件还可以变址使用，如 KnXZ 等。位组合元件提供了一种用位元件存储数字数据的方法。

三、FX_{2N} 系列可编程控制器存储器组成

至此，已经介绍了 FX_{2N} 系列可编程控制器的全部编程元件。掌握这些元件的类型、数量、地址编排、使用特性对正确编程有十分重要的意义。如果将各种元件归纳一下，不难绘出一张表，即 FX_{2N} 系列 PLC 存储器组成表。这种表可以为编程带来方便。FX_{2N} 系列可编程控制器存储器组成如表 6-1 所示。表中输入输出继电器没有如表 3-7 一样以存储单元的数量给出，而是以各种机型实际配装的输入输出端子数给出的。

表 6-1 FX_{2N} 系列 PLC 存储器组成表

<table>
<tr><th>类型</th><th>FX2N-16M</th><th>FX2N-32M</th><th>FX2N-48M</th><th>FX2N-64M</th><th>FX2N-80M</th><th>FX2N-128M</th><th>扩展单元</th></tr>
<tr><td>输入继电器 X</td><td>X000～X007
8 点</td><td>X000～X017
16 点</td><td>X000～X027
24 点</td><td>X000～X037
32 点</td><td>X000～X047
40 点</td><td>X000～X077
64 点</td><td>X000～X267
184 点</td></tr>
<tr><td>输出继电器 Y</td><td>Y000～Y007
8 点</td><td>Y000～Y017
16 点</td><td>Y000～Y027
24 点</td><td>Y000～Y037
32 点</td><td>Y000～Y047
40 点</td><td>Y000～Y077
64 点</td><td>Y000～Y267
184 点</td></tr>
<tr><td>辅助继电器 M</td><td colspan="2">M0～M499
500 点
一般用①</td><td colspan="2">【M500～M1023】
524 点
保持用②</td><td colspan="2">【M1024～M3071】
2048 点
保持用③</td><td>M8000～M8255
256 点
特殊用④</td></tr>
<tr><td>状态 S</td><td colspan="4">S0～S499 500 点一般用①
初始化用 S0～S9；原点回归用 S10～S19</td><td colspan="2">【S500～S899】400 点
保持用②</td><td>【S900～S999】100 点
信号报警用②</td></tr>
<tr><td>定时器 T</td><td colspan="2">T0～T199
500 点 100ms
子程序用
T192～T199</td><td colspan="2">T200～T245
46 点 10ms</td><td colspan="2">【T246～T249】
4 点
1ms 累积③</td><td>【T250～T255】
6 点
100ms 累积③</td></tr>
<tr><td rowspan="2">计数器</td><td colspan="2">16 位增计数器</td><td colspan="2">32 位可逆计数器</td><td colspan="3">32 位可逆高速计数器最大 6 点</td></tr>
<tr><td>C0～C99
100 点
一般用①</td><td>【C100～C199】
100 点
保持用②</td><td>【C200～C219】
20 点
一般用②</td><td>【C220～C234】
15 点
保持用②</td><td>【C235～C245】
1 相 1 输入②</td><td>【C246～C250】
1 相 2 输入②</td><td>【C251～C255】
2 相输入②</td></tr>
<tr><td>数据寄存器 D、V、Z</td><td>D0～D199
200 点
一般用①</td><td>【D200～D511】
512 点
保持用②</td><td colspan="2">【D512～D7999】
7488 点
保持用③
D1000 以后可作为文件寄存器用</td><td>D8000～D8195
256 点
特殊用③</td><td colspan="2">V7～V0
Z7～Z0
16 点
变址用①</td></tr>
<tr><td>嵌套指针</td><td>N0～N7
8 点
主控用</td><td>P0～P127
128 点跳步、子程序用分支指针</td><td colspan="2">I00□～I50□
6 点
输入中断用指针</td><td>I6□□～I8□□
3 点
定时器中断用指针</td><td colspan="2">I010～I060
6 点
计数器中断用指针</td></tr>
<tr><td>常数 K</td><td colspan="2">16 位 －32,768～32,767</td><td colspan="5">32 位 －2,147,483,648～2,147,483,647</td></tr>
<tr><td>常数 H</td><td colspan="2">16 位 FFFFH</td><td colspan="5">32 位 0～FFFFFFFFH</td></tr>
</table>

① 非停电保持区域。根据设定的参数，可变更为停电保持区域。

② 停电保持区域。根据设定的参数，可变更为非停电保持区域。

③ 固定的停电保持区域。不可变更。

④ 不同系列的对应功能请参照特殊软元件一览表。

注：【 】内的软元件为停电保持区域。

第二节 功能指令的表达形式、使用要素及分类

一、功能指令的表达形式及使用要素

1. 功能指令的表达形式

和基本指令不同，功能指令不含表达梯形图符号间相互关系的成分，而是直接表达本指令要做什么。FX_{2N} 系列 PLC 在梯形图中使用功能框表示功能指令。图 6-5 所示是功能指令的梯形图形式。图中 M8002 的常开触点是功能指令的执行条件，其后的方框即为功能框。功能框中分栏表示

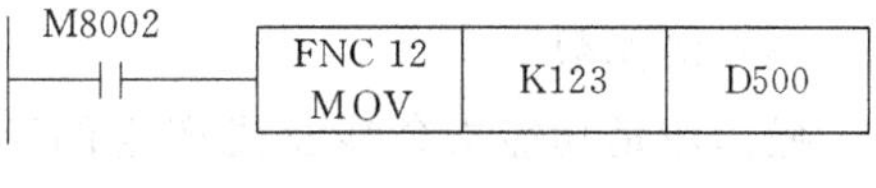

图 6-5 功能指令的梯形图形式

指令的名称及相关数据（立即数或数据的存储地址）。这种表达方式的优点是直观，稍具计算机程序知识的人马上可以悟出指令的功能。图 6-5 中梯形图指令的功能是：当 M8002 接通时，十进制常数 123 将被送到数据寄存器 D500 中去。

2. 功能指令的使用要素

使用功能指令需注意指令的要素。现以二进制加法指令作出说明。表 6-2 及图 6-6 给出了二进制加法指令的要素。

表 6-2 加法指令要素

指令名称	助记符	指令代码	操作数范围			程序步
			[S1·]	[S2·]	[D·]	
加法	ADD ADD(P)	FNC20 (16/32)	K、H KnX、KnY、KnM、KnS T、C、D、V、Z		KnY、KnM、KnS T、C、D、V、Z	ADD、ADDP…7 步 DADD、DADDP…13 步

图 6-6 及表 6-2 中综合功能指令的使用要素如下。

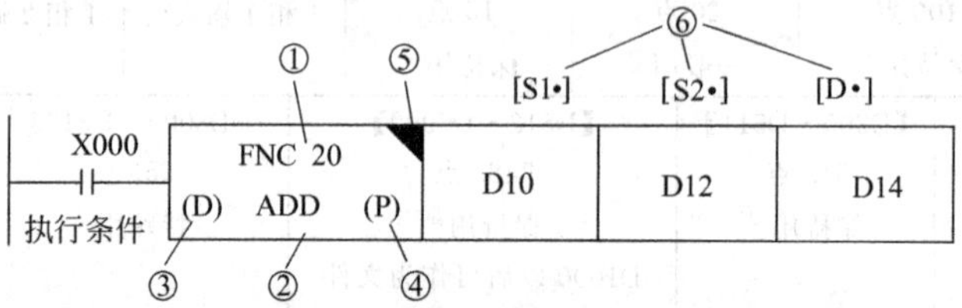

图 6-6 功能指令的格式及要素

（1）功能指令编号

功能指令具有编号。在使用简易编程器输入功能指令时，首先输入的就是功能编号。如图 6-6 中①所示的就是功能指令编号。

（2）助记符

功能指令的助记符是该指令的英文缩写词。如加法指令“ADDITION”简写为 ADD，交替输出指令“ALTERNATE OUTPUT”简化为 ALT。采用这种方式容易记忆指令的功能。助记符如图 6-6 中②所示。

（3）数据长度

功能指令依处理数据的长度分为 16 位指令和 32 位指令。其中 32 位指令用助记符前加（D）表示，无（D）符号的为 16 位指令。图 6-6 中③为数据长度符号。

（4）执行形式

功能指令有脉冲执行型和连续执行型。助记符后标有（P）的为脉冲执行型，如图 6-6 中④所示。脉冲执行型指令在执行条件满足时仅执行一次。这点对数据处理有很重要的意义。例如加 1 指令 INC，在脉冲执行时，只做一次加 1 运算。而连续型加 1 运算指令在执行条件满足时，每一个扫描周期都要加一次 1。某些指令如移位指令、交换指令等，在用连续执行方式时应特别注意。在指令标示栏中用“◥”警示，见图 6-6 中⑤。

（5）操作数

操作数是功能指令涉及或产生的数据。操作数分为源操作数、目标操作数及其他操作数。从存储单元的角度出发，源操作数是指令执行后不改变其内容的操作数，用［S·］表示。目标操作数是指令执行后将改变其内容的操作数，用［D·］表示。其他操作数用 m 与 n 表示，其他操作数常用来表示常数或者对源操作数和目标操作数作出补充说明。表示常数时，K 为十进制，H 为十六进制。在一条指令中，源操作数、目标操作数及其他操作数都可能不止一个，也可以一个都没有。某种操作数多时，可后加序号区别。如［S1·］［S2·］。操作数在指令中排列的顺序为：源操作数，目标操作数，其他操作数。

一般来说，操作数是参加运算数据的地址。地址是依元件的类型分布在存储区中的。由于不同指令对参与操作的元件有一定限制，因此操作数的取值有一定的范围。正确地选取操作数范围，对正确使用指令有很重要的意义。要想了解这些内容可查阅相关手册。操作数见图 6-6。二进制加法指令的操作数取值范围见表 6-2。

（6）变址功能

操作数可具有变址功能。操作数旁加有“·”的即为具有变址功能的操作数。如［S1·］、［S2·］、［D·］等。

（7）程序步数

程序步数为执行该指令所需的步数。功能指令的功能号和指令助记符占一个程序步，每个操作数占 2 个或 4 个程序步（16 位操作数是 2 个程序步，32 位操作数是 4 个程序步）。因此，一般 16 位指令为 7 个程序步，32 位指令为 13 个程序步。

此外，功能指令的执行条件用指令前的触点或触点组合表示。

在了解了以上要素以后，就可以通过查阅手册了解功能指令的用法了。如图 6-6 所示的功能指令是：功能指令编号为 20，32 位二进制加法指令，采用脉冲执行型。当其工作条件 X000 置 1 时，数据寄存器 D10 和 D12 内的数据相加，结果存入 D14 中。

二、FX_{2N} 系列 PLC 的数据类型

和所有计算机一样，PLC 采用二进制数运算，但指令涉及的输入、输出数据类型则有许多种，如布尔量、二进制数、十六进制数、BCD 码、无符号十进制数、有符号十进制数、实数、时间、日期、字符串及数组等。正确地使用数据类型一是满足指令的要求，如实数运算指令中参与运算的数据应为实数，BCD 数据转换为二进制数指令被转换数据应为 BCD 码等。其二是编程者许多时候是需要了解数据在存储器中的具体状态的。与此相关的还有存储单元长度与存储数据大小间的了解。图 6-7 所示是 16/32 位二进制数据各位的

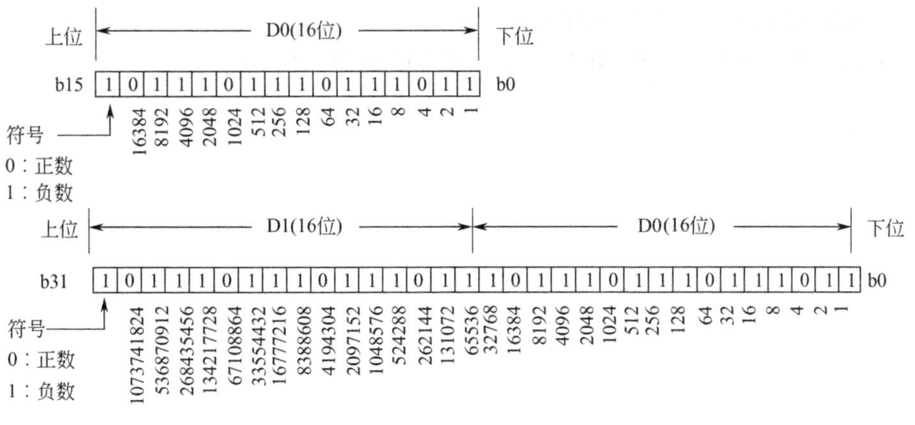

图 6-7　16/32 位二进制数据各位的权值

权值。

实数是用指数形式表示的数，有二进制与十进制两种形式。PLC 中二进制浮点数用 32 位存储单元存储。其中低 23 位为尾数（A0～A22），高 8 位为指数（E0～E7），最高位（b31）为尾数符号位，如图 6-8 所示。十进制浮点数也用 32 位存储单元存储，低字为带有符号的尾数，高字为带有符号的指数。PLC 指令中具有整数与浮点数转换指令。浮点数运算前应先做好转换工作。

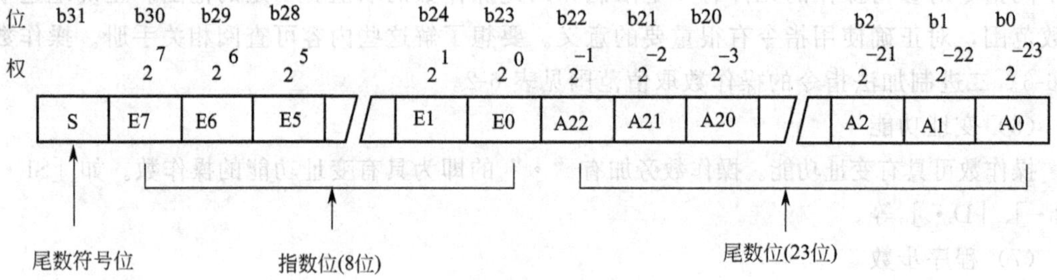

图 6-8　二进制浮点数的格式

习题及思考题

6-1　什么是功能指令？用途如何，与基本指令有什么区别？

6-2　什么叫"位"元件？什么叫"字"元件？有什么区别？

6-3　数据寄存器有哪些类型？具有什么特点？试简要说明。

6-4　32 位数据寄存器如何组成？

6-5　何为文件寄存器？分为几类？有什么作用？

6-6　什么是变址寄存器？有什么作用？试举例说明。

6-7　指针为何种类型软元件？有什么作用？试举例说明。

6-8　位组合元件的表达形式如何？试举例说明。

6-9　试问如下编程元件为何类型元件？由几位组成？

X001、D20、S20、K4X000、V2、X010、K_2Y000、M019。

6-10　功能指令在梯形图中采用怎样的结构表达形式？有什么优点？

6-11　功能指令有哪些使用要素？叙述它们的使用意义？

6-12　在如图 6-6 所示的功能指令表示形式中，"X000"、"（D）"、"（P）"、"D10"、"D14" 分别表示什么？该指令有什么功能？程序为几步？

6-13　FX_{2N} 系列 PLC 中功能指令有几大类？大致用于哪些场合？

第七章　可编程控制器数据处理指令及应用

内容提要：FX_{2N}系列可编程控制器数据处理类指令含传送比较指令、数据变换指令、四则及逻辑运算指令、移位指令及编解码指令等，是数据处理类程序中使用十分频繁的指令。

本章择要介绍数据处理指令的使用方法及应用，给出了一些实例。

第一节　传送比较类指令及应用

一、传送比较类指令说明

FX_{2N}系列PLC数据传送指令能实现单一数据或成批数据的传送，二进制与BCD码的变换，两存储单元数据的交换及数据取反等操作。数据比较指令及触点型比较指令可实现数据的单一比较及区间比较。下面择要介绍。

1. 比较指令

该指令的助记符、指令代码位数、操作数范围、程序步如表7-1所示。

表 7-1　比较指令的要素

指令名称	助记符	指令代码位数	操作数范围			程序步
			[S1·]	[S2·]	[D·]	
比较	CMP CMP(P)	FNC 10 (16/32)	K、H KnX、KnY、KnM、KnS T、C、D、V、Z		Y、M、S	CMP、CMPP…7 步 DCMP、DCMPP…13 步

比较指令CMP是将源操作数［S1·］和［S2·］中的数据进行比较，结果驱动目标操作数［D·］及其后序的两位位元件动作，表示比较结果。说明如图7-1所示。

在X000断开，即不执行CMP指令时，M0～M2保持X000断开前的状态。

如要清除比较结果，要采用RST或ZRST复位指令，如图7-2所示。

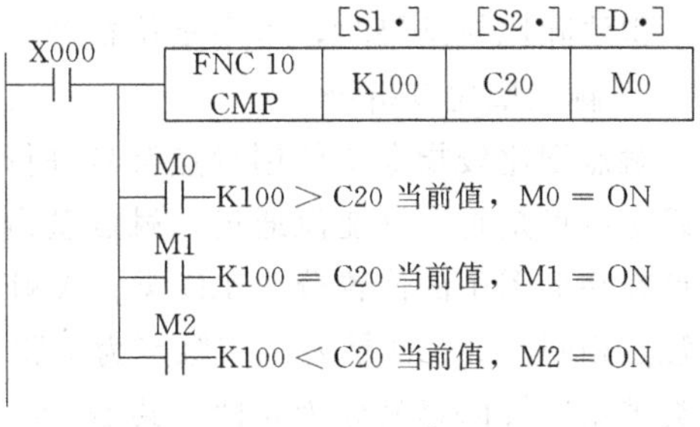

图 7-1　CMP指令使用说明

数据比较是进行代数值大小比较（即带符号比较）。源数据为二进制数。当比较指令的操作数不完整（若只指定一个或两个操作数），或者指定的操作数不符合要求（例如把X、D、T、C指定为目标操作数），或者指定的操作数的元件号超出了允许范围等情况，比较指令就会出错。

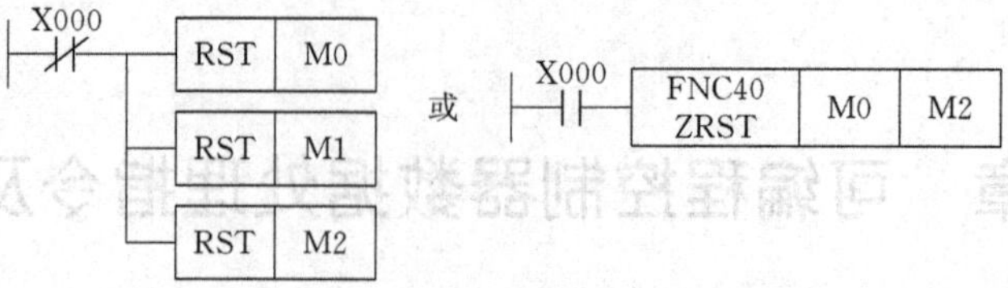

图 7-2　比较结果复位

2. 区间比较指令

该指令的助记符、指令代码、操作数范围、程序步如表 7-2 所示。

表 7-2　区间比较指令的要素

指令名称	助记符	指令代码位数	操作数范围				程序步
			[S1·]	[S2·]	[S·]	[D·]	
区间比较	ZCP ZCP(P)	FNC 11 (16/32)	K、H KnX、KnY、KnM、KnS T、C、D、V、Z			Y、M、S	ZCP、ZCPP…9 步 DZCP、DZCPP…17 步

区间比较指令 ZCP 是将一个数据 [S·] 与上、下两个源数据 [S1·] 和 [S2·] 的数据作代数比较，比较结果在目标操作数 [D·] 及其后序的两个位元件中表示出来。源 [S1·] 的数据应比源 [S2·] 的内容要小，如果大，则 [S2·] 被看作与 [S1·] 一样大。

指令使用说明如图 7-3 所示，在 X000 断开时，ZCP 指令不执行，M3～M5 保持 X000 断开前的状态。

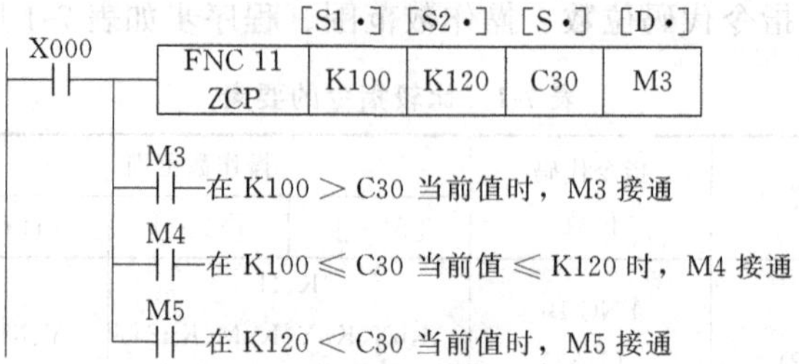

图 7-3　ZCP 指令使用说明

拟清除比较结果时，可用复位指令。

3. 触点型比较指令

触点型比较指令是使用触点符号进行数据 [S1·]、[S2·] 比较的指令，根据比较结果确定触点是否允许能流通过，触点型指令直观简便，很受使用者欢迎。触点型比较指令依触点在梯形图中的位置分为 LD 类、AND 类及 OR 类，其触点在梯形图中的位置含义与普通触点相同。如 LD 是表示该触点为支路上与左母线相连的首个触点。三类触点型比较指令每类根据比较内容又分为 6 种，共 18 条。表 7-3～表 7-5 及图 7-4～图 7-6 分别给出了这三类比较指令的使用要素及梯形图应用例。

4. 传送指令

该指令的助记符、指令代码、操作数范围、程序步如表 7-6 所示。

传送指令 MOV 是将源操作数内的数据传送到指定的目标操作数内，即 [S·]→[D·]。

传送指令 MOV 的说明如图 7-7 所示。当 X000＝ON 时，源操作数 [S·] 中的常数

表 7-3　从母线取用触点比较指令要素

FNC No	16 位助记符（5 步）	32 位助记符（9 步）	操作数 [S1・]	操作数 [S2・]	导通条件	非导通条件
224	LD＝	(D)LD＝	K、H、KnX、KnY、KnM、KnS、T、C D、V、Z		[S1・]＝[S2・]	[S1・]≠[S2・]
225	LD＞	(D)LD＞			[S1・]＞[S2・]	[S1・]≤[S2・]
226	LD＜	(D)LD＜			[S1・]＜[S2・]	[S1・]≥[S2・]
228	LD＜＞	(D)LD＜＞			[S1・]≠[S2・]	[S1・]＝[S2・]
229	LD≤	(D)LD≤			[S1・]≤[S2・]	[S1・]＞[S2・]
239	LD≥	(D)LD≥			[S1・]≥[S2・]	[S1・]＜[S2・]

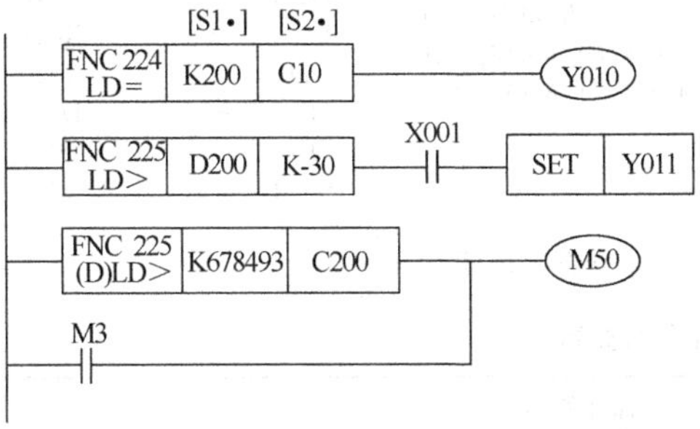

C10 的当前值＝K200 时，Y010 驱动

D200 的内容在－29 以上、X001 为 ON 时，Y011 置 1

C200 的内容比 678493 小时，或 M3 为 ON，则 M50 被驱动

程序：

LD＝	K200
SP	C10
OUT	Y010
LD＞	D200
SP	K-30
AND	X001
SET	Y011
(D)LD＞	K678493
SP	C200
OR	M3
OUT	M50

图 7-4　从母线取用触点比较指令应用说明

表 7-4　串联型触点比较指令要素

FNC No	16 位助记符（5 步）	32 位助记符（9 步）	操作数 [S1・]	操作数 [S2・]	导通条件	非导通条件
232	AND＝	(D)AND＝	K、H、KnX、KnY、KnM、KnS、T、C D、V、Z		[S1・]＝[S2・]	[S1・]≠[S2・]
233	AND＞	(D)AND＞			[S1・]＞[S2・]	[S1・]≤[S2・]
234	AND＜	(D)AND＜			[S1・]＜[S2・]	[S1・]≥[S2・]
236	AND＜＞	(D)AND＜＞			[S1・]≠[S2・]	[S1・]＝[S2・]
237	AND≤	(D)AND≤			[S1・]≤[S2・]	[S1・]＞[S2・]
238	AND≥	(D)AND≥			[S1・]≥[S2・]	[S1・]＜[S2・]

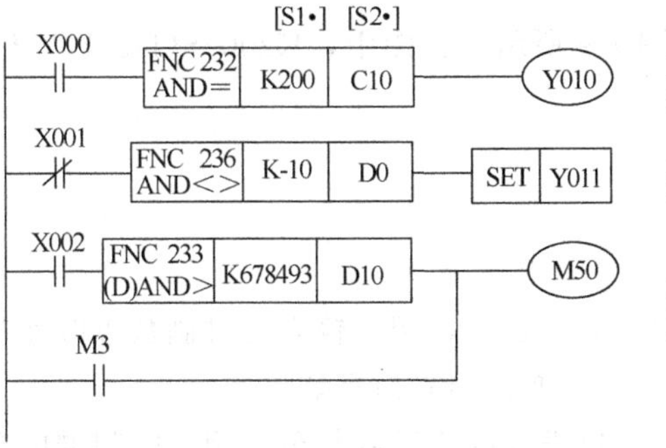

当 X000＝ON，C10 的当前值＝K200 时，Y010 驱动

X001 为 OFF，D0 的内容不等于－10 时，Y011 置位

当 X002＝ON，D10、D11 的内容小于 678493 时，或 M3 为 ON，则 M50 被驱动

程序：

LD	X000
AND＝	K200
SP	C10
OUT	Y010
LDI	X001
AND＜＞	D0
SP	K-10
SET	Y011
LD	X002
(D)AND＞	K678493
SP	D10(D11)
OR	M3
OUT	M50

图 7-5　串联型触点比较指令应用说明

表 7-5　并联型触点比较指令要素

FNC No	16 位助记符（5 步）	32 位助记符（9 步）	操作数 [S1·]	操作数 [S2·]	导通条件	非导通条件
240	OR=	(D)OR=	K、H、KnX、KnY、KnM、KnS、T、C D、V、Z		[S1·]=[S2·]	[S1·]≠[S2·]
241	OR>	(D)OR>			[S1·]>[S2·]	[S1·]≤[S2·]
242	OR<	(D)OR<			[S1·]<[S2·]	[S1·]≥[S2·]
244	OR<>	(D)OR<>			[S1·]≠[S2·]	[S1·]=[S2·]
245	OR≤	(D)OR≤			[S1·]≤[S2·]	[S1·]>[S2·]
246	OR≥	(D)OR≥			[S1·]≥[S2·]	[S1·]<[S2·]

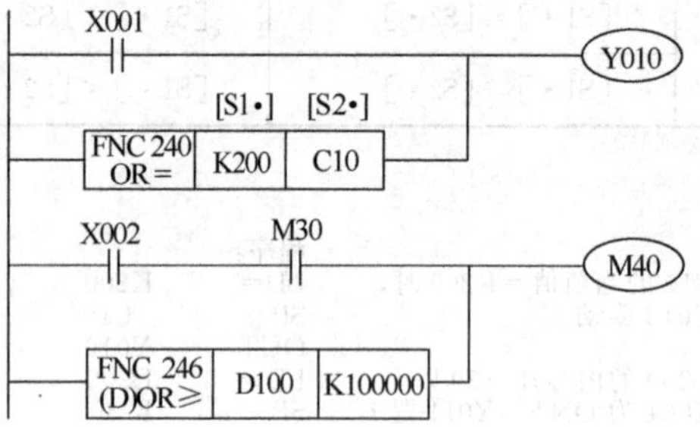

当 X001＝ON，或 C10 的当前值＝K200 时，Y010 驱动

当 X002 与 M30 都为 ON，或 D101，D100 的内容比 100000 大时，M40 为 ON

程序：

LD=	X001
OR=	K200
SP	C10
OUT	Y010
LD	X002
AND	M30
(D)OR≥	D100
SP	K100000
OUT	M40

图 7-6　并联型触点比较指令应用说明

表 7-6　传送指令的要素

指令名称	助记符	指令代码位数	操作数范围 [S·]	操作数范围 [D·]	程序步
传送	MOV MOV(P)	FNC 12 (16/32)	K、H KnX、KnY、KnM、KnS T、C、D、V、Z	KnY、KnM、KnS T、C、D、V、Z	MOV、MOVP…5 步 DMOV、DMOVP…9 步

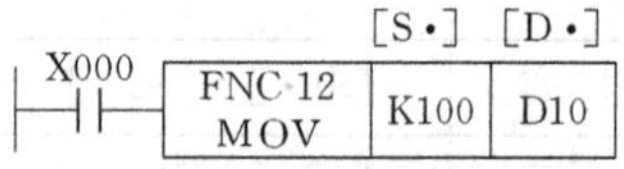

图 7-7　传送指令使用说明

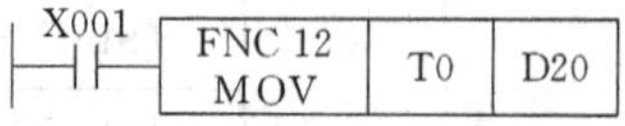

图 7-8　传送指令应用例一

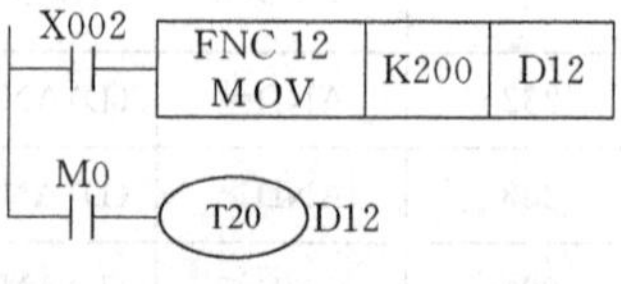

图 7-9　传送指令应用例二

K100 传送到目标操作元件［D·］D10 中。当指令执行时，常数 K100 自动转换成二进制数。

指令的使用举例如下。

① 定时器、计数器当前值读出，如图 7-8 所示。在图中，定时器 T0 当前值→(D20)，计数器当前值也可如此读出。

② 定时器、计数器设定值的间接指定，如图 7-9 所示。在图中，K200→(D12)，(D12) 中的数值作为 T0 的设定值，定时器延时 20s。

二、传送比较类指令应用例

【例 7-1】 可变闪光频率的信号灯

信号灯接于 Y000，设定开关 4 个分别接于 X000～X003，用于输入二进制数以改变闪光的闪动频率。X010 为启停开关。设计程序构成一个可变频闪光信号灯。

闪光信号灯振荡源可用两个定时器实现。输入口送入的二进制数可以用于时间继电器的时间设定。梯形图如图 7-10 所示。图中第一行为变址寄存器清零，上电时完成。第二行从输入口读入设定开关数据，变址综合后送到定时器 T0 的设定值寄存器 D0，并和第三行中的定时器 T1 配合产生 D0 时间间隔的脉冲。

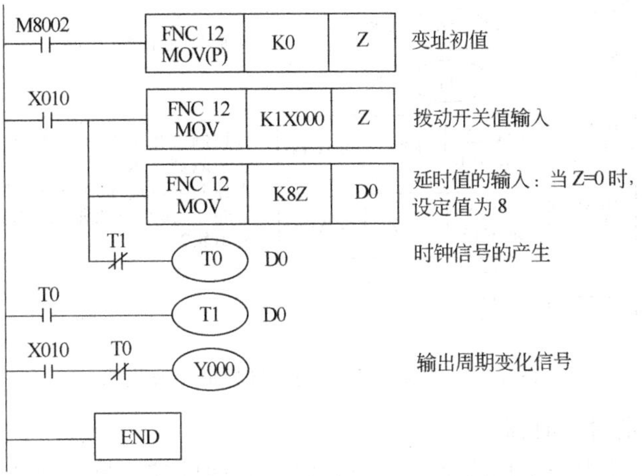

图 7-10 频率可变的闪光信号灯梯形图及说明

【例 7-2】 电动机的Y/△启动控制

启动按钮接于Y 000，停止按钮接于 X001；主电路（电源）接触器 KM1 接于输出口 Y000，电动机Y接接触器 KM2 接于输出口 Y001，电动机△接接触器 KM3 接于输出口 Y002。依电动机Y/△启动控制要求，通电时，Y000、Y001 为 ON（传送常数为 1+2=3），电动机Y形启动。当转速上升到一定程度，断开 Y000、Y001，接通 Y002（传送常数为 4），然后接通 Y000、Y002（传送常数为 1+4=5），电动机△形运行。停止时，应传送常数为 0。另外，启动过程中的每个状态间应有时间间隔。

本例使用向输出端口送数的方式实现控制，梯形图如图 7-11 所示。

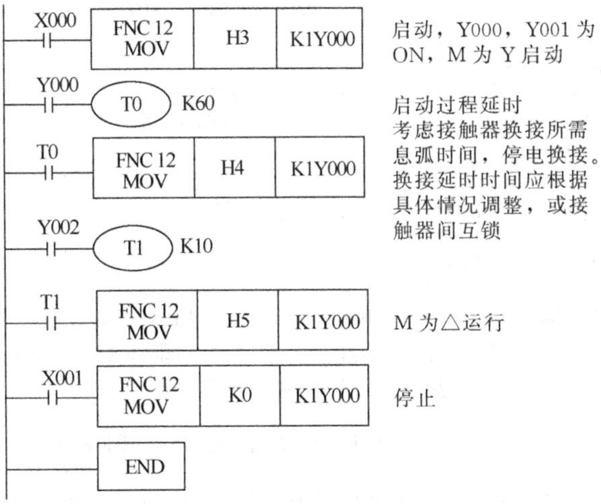

图 7-11 电动机Y/△启动控制梯形图及说明

上述两例中用传送指令控制输出口状态，比起用基本指令进行的程序设计有较大的简化。

【例 7-3】 彩灯的交替点亮控制

有一组灯 L1～L8。要求隔灯显示，每 2s 变换一次，反复进行。用一个开关实现启停控制。

设置启停开关接于 X000，L1～L8 接于 Y000～Y007。

梯形图如图 7-12 所示。这又是一个以向输出口送数的方式实现控制要求的例子。

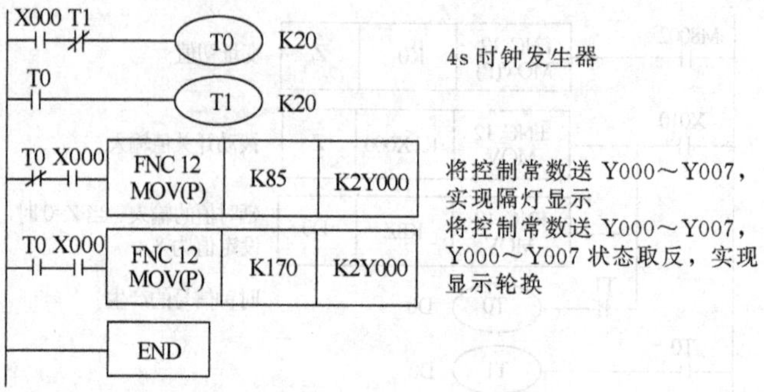

图 7-12　彩灯交替点亮控制梯形图及说明

【例 7-4】 简易定时报时器

应用计数器与比较指令，构成 24h 可设定定时时间的控制器，每 15min 为一设定单位，共 96 个时间单位。

现将此控制器作如下控制：早上 6 点半，电铃（Y000）每秒响一次，6 次后自动停止。9：00～17：00，启动住宅报警系统（Y001）。晚上 6 点开园内照明（Y002）。晚上 10 点关园内照明（Y002）。

又设 X000：启停开关。X001：15min 快速调整与试验开关。X002：快速试验开关。时间设定值为：钟点数×4。

使用时，在 0：00 时启动定时器。

梯形图如 7-13 所示。对时并启动工作后，控制器是用时间单位数据与代表时间的计数

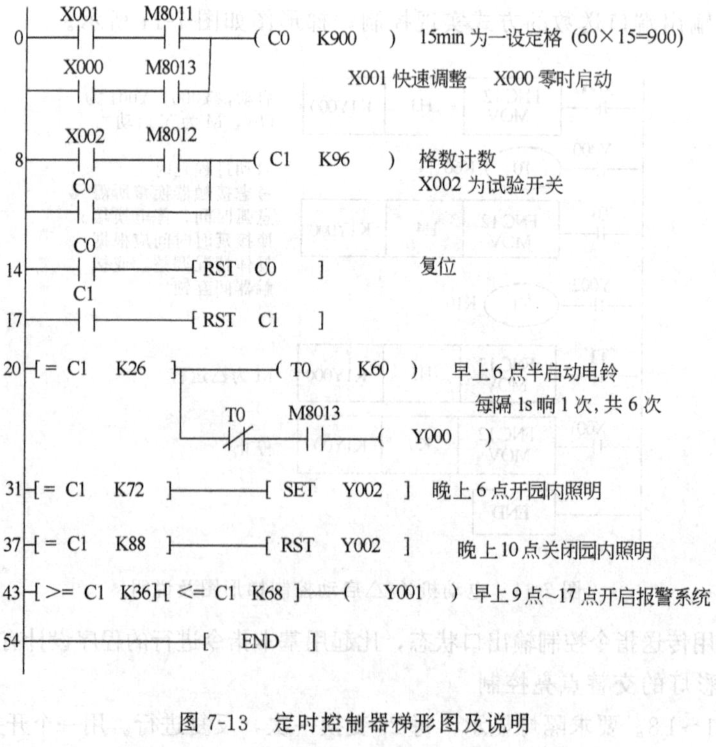

图 7-13　定时控制器梯形图及说明

器计数数据比较确定输出的。

【例 7-5】 外置数计数器

PLC 中有许多计数器。但是机内计数器的设定值是由程序设定的，在一些工业控制场合，希望计数器能不改变程序，由普通操作人员根据工艺要求对其进行临时设定，这就需要一种外置数计数器，图 7-14 就是这样一种计数器的梯形图程序。

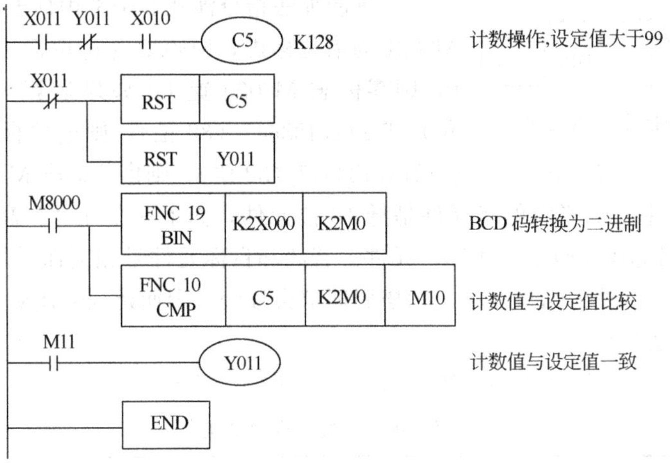

图 7-14　外置数计数器的梯形图及说明

在图 7-14 中，二位 BCD 码拨码开关接于 X000～X007，通过它可以设定 0～99 的计数值。X010 为计数器件（接通 1 次计数 1）。X011 为启停开关。

C5 计数值是否与外部拨码开关设定值一致，是借助比较指令实现的。须注意的是，拨码开关送入的值为 BCD 码，要用二进制转换指令进行数制的变换。因为比较操作只对二进制数有效。

第二节　四则运算及逻辑运算类指令及应用

一、四则运算及逻辑运算指令说明

四则及逻辑运算指令可完成四则运算或逻辑运算，可通过运算实现数据的传送、变位及其他控制功能。FX_{2N} 系列可编程控制器中有两种四则运算，即整数四则运算和实数四则运算。前者指令较简单，参加运算的数据只能是整数。非整数参加运算需先取整，除法运算的结果分为商和余数。整数四则运算进行较高准确度要求的计算时，需将小数点前后的数值分别计算再将数据组合起来，除法运算时要对余数再做多次运算才能形成最后的商，这就使程序的设计非常烦琐。而实数运算是浮点运算，是一种高准确度的运算。本书仅介绍整数运算，实数运算指令读者可查阅有关书籍。

1. 二进制加法指令

该指令的助记符、指令代码位数、操作数范围、程序步如表 7-7 所示。

二进制加法指令 ADD 是将指定的源元件中的二进制数相加，结果送到目标元件中去。二进制加法指令的说明如图 7-15 所示。

当执行条件 X000 由 OFF→ON 时，[D10]+[D12]→[D14]。运算是代数运算，如 5+(−8)=−3。

表 7-7　二进制加法指令的要素

指令名称	助记符	指令代码位数	操作数范围			程序步
			[S1·]	[S2·]	[D·]	
加法	ADD ADD(P)	FNC 20 (16/32)	K、H KnX、KnY、KnM、KnS T、C、D、V、Z		KnY、KnM、KnS T、C、D、V、Z	ADD、ADDP …7 步 DADD、DADDP…13 步

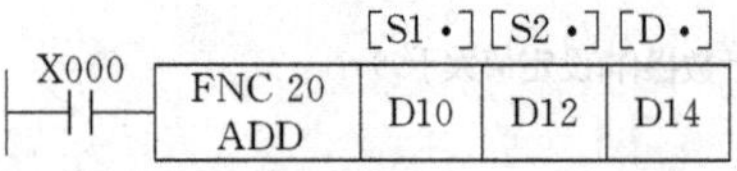

图 7-15　加法指令使用说明

二进制加法指令涉及 3 个常用标志：M8020 为零标志，M8021 为借位标志，M8022 为进位标志。如果运算结果为 0，则零标志 M8020 置 1；如果运算结果超过 32767（16 位）或 2147483647（32 位），则进位标志 M8022 置 1；如果运算结果小于－32767（16 位）或－2147483647（32 位），则借位标志 M8021 置 1。

在 32 位运算中，被指定的字元件是低 16 位元件，而下一个元件为高 16 位元件。

源操作数和目标操作数可以用同一元件。若源和目标元件号相同而采用连续执行的 ADD、(D) ADD 指令时，加法的结果在每个扫描周期都会改变，因而建议采用脉冲执行方式。

2. 二进制减法指令

该指令的助记符、指令代码、操作数、程序步如表 7-8 所示。

表 7-8　减法指令的要素

指令名称	助记符	指令代码位数	操作数范围			程序步
			[S1·]	[S2·]	[D·]	
减法	SUB SUB(P)	FNC 21 (16/32)	K、H KnX、KnY、KnM、KnS T、C、D、V、Z		KnY、KnM、KnS T、C、D、V、Z	SUB、SUBP …7 步 DSUB、DSUBP…13 步

二进制减法指令 SUB 是将指定的源元件中的二进制数相减，结果送到指定的目标元件中去。SUB 减法指令使用说明如图 7-16 所示。

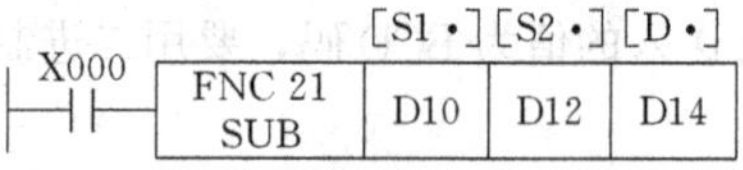

图 7-16　减法指令使用说明

当执行条件 X000 由 OFF→ON 时，[D10]－[D12]→[D14]。运算是代数运算，如 5－(－8)＝13。

各种标志的动作、32 位运算中软元件的指定方法、连续执行型和脉冲执行型的差异等均与加法指令相同。

3. 二进制乘法指令

该指令的助记符、指令代码、操作数、程序步如表 7-9 所示。

表 7-9　乘法指令的要素

指令名称	助记符	指令代码位数	操作数范围			程序步
			[S1·]	[S2·]	[D·]	
乘法	MUL MUL(P)	FNC 22 (16/32)	K、H KnX、KnY、KnM、KnS T、C、D、Z		KnY、KnM、KnS T、C、D	MUL、MULP…7 步 DMUL、DMULP…13 步

二进制乘法指令 MUL 是将指定的源元件中的二进制数相乘，结果送到指定的目标元件中去。MUL 乘法指令使用说明如图 7-17 所示。它分 16 位和 32 位两种情况。

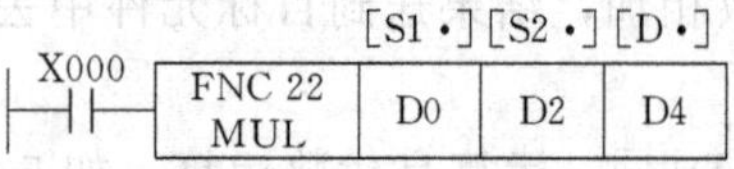

图 7-17　乘法指令使用说明

当为 16 位运算，执行条件 X000 由 OFF→ON 时，[D0]×[D2]→[D5,D4]。源操作数是 16 位，目标操作数是 32 位。当［D0］=8，［D2］=9 时，［D5,D4］=72。最高位为符号位，0 为正，1 为负。

当为 32 位运算，执行条件 X000 由 OFF→ON 时，［D1,D0］×［D3,D2］→［D7,D6,D5,D4］。源操作数是 32 位，目标操作数是 64 位。当［D1,D0］=238，［D3,D2］=189 时，［D7、D6、D5、D4］=44982。最高位为符号位，0 为正，1 为负。

如将位组合元件用于目标操作数时，限于 K 的取值，只能得到低位 32 位的结果，不能得到高位 32 位的结果。这时，应将数据移入字元件再进行计算。

用字元件时，也不能对作为运算结果的 64 位数据进行批监视。这种情况下，建议用浮点运算。V、Z 不能用于［D］目标元件。

4. 二进制除法指令

该指令的助记符、指令代码、操作数、程序步如表 7-10 所示。

表 7-10　除法指令的要素

指令名称	助记符	指令代码 位数	操作数范围			程序步
			［S1・］	［S2・］	［D・］	
除法	DIV DIV(P)	FNC 23 (16/32)	K、H KnX、KnY、KnM、KnS T、C、D、Z		KnY、KnM、KnS T、C、D	DIV、DIVP …7 步 DDIV、DDIVP…13 步

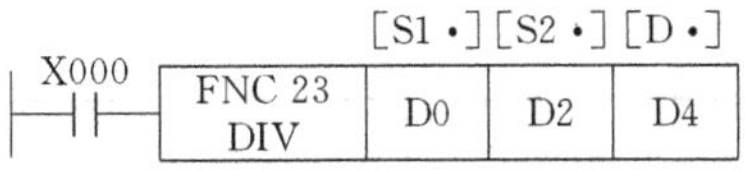

图 7-18　除法指令使用说明

二进制除法指令 DIV 是将指定的源元件中的二进制数相除，［S1］为被除数，［S2］为除数，商送到指定的目标元件［D］中去，余数送到［D］的下一个目标元件。DIV 除法指令使用说明如图 7-18 所示。它分 16 位和 32 位两种情况。

当为 16 位运算。执行条件 X000 由 OFF→ON 时，［D0］÷［D2］→［D4］。当［D0］=19，［D2］=3 时，［D4］=6，［D5］=1。V、Z 不能用于［D・］中。

当为 32 位运算，执行条件 X000 由 OFF→ON 时，［D1、D0］÷［D3、D2］。商在［D5、D4］，余数在［D7、D6］中。V 和 Z 不能用于［D・］中。

除数为 0 时，运算错误，不执行指令。若［D・］指定位组合元件，得不到余数。

商和余数的最高位是符号位。被除数或除数中有一个为负数时，商为负数；被除数为负数时，余数为负数。

5. 加 1 指令

该指令的助记符、指令代码、操作数、程序步如表 7-11 所示。

表 7-11　加 1 指令的要素

指令名称	助记符	指令代码 位数	操作数范围	程序步
			［D・］	
加 1	INC INC(P)	FNC 24 (16/32)	KnY、KnM、KnS T、C、D、V、Z	INC、INCP…3 步 DINC、DINCP…5 步

加 1 指令使用说明如图 7-19 所示。当 X000 由 OFF→ON 变化时，由［D・］指定的元件 D10 中的二进制数加 1。若用连续指令时，每个扫描周期加 1。

16 位运算时，−32767 再加 1 就变为−32768，但标志不置位。同样，在 32 位运算时，−2147483647 再加 1 就变为−2147483647，标志也不置位。

6. 减 1 指令

该指令的助记符、指令代码、操作数、程序步如表 7-12 所示。

图 7-19　加 1 指令使用说明

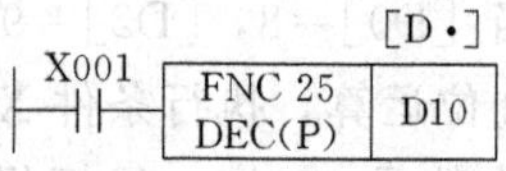

图 7-20　减 1 指令使用说明

表 7-12　减 1 指令的要素

指令名称	助记符	指令代码位数	操作数范围 [D·]	程序步
减 1	DEC DEC(P)	FNC 25 ◥ (16/32)	KnY、KnM、KnS T、C、D、V、Z	DEC、DECP…3 步 DDEC、DDECP…5 步

减 1 指令的说明如图 7-20 所示。当 X001 由 OFF→ON 变化时，由［D·］指定的元件 D10 中的二进制数减 1。若用连续指令时，每个扫描周期减 1。

16 位运算时，－32768 再减 1 就变为＋32767，但标志不置位。同样，在 32 位运算时，－2147483648 再减 1 就变为＋2147483647，标志也不置位。

加 1 减 1 指令可用于形成某种信号的计数器。

7. 逻辑字与指令

该指令的助记符、指令代码、操作数、程序步如表 7-13 所示。

表 7-13　逻辑字与指令的要素

指令名称	助记符	指令代码位数	操作数范围 [S1·]	操作数范围 [S2·]	操作数范围 [D·]	程序步
逻辑字与	AND AND(P)	FNC 26 (16/32)	K、H KnX、KnY、KnM、KnS T、C、D、V、Z		KnY、KnM、KnS T、C、D、V、Z	WAND、WANDP…7 步 DANDC、DANDP…13 步

逻辑字与指令的说明如图 7-21 所示。当 X000 为 ON 时，［S1·］指定的 D10 和［S2·］指定的 D12 内数据按各位对应进行逻辑字与运算，结果存于由［D·］指定的元件 D14 中。

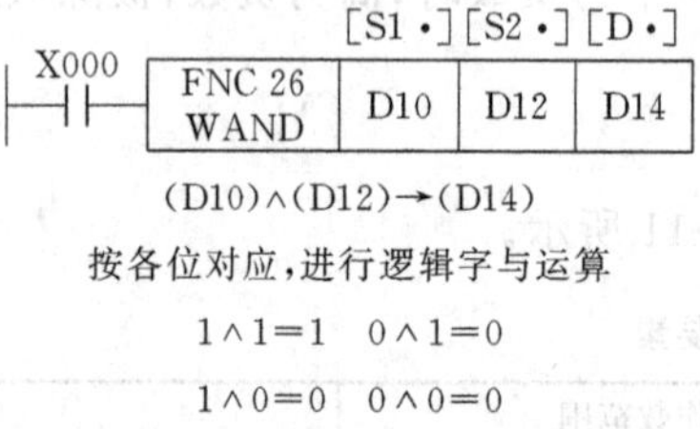

图 7-21　逻辑字与指令使用说明

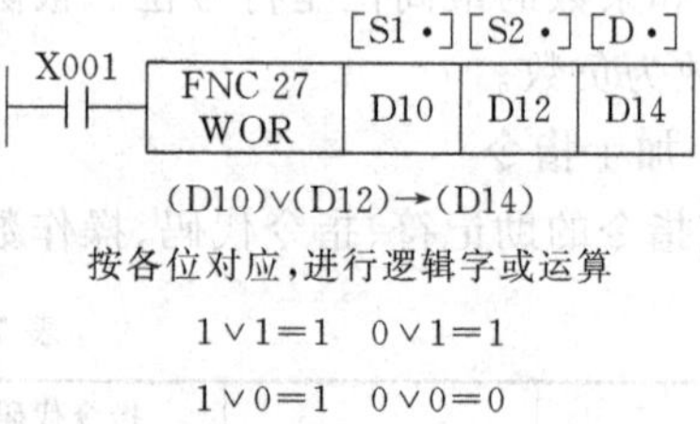

图 7-22　逻辑字或指令使用说明

8. 逻辑字或指令

该指令的助记符、指令代码、操作数、程序步如表 7-14 所示。

表 7-14　逻辑字或指令的要素

指令名称	助记符	指令代码位数	操作数范围 [S1·]	操作数范围 [S2·]	操作数范围 [D·]	程序步
逻辑字或	OR OR(P)	FNC 27 (16/32)	K、H KnX、KnY、KnM、KnS T、C、D、V、Z		KnY、KnM、KnS T、C、D、V、Z	WOR、WORP…7 步 DORC、DORP…13 步

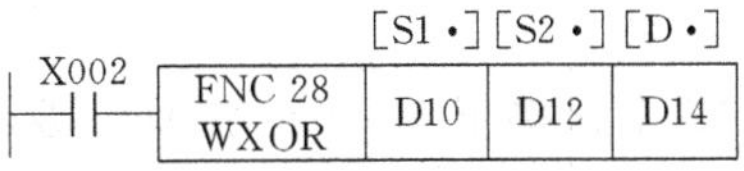

(D10)∀(D12)→(D14)

按各位对应，进行逻辑字异或运算

1∀1=0　0∀1=1

1∀0=1　0∀0=0

图 7-23　逻辑字异或指令使用说明

逻辑字或指令的说明如图 7-22 所示。当 X001 为 ON 时，[S1·] 指定的 D10 和 [S2·] 指定的 D12 内数据按各位对应进行逻辑字或运算，结果存于由 [D·] 指定的元件 D14 中。

9. 逻辑字异或指令

该指令的助记符、指令代码、操作数、程序步如表 7-15 所示。

表 7-15　逻辑字异或指令的要素

指令名称	助记符	指令代码位数	操作数范围			程　序　步
			[S1·]	[S2·]	[D·]	
逻辑字异或	XOR XOR(P)	FNC28 (16/32)	K、H KnX、KnY、KnM、KnS T、C、D、V、Z		KnY、KnM、KnS T、C、D、V、Z	WXOR、WXORP…7 步 DXORC、DXORP…13 步

逻辑字异或指令的说明如图 7-23 所示。当 X002 为 ON 时，[S1·] 指定的 D10 和 [S2·] 指定的 D12 内数据按各位对应进行逻辑字异或运算，结果存于由 [D·] 指定的元件 D14 中。

二、四则与逻辑运算类指令应用例

【例 7-6】 四则运算式的实现

某控制工程中要进行以下算式的运算：$\frac{38X}{255}+2$。

式中，“X”代表输入端口 K2X000 送入的二进制数，运算结果需送输出口 K2Y000；X020 为启停开关。其梯形图如图 7-24 所示。

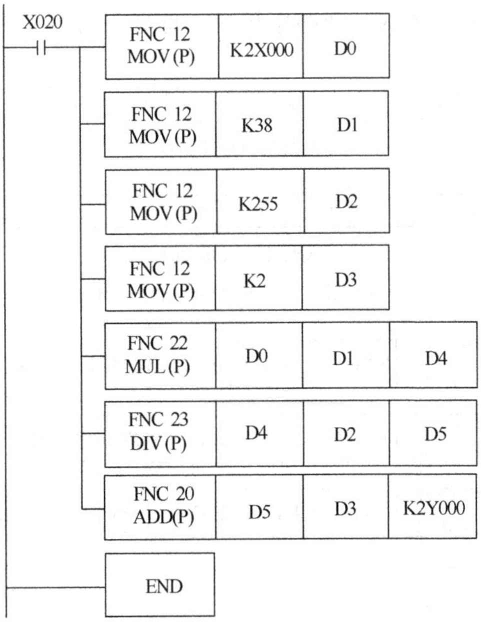

图 7-24　四则运算应用举例一的梯形图

【例 7-7】 使用乘除运算实现灯移位点亮控制

用乘除法指令实现灯组的移位点亮并循环。有一组灯 15 个，接于 Y000～Y016，要求：当 X000 为 ON 时，灯正序每隔 1s 单个移位，并循环；当 X000 为 OFF 时，灯反序每隔 1s 单个移位，至灯不点亮停止。

梯形图如图 7-25 所示。该程序是利用乘 2、除 2 实现目标数据中“1”的移位的。1s 脉冲使用 M8013。

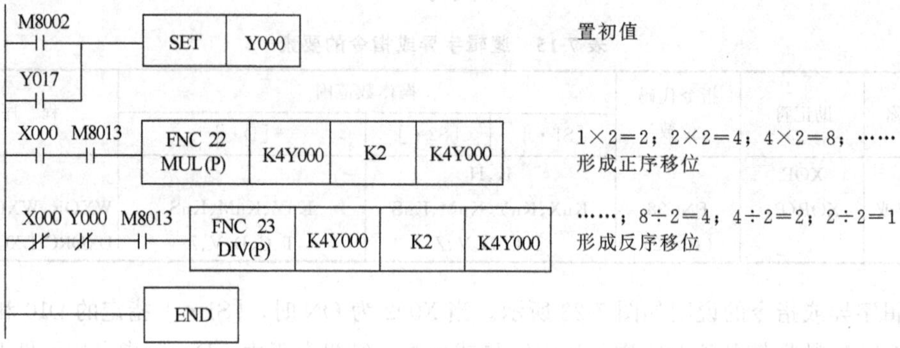

图 7-25 灯组移位控制梯形图

【例 7-8】 指示灯的测试电路

某机场装有十二只指示灯，用于各种场合的指示，接于 K4Y000。一般情况下总是有的指示灯是亮的，有的指示灯是灭的。但机场有时候需将灯全部打开，也有时需将灯全部关闭。现需设计一种电路，用一只开关打开所有的灯，用另一只开关熄灭所有的灯。

相关梯形图如图 7-26 所示。程序采用逻辑控制指令来完成这一功能。先为所有的指示灯设一个状态字 K4M0，随时将各指示灯的状态送入。再设一个开灯字，一个熄灯字。开灯字内置 1 的位和灯在 K4Y000 中的排列顺序相同。熄灯字内置 0 的位和 K4Y000 中灯的位置

(a) 指示灯在 K4Y000 的分布图

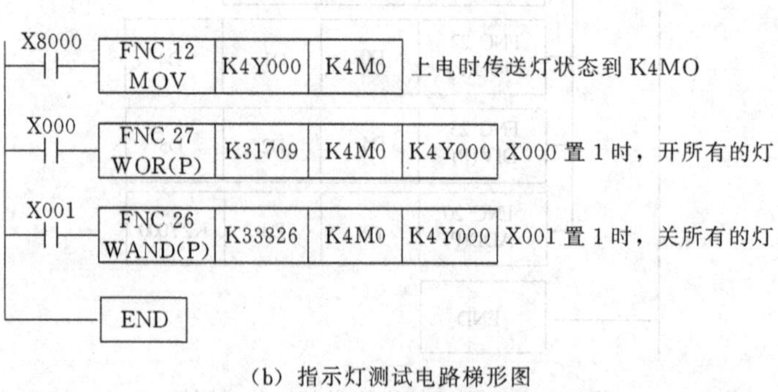

(b) 指示灯测试电路梯形图

图 7-26 指示灯测试控制梯形图

相同。开灯时将开灯字和灯的状态字相“或”，熄灯时将熄灯字和灯的状态字相“与”，即可实现所需控制的功能。

第三节 移位控制类指令及应用

FX_{2N} 系列 PLC 移位控制指令有移位、循环移位、字移位及先入先出 FIFO 指令等数种，其中循环移位分为带进位位循环及不带进位位的循环。移位有左移和右移之分。

从指令的功能来说，循环移位是指数据在指定存储单元内的移位，是一种环形移动。而非循环移位是线性移位，数据将移出指定存储单元而丢失，移入部分从其他数据获得。移位指令可用于数据的 2 倍乘（除）处理，可用于形成新数据，或形成某种控制开关。字移位和位移位不同，可用于字数据在存储空间中的位置调整等功能。现择要介绍如下。

一、移位控制类指令说明

1. 循环右移及循环左移

以循环右移为例，该指令的助记符、指令代码、操作数、程序步如表 7-16 所示。

表 7-16 循环右移指令的要素

指令名称	助记符	指令代码位数	操作数范围		程 序 步
			[D·]	n	
循环右移	ROR ROR(P)	FNC 30 ◥ (16/32)	KnY、KnM、KnS T、C、D、V、Z	K、H 移位量 n≤16(16 位) n≤32(32 位)	ROR、RORP…5 步 DROR、DRORP…9 步

循环右移指令可以使 16 位数据、32 位数据向右循环移位，其说明如图 7-27 所示。当 X000 由 OFF→ON 时，[D·] 内各位数据向右移 n 位，最后一次从最低位移出的状态存于进位标志 M8022 中。用连续指令执行时，循环移位操作每个扫描周期执行一次。

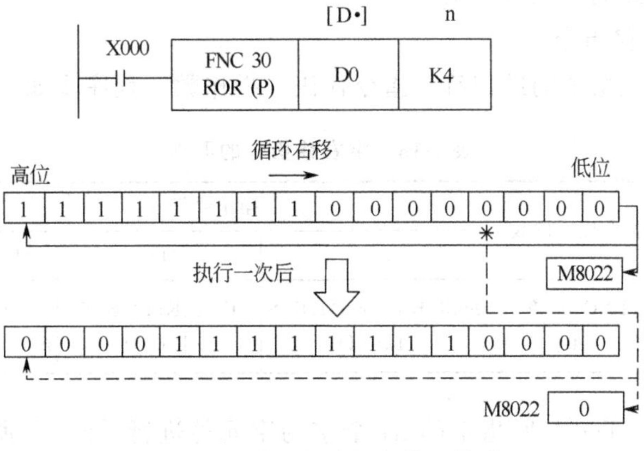

图 7-27 循环右移指令使用说明

在使用位组合元件时，只有 K4（16 位指令）或 K8（32 位指令）有效。

2. 位右移及位左移指令

以位右移为例，该指令的助记符、指令代码、操作数、程序步如表 7-17 所示。

表 7-17　位右移指令的要素

指令名称	助记符	指令代码位数	操作数范围				程　序　步
			[S·]	[D·]	n1	n2	
位右移	SFTR SFTR(P)	FNC 34 ◥ (16)	X、Y、M、S	Y、M、S	K、H		SFTR、SFTRP…9 步

位右移指令是对长度为 n1 位的［D·］所指定的元件进行长度为 n2 位的［S·］所指定元件的位右移，其说明如图 7-28 所示。当 X010 由 OFF→ON 时，［D·］内（M0～M15）各位数据连同［S·］内（X000～X003）4 位数据向右移 4 位，（X000～X003）4 位数据从［D·］高位端移入，（M0～M3）4 位数据从［D·］低位端移出（溢出）。当 X010 再次从 OFF→ON 时，（X000～X003）4 位数据再次从［D·］高位端移入，当前（M0～M3）4 位数据从［D·］低位端溢出。依此类推。

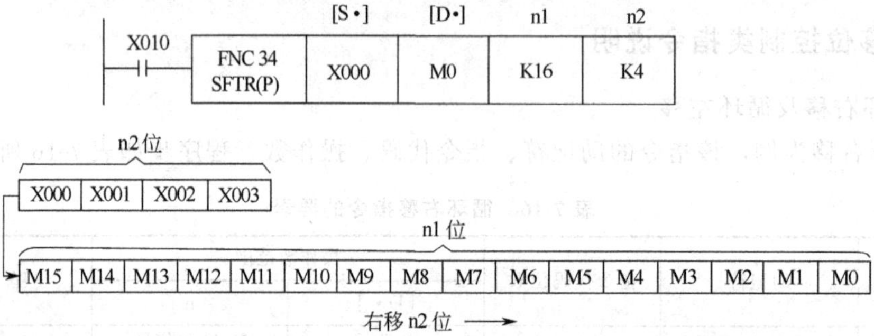

执行一次后：

（M3～M0）→溢出；（M7～M4）→（M3～M0）；（M11～M8）→（M7～M4）

（M15～M12）→（M11～M8）；（X003～X000）→（M15～M12）

图 7-28　位右移指令使用说明

用脉冲执行型指令时，指令执行取决于 X010 由 OFF→ON 变化；而用连续指令执行时，移位操作每个扫描周期执行一次。

3. 字右移及字左移指令

以字右移为例，该指令的助记符、指令代码、操作数、程序步如表 7-18 所示。

表 7-18　字右移指令的要素

指令名称	助记符	指令代码位数	操作数范围				程　序　步
			[S·]	[D·]	n1	n2	
字右移	WSFR WSFR(P)	FNC 36 ◥ (16)	KnX、KnY、KnM、KnS T、C、D	KnY、KnM、KnS T、C、D	K、H n2≤n1≤512		WSFR、 WSFRP…9 步

字右移指令是对［D·］所指定的 n1 个字的字元件进行［S·］所指定的 n2 个字的右移，其说明如图 7-29 所示。当 X000 由 OFF→ON 时，［D·］内（D10～D25）16 字数据连同［S·］内（D0～D3）4 字数据向右移 4 个序号位置，（D0～D3）4 字数据从［D·］高位端移入，（D10～D13）4 字数据从［D·］低位端移出（溢出）。

用连续指令执行时，移位操作每个扫描周期执行一次，需注意。

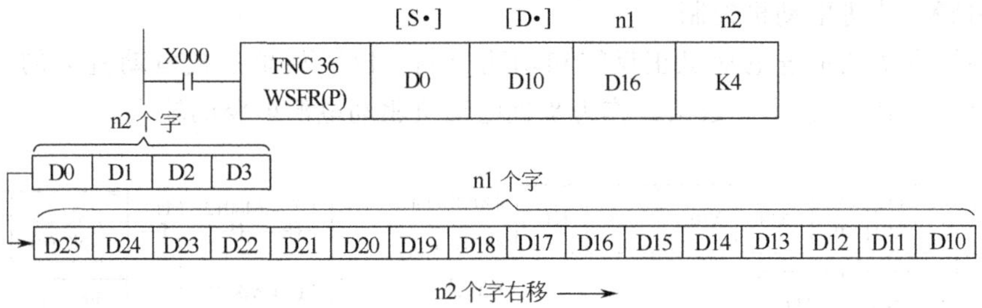

执行一次后：

(D13～D10) →溢出；(D17～D14) → (D13～D10)；(D21～D18) → (D17～D14)；

(D25～D22) → (D21～D18)；(D3～D0) → (D25～D22)

图 7-29　字右移指令使用说明

二、移位控制类指令的应用实例

【例 7-9】 流水灯光控制

某灯光招牌有 L1～L8 8 个灯接于 K2Y000，要求当 X000 为 ON 时，灯先以正序每隔 1s 轮流点亮，当 Y007 亮后，停 2s；然后以反序每隔 1s 轮流点亮，当 Y000 再亮后，停 2s，重复上述过程。当 X001 为 ON 时，停止工作。

本例工作之初先将 K2Y000 中 Y000 置 1，再用左右移位指令实现 1 的移位。梯形图如图 7-30 所示。说明已在图中。

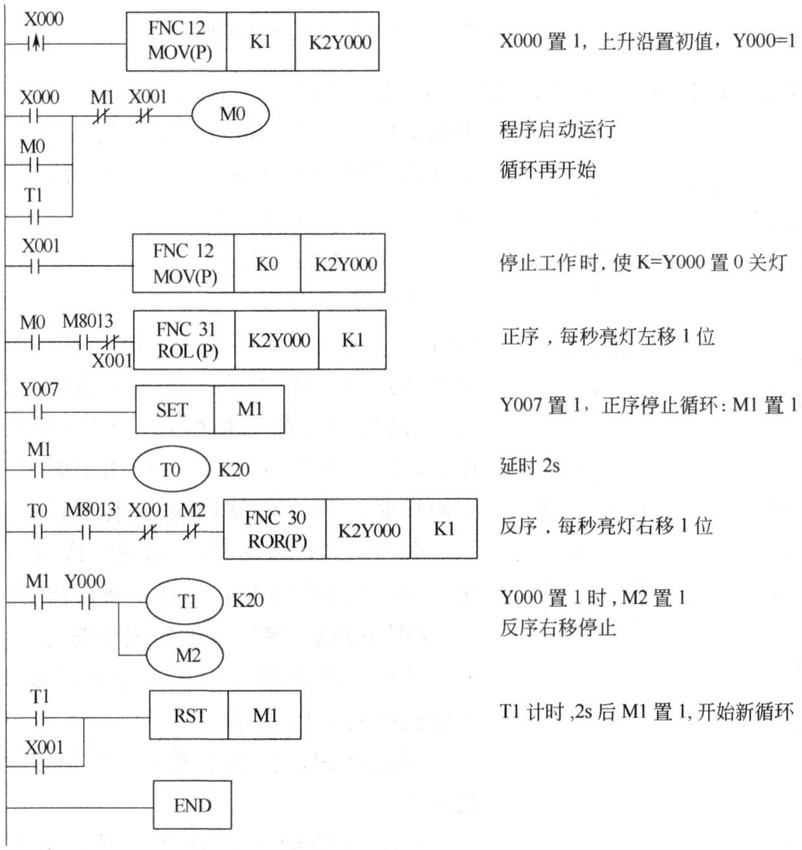

图 7-30　灯组移位控制梯形图

【例 7-10】 步进电动机控制

以位移指令实现步进电动机正反转和调速控制。以三相单三拍电动机为例，脉冲列由 Y010～Y012（晶体管输出）送出，作为步进电动机驱动电源电路的输入。

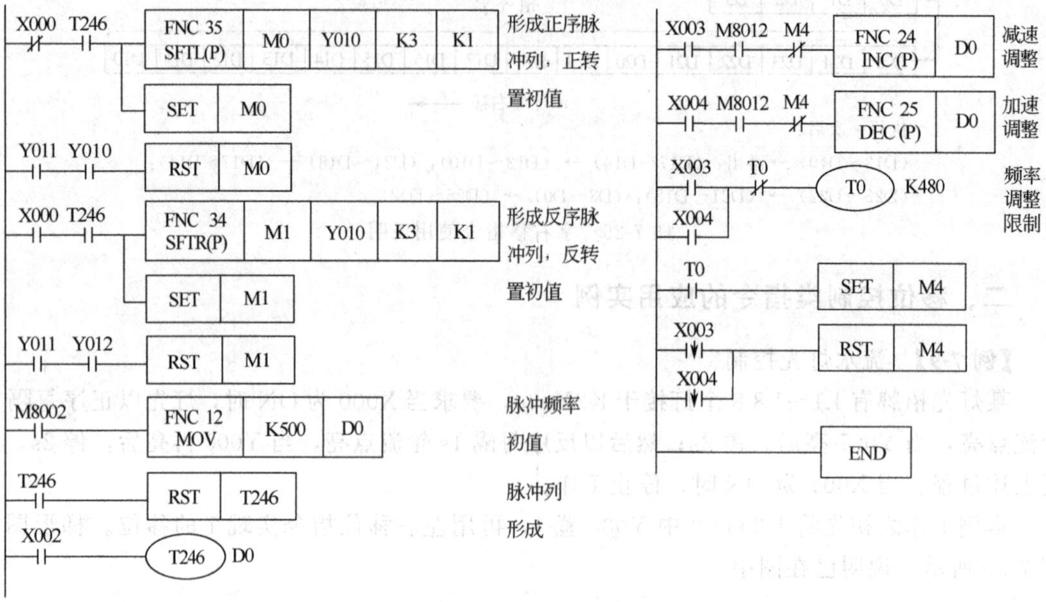

图 7-31　步进电动机控制梯形图及说明

程序中采用积算定时器 T246 为脉冲发生器，设定值为 K2～K500，定时为 2～500ms，则步进电动机可获得 500～2 步/s 的变速范围。X000 为正反转切换开关（X000 为 OFF 时，正转；X000 为 ON 时，反转），X002 为启动按钮，X003 为减速按钮，X004 为增速按钮。

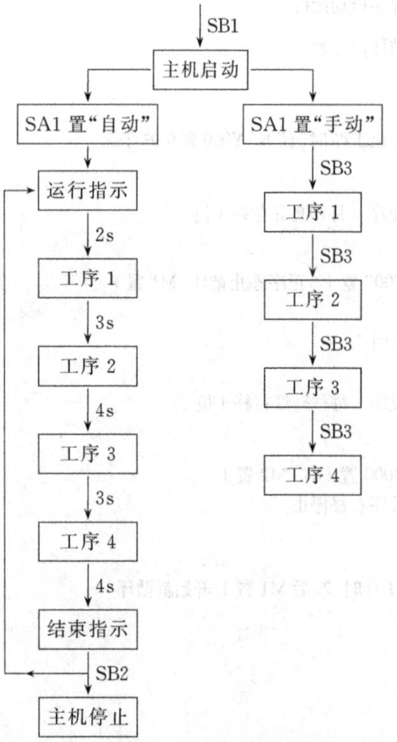

图 7-32　工序流程图

梯形图如图 7-31 所示。以正转为例，程序开始运行前，设 M0 为零。M0 提供移入 Y010、Y011、Y012 的“1”或“0”，在 T246 的作用下最终形成 011、110、101 的三拍循环。T246 为移位脉冲产生环节，INC 指令及 DEC 指令用于调整 T246 产生的脉冲频率。T0 为频率调整时间限制。

调速时，按住 X003（减速）或 X004（增速）按钮，观察速度的变化，当达到所需速度时，释放。

【例 7-11】 橡胶机械的顺序控制

某化工橡胶加工机械工序流程如图 7-32 所示，工序表如表 7-19 所示。

主机由 SB1 按钮启动，SB2 按钮停止，具有过载保护。

SA1 为控制状态选择开关，可选“自动”和“手动”控制。当为自动控制时，机械自动按工序进

表 7-19　橡胶加工机械工序表

指令 步序	YV1 Y000	YV2 Y001	YV3 Y002	YV4 Y003	YV5 Y004	YV6 Y005	YV7 Y006	YV8 Y007
1	×	×	—	—	—	—	—	—
2	×	×	×	×	—	—	—	—
3	—	—	—	—	×	×		
4	—	—	—	—	×	×	×	×

行，应具有断电保持功能；当为手动控制时，主要用于步进操作，按步进按钮 SB3 可逐步校验工步的动作。

输入、输出端口设置如下。

输入：SB1—X000；SB2—X001；SA1 置“自动”—X002；SA1 置“手动”—X003；FR—X004；SB3—X005。

输出：1# 电磁阀 YV1—Y000；2# 电磁阀 YV2—Y001；3# 电磁阀 YV3—Y002；4# 电磁阀 YV4—Y003；5# 电磁阀 YV5—Y004；6# 电磁阀 YV6—Y005；7# 电磁阀 YV7—Y006；8# 电磁阀 YV8—Y007。

运行指示—Y010；停止指示—Y011；主电机接触器 KM—Y012。

本例为用位左移指令实现状态编程的例子。梯形图如图 7-33 所示。图中移位初值为在移位通道中形成状态开关“1”，其后在每个状态转移条件满足时，使“1”移动一位，并以此为输出的控制。

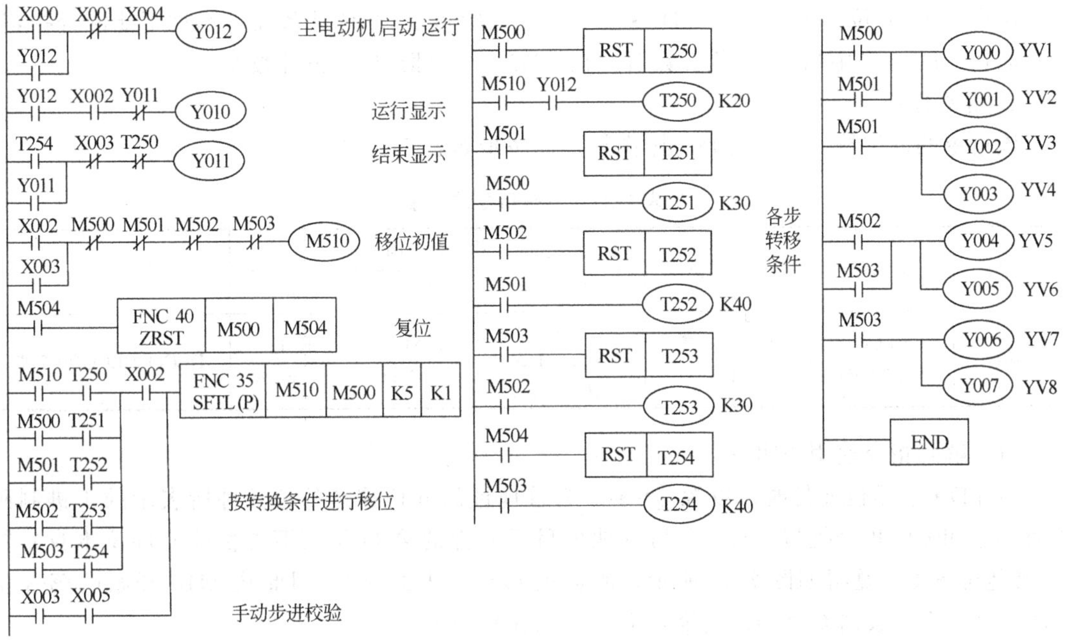

图 7-33　橡胶加工机械控制梯形图

第四节　数据处理类指令及应用

数据处理类指令含批复位指令，编、译码指令及平均值计算等指令。其中批复位指令可用于数据区的初始化，编、译码指令可用于字元件中某一置 1 位的位码的编译。现择要介绍如下。

一、数据处理类指令说明

1. 区间复位指令

该指令的助记符、指令代码、操作数范围、程序步如表 7-20 所示。

表 7-20　区间复位指令的要素

指令名称	助记符	指令代码位数	操作数范围		程 序 步
			[D1·]	[D2·]	
区间复位	ZRST ZRST(P)	FNC 40 ◥ (16)	Y、M、S、T、C、D (D1≤D2)		ZRST、ZRSTP…5 步

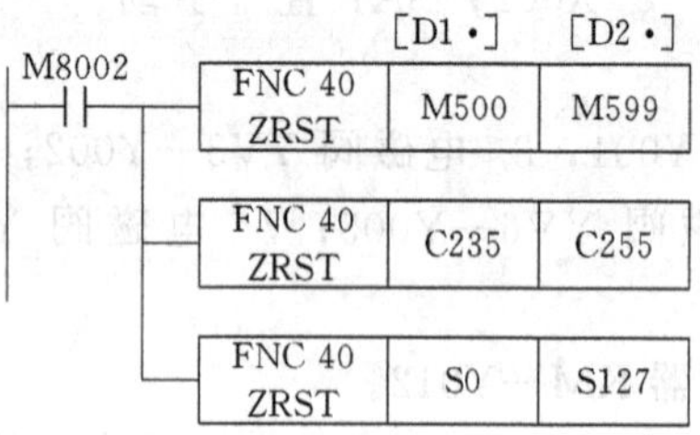

图 7-34　ZRST 区间复位指令使用说明

区间复位指令也称为成批复位指令，使用说明如图 7-34 所示。当 M8002 由 OFF→ON 时，执行区间复位指令，位元件 M500～M599 成批复位、字元件 C235～C255 成批复位、状态元件 S0～S127 成批复位。

目标操作数［D1·］和［D2·］指定的元件应为同类元件，［D1·］指定的元件号应小于等于［D2·］指定的元件号。若［D1·］的元件号大于［D2·］的元件号时，只有［D1·］指定的元件被复位。

该指令为 16 位，但是可在［D1·］［D2·］中指定 32 位计数器。不过不能混合指定，即不能在［D1·］中指定 16 位计数器，在［D2·］中指定 32 位计数器。

2. 解码指令

该指令的助记符、指令代码、操作数、程序步如表 7-21 所示。

表 7-21　解码指令的要素

指令名称	助记符	指令代码位数	操作数范围			程 序 步
			[S·]	[D·]	n	
解码	DECO DECO(P)	FNC 41 ◥ (16)	K、H X、Y、M、S T、C、D、V、Z	Y、M、S T、C、D	K、H 1≤n≤8	DECO、DECOP…7 步

(1) 解码指令使用说明一

当［D·］是位元件时，以源［S·］为首地址的 n 位连续的位元件所表示的十进制码值为 Q，DECO 指令把以［D·］为首地址目标元件的第 Q 位（不含目标元件位本身）置 1，其他位置 0。说明如图 7-35 所示，源数据 $Q=2^0+2^1=3$，因此从 M10 开始的第 3 位 M13 为 1。当源数据 Q 为 0，则第 0 位（即 M10）为 1。

若 n=0 时，程序不执行；n=0～8 以外时，出现运算错误。若 n=8 时，［D·］位数为 $2^8=256$。驱动输入 OFF 时，不执行指令，上次解码输出保持不变。

(2) 解码指令使用说明二

当［D·］是字元件时，以源［S·］所指定字元件的低 n 位所表示的十进制码为 Q，DECO 指令把以［D·］所指定目标字元件的第 Q 位（不含最低位）置 1，其他位置 0。说明如图 7-36 所示，源数据 $Q=2^0+2^1=3$，因此 D1 的第 3 位为 1。当源数据为 0 时，第 0 位为 1。

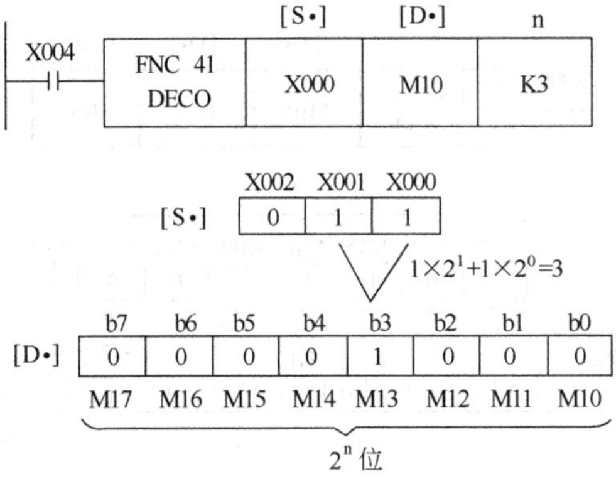

图 7-35 解码指令使用说明一

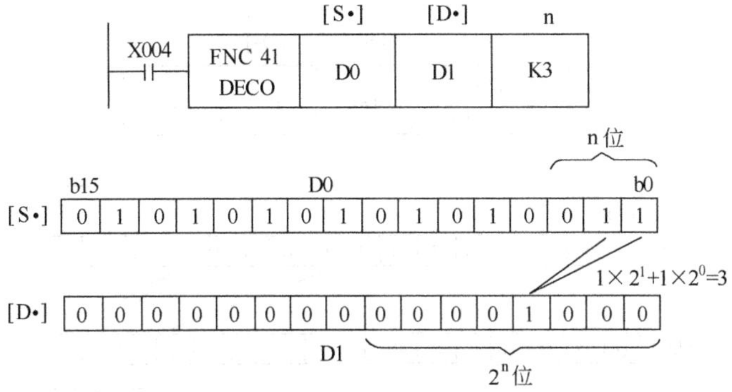

图 7-36 解码指令使用说明二

若 n=0 时，程序不执行；n=0～4 以外数据时，出现运算错误。若 n=4 时，[D•] 位数为 $2^4=16$。驱动输入 OFF 时，不执行指令，上次解码输出保持不变。

3. 编码指令

该指令的助记符、指令代码、操作数、程序步如表 7-22 所示。

表 7-22 编码指令的要素

指令名称	助记符	指令代码位数	操作数范围			程序步
			[S•]	[D•]	n	
编码	ENCO ENCO(P)	FNC 42 ◥ (16)	X、Y、M、S T、C、D、V、Z	T、C、D、V、Z	K、H 1≤n≤8	ENCO、ENCOP…7 步

（1）编码指令使用说明一

当 [S•] 是位元件时，以源 [S•] 为首地址、长度为 2^n 的位元件中，最高置 1 的位置编号被存放到目标 [D•] 所指定的元件中去，[D•] 中数值的范围由 n 确定。说明如图 7-37 所示，源元件的长度为 $2^n=2^3=8$ 位 M10～M17，其最高置 1 位是 M13 即第 3 位。将“3”位置数（二进制）存放到 D10 的低 3 位中。

当源数的第一个（即第 0 位）位元件为 1，则 [D•] 中存放 0。当源数中无 1，出现运算错误。

若 n=0 时，程序不执行；n=1～8 以外时，出现运算错误。若 n=8 时，[S•] 位数为 $2^8=256$。驱动输入 OFF 时，不执行指令，上次编码输出保持不变。

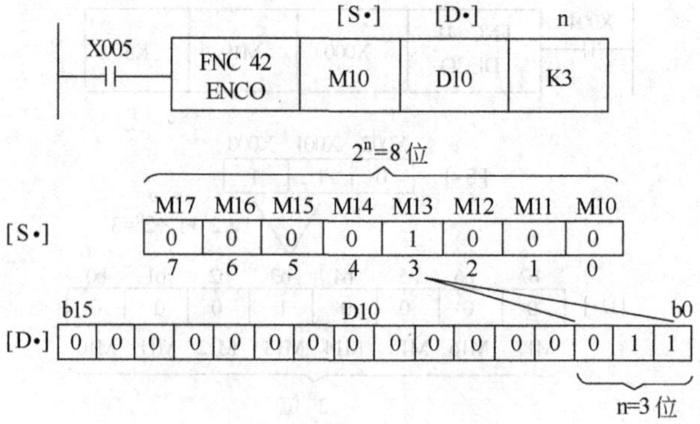

图 7-37 编码指令使用说明一

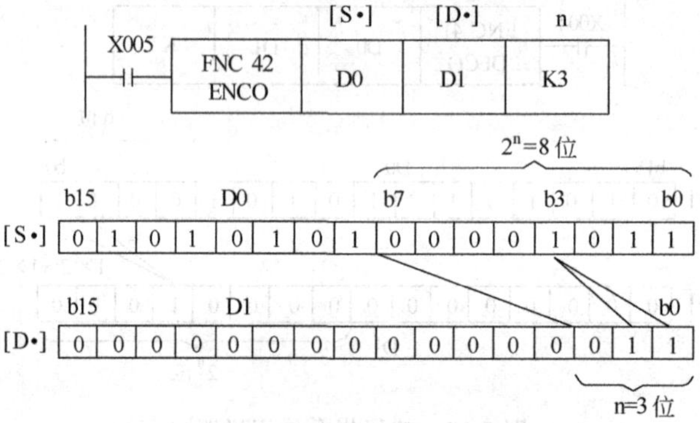

图 7-38 编码指令使用说明二

(2) 编码指令使用说明二

当［S·］是字元件时，在其可读长度为 2^n 位中，最高置 1 的位被存放到目标［D·］所指定的元件中去，［D·］中数值的范围由 n 确定。说明如图 7-38 所示，源字元件的可读长度为 $2^n=2^3=8$ 位，其最高置 1 位是第 3 位。将“3”位置数（二进制）存放到 D1 的低 3 位中。

当源数的第一个位元件（即第 0 位）为 1，则［D·］中存放 0。当源数中无 1，出现运算错误。

若 n=0 时，程序不执行；n=1～4 以外时，出现运算错误。若 n=4 时，［S·］位数为 $2^4=16$。

驱动输入 OFF 时，不执行指令，上次编码输出保持不变。

二、数据处理类指令应用例

【例 7-12】 用解码指令实现单按钮控制五台电动机的启停

按钮按数次，最后一次保持 1s 以上后，则号码与按下按钮次数相同的电动机运行，再按按钮，该电动机停止。每次只有一台电动机运行。5 台电动机的接触器接于 Y000～Y004。

梯形图如图 7-39 所示。按钮接于 X000，电动机号数使用加 1 指令记录在 K1M10 中。DECO 指令则将 K1M10 中的数据解读并令位号和 K1M10 中数据相同的位元件置 1。M9 及 T0 用于输入数字确认及停车复位控制。

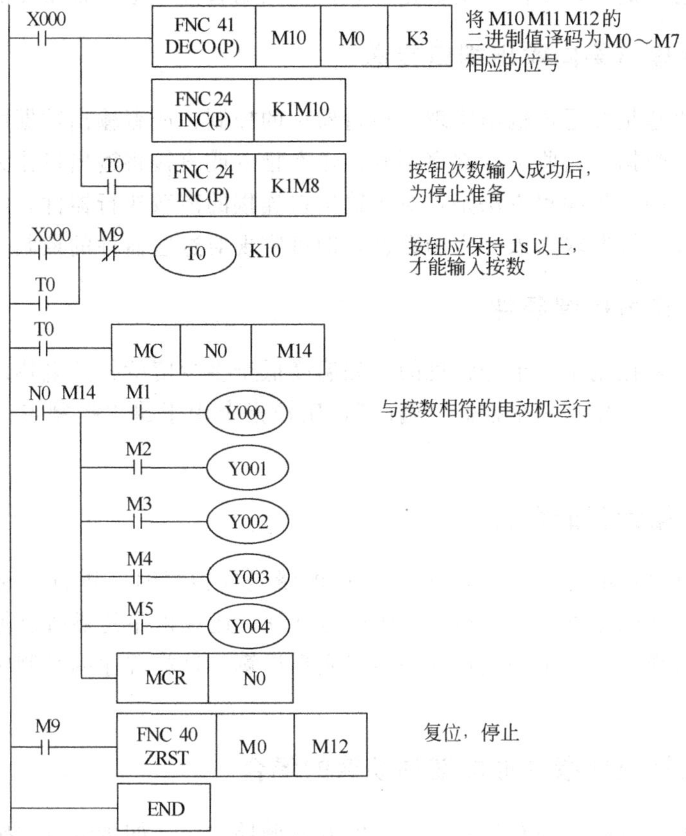

图 7-39　单按钮控制 5 台电动机梯形图

第五节　数据处理指令的一般应用场合及编程

数据的传送及处理是计算机的根本性工作。在大型程序中，数据处理指令也是程序的主体性指令。

数据处理类指令的使用场合及编程方法如下。

一、用以获得程序所需的初始工作数据

程序总是需要初始数据，这些数据可以通过输入口上连接的外部器件获得，需要使用传送指令读取这些器件上的数据并送到内部存储单元。初始数据也可以用程序设置，即向内部存储单元传送立即数；另外，某些运算数据存储在机内的某个地方，等程序开始运行时通过初始化程序传送到所需工作单元。

二、数据管理及变换

控制中有较多中间数据，或备查数据，或历史数据时，需进行科学管理。例如将数据送入堆栈，将数据制成表格并进行查找，或将数据制成图线显示。这时编程可以使用堆栈指令、表功能指令等。没有现成的指令可用时，编程要先设计好计算机内数据操作的路线及方式，再要分划好存储单元的区域。编程大多用传送比较类指令编制。数据管理中要注意的是

数据的类型及长度。此外，不同类型数据的转换在数据管理中也是很重要的。

三、运算处理结果向输出端口传送

运算处理结果总是要通过输出实现对执行器件的控制，或者输出数据用于显示，或者作为其他设备的工作数据。这些工作都离不开传送类指令或直接将输出口作为功能指令的目标操作数。逻辑控制的一种编程方法是：对于输出口连接的离散执行器件，可成组处理后看作是整体的数据单元，按要求送入一定的数据，即可实现对这些器件的控制。

四、以数据作为控制条件

量值控制在工业控制中是十分常见的。如温度低于多少度就打开电热器，速度高于或低于一个区间就报警等。作为一个控制“阀门”，比较指令用于建立控制点，作为下一个工序的开关。

五、进行数据计算的场合

数据计算是计算机的专长，例如输入 PLC 的量是模拟量时，进行了模数转换后的数字量要进行处理，如四则运算、函数运算、PID 运算等。运算程序先要由控制要求拟定好运算式，或确定运算规律，然后用相关指令一步步实现运算。这类程序的编制中要注意中间运算结果的存储。

六、使用数据处理指令形成某种规律的场合

工业控制中有不少的控制对象要依一定的方式循环动作。如步进电动机需要一定规律的脉冲，彩灯依一定的规律形成流水灯或渐熄渐亮灯等。这时编程重要的是用机内器件形成所需的规律。振荡、脉冲生成、移位、编解码指令都有用处。编程时先从单周期的控制要求找寻合适的指令。

最后，数据处理类程序都离不开程序的初始化及数据寄存单元的复位处理。这些功能通常在主体功能实现后在程序中增加。数据处理程序中循环功能的实现常借助加一、减一指令，复位指令及间址寄存器。它们常能使程序来得简单。

习题及思考题

7-1 FX_{2N} 系列 PLC 数据传送比较指令有哪些？简述这些指令的编号、功能、操作数范围等。

7-2 用 CMP 指令实现下面功能：X000 为脉冲输入，当脉冲数大于 5 时，Y001 为 ON；反之，Y000 为 ON。编写此梯形图。

7-3 三台电动机相隔 5s 启动，各运行 10s 停止，循环往复。使用传送比较指令完成控制要求。

7-4 设计一台计时精确到秒的闹钟，每天早上 6 点提醒按时起床。

7-5 FX_{2N} 系列 PLC 数据处理指令有哪几类？各类有几条指令？简述这些指令的编号、功能、操作数范围等。

7-6 用拨动开关构成二进制数输入与 BCD 数字开关输入 BCD 数字有什么区别？应注意哪些问题？

7-7 试编写一个数字钟的程序。要求有时、分、秒的输出显示，应有启动、清除功能。进一步可考虑时间调整功能。

7-8 试用 SFTL 位左移指令构成移位寄存器，实现广告牌字的闪耀控制。用 HL1～HL4 四灯分别照亮“欢迎光临”四个字。其控制流程要求如表 7-23 所示，每步间隔 1s。

表 7-23　广告牌字闪耀流程

灯＼步序	1	2	3	4	5	6	7	8
HL1	×				×		×	
HL2		×			×		×	
HL3			×		×		×	
HL4				×	×		×	

第八章　可编程控制器程序控制指令及应用

内容提要： 条件跳转指令、子程序指令、中断指令及程序循环指令统称为程序控制指令，用于程序执行流程的控制。对一个扫描周期而言，跳转指令可以使程序出现跳转以实现程序段的选择。子程序指令可调用某段子程序。循环指令可多次重复执行特定的程序段。中断指令则用于中断信号引起的子程序调用。

程序控制类指令可以影响程序执行的流向及内容，对合理安排程序的结构，提高程序功能，实现某些技巧性运算，都有重要的意义。

第一节　条件跳转指令及应用

一、条件跳转指令的要素及含义

该指令的助记符、指令代码位数、操作数、程序步如表 8-1 所示。

表 8-1　条件跳转指令的要素

指令名称	助记符	指令代码位数	操作数 [D·]	程　序　步
条件跳转	CJ CJ(P)	FNC 00 (16)	P0～P63 P63 即 END	CJ 和 CJ(P)～3 步 标号 P～1 步

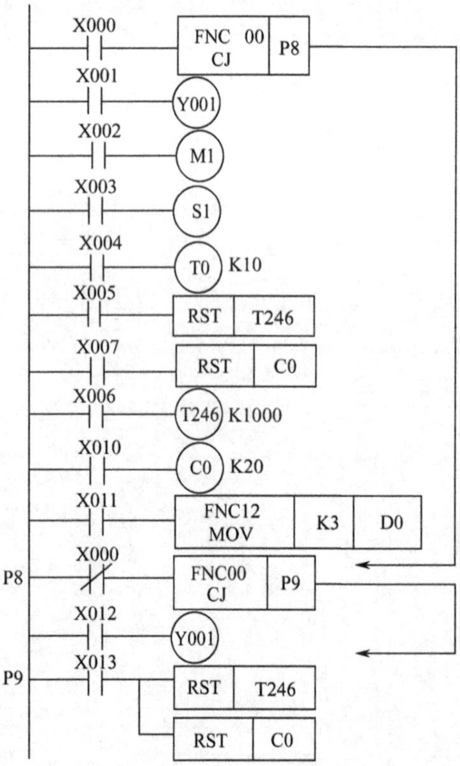

图 8-1　条件跳转指令使用说明

条件跳转指令在梯形图中使用的情况如图 8-1 所示。图中跳转指针 P8、P9 分别对应 CJ P8 及 CJ P9 两条跳转指令。

跳转指令执行的意义为：在满足跳转条件之后的各个扫描周期中，PLC 将不再扫描执行跳转指令与跳转指针 P 间的程序，即跳到以指针 P 为入口的程序段中执行。直到跳转的条件不再满足，跳转停止进行。在图 8-1 中，当 X000 置 1，跳转指令 CJ P8 执行条件满足，程序将从 CJ P8 指令处跳至标号 P8 处，仅执行该梯形图中最后三行程序。

二、跳转程序段中元件在跳转执行中的工作状态

表 8-2 给出了图 8-1 中跳转发生前后输入或前序器件状态发生变化对程序执行结果的影响。从

表中可以看到如下情况。

表 8-2　条件跳转对元件状态的影响

元　件	跳转前触点状态	跳转后触点状态	跳转后线圈状态
Y、M、S	X001,X002,X003 断开	X001,X002,X003 接通	Y001,M1,S1 断开
	X001,X002,X003 接通	X001,X002,X003 断开	Y001,M1,S1 接通
10ms,100ms 定时器	X004 断开	X004 接通	定时器不动作
	X004 接通	X004 断开	计时中断,X000 断开后接续计时
1ms 定时器	X005 断开,X006 断开	X006 接通	定时器不动作
	X005 断开,X006 接通	X006 断开	计时中断,X000 断开后接续计时
计数器	X007 断开,X010 断开	X010 接通	计数器不动作
	X007 断开,X010 接通	X010 断开	计数中断,X000 断开后接续计数
功能指令	X011 断开	X011 接通	除 FNC 52～FNC 59 之外的其他功能指令不执行
	X011 接通	X011 断开	

① 处于被跳过程序段中的输出继电器、辅助继电器、状态器由于该段程序不再执行，即使梯形图中涉及的工作条件发生变化，它们的工作状态将保持跳转发生前的状态不变。

② 被跳过程序段中的时间继电器及计数器，无论其是否具有掉电保持功能，由于相关程序停止执行，它们的现实值寄存器被锁定，跳转发生后其计数、计时值保持不变，在跳转中止，程序接续执行时，计时计数将继续进行。另外，计时、计数器的复位指令具有优先权，即使复位指令位于被跳过的程序段中，执行条件满足时，复位工作也将执行。

三、条件跳转指令使用说明

1. 使用条件跳转指令的几点注意事项

① 由于跳转指令具有选择程序段的功能，可在同一程序且位于因跳转而不会被同时执行程序段中使用同一线圈。

② 可以有多条跳转指令使用同一标号。在图 8-2 中，如 X020 接通，第一条跳转指令有效，从这一条跳到标号 P9。如果 X020 断开，而 X021 接通，则第二条跳转指令生效，程序从第二条跳转指令处跳到 P9 处。但不允许一个跳转指令对应两个标号的情况，即在同一程序中不允许存在两个相同的标号。

③ 标号一般设在相关的跳转指令之后，也可以设在跳转指令之前。如果由于标号在前造成该程序的执行时间超过了警戒时钟设定值，则程序就会出错。

④ 使用 CJ（P）指令时，跳转只执行一个扫描周期，但若用辅助继电器 M8000 作为跳转指令的工作条件，跳转就成为无条件跳转。

⑤ 跳转可用来执行程序初始化工作。如图 8-3 所示，在 PLC 运行的第一个扫描周期中，跳转 CJ P7 将不执行，程序执行初始化程序后执行工作程序。而从第二个扫描周期开始，初始化程序则被跨过，不再执行。

⑥ 在编写跳转程序的指令表时，标号需占一行。

2. 条件跳转与主控区的关系

图 8-4 说明了跳转与主控区的关系。

① 跳过整个主控区（MC～MCR）的跳转不受限制。

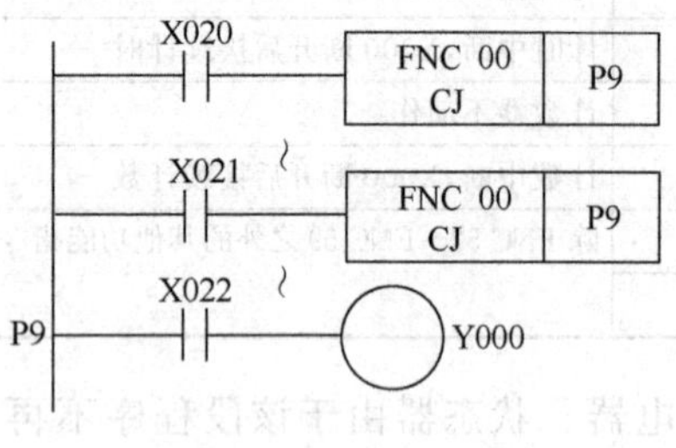

图 8-2 两条跳转指令使用同一标号

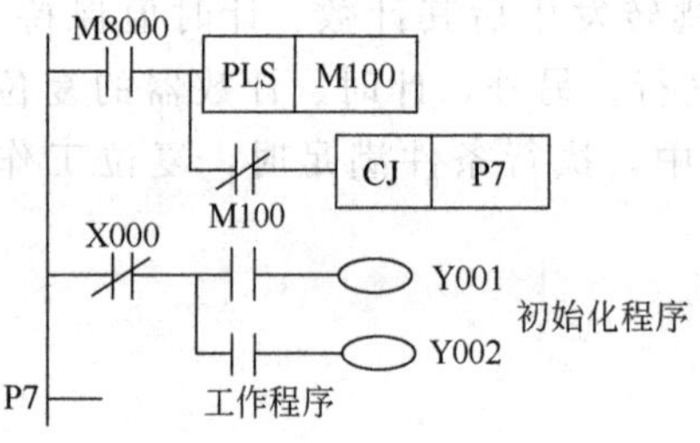

图 8-3 条件跳转指令用于程序初始化

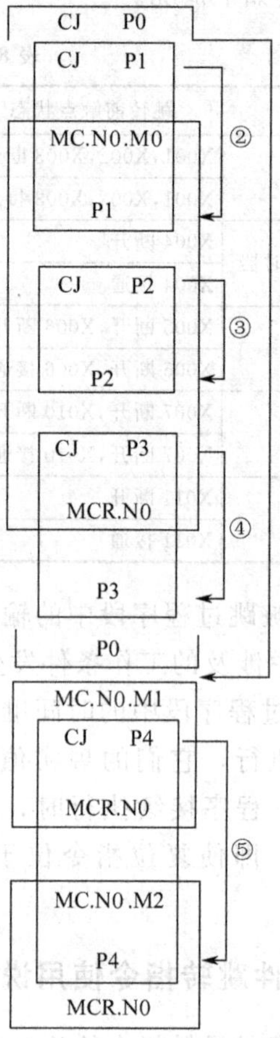

图 8-4 跳转与主控区的关系

② 从主控区外跳到主控区内时，跳转独立于主控操作，CJ P1 执行时，不论 M0 状态如何，均作 ON 处理。

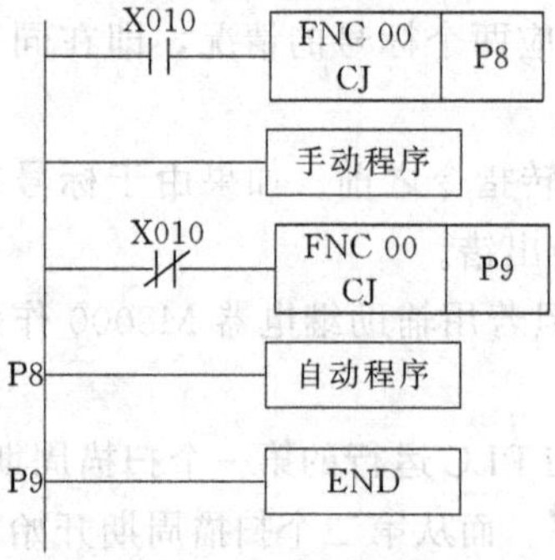


```
LD   X010     P8
CJ   P8       自动程序
手动程序      P9
LDI  X010     END
CJ   P9
```

图 8-5 手动/自动转换程序

③ 在主控区内跳转时，如 M0 为 OFF，跳转不可能执行。

④ 从主控区内跳到主控区外，M0 为 OFF，跳转不可能执行；M0 为 ON，跳转条件满足可以跳转，这时 MCR 被忽略，但不会出错。

⑤ 从一个主控区跳到另一个主控区内时，当 M1 为 ON 时可以跳转。执行跳转时不论 M2 的实际状态如何，均看作 ON，MCR N0 被忽略。

四、条件跳转指令应用例

【例 8-1】 跳转指令用于手动/自动操作状态转换

跳转指令可有选择地执行一定的程序段。如常见的手动、自动工作状态的转换即是这样一种情况。在程序中编排两段程序，一段用于手动，一段用于自动，然后设立一个手动/自动转换开关对两段程序选择执行。如图 8-5 所示，输入继电器 X010 为手动/自动转换开关。当 X010 置 1 时，程序跳过手动程序区域，由标号 P8 执行自动工作程序，当 X010 置 0 时则执行手动工作程序。该段程序的指令表已列于图 8-5 中。

第二节 子程序调用指令及应用

一、子程序调用指令的使用要素及梯形图表示

该指令的助记符、指令代码、操作数、程序步如表 8-3 所示。

表 8-3 子程序调用指令要素

指令名称	助记符	指令代码位数	操作数 [D·]	程序步
子程序调用	CALL CALL(P)	FNC 01 (16)	指针 P0～P62 嵌套 5 级	3 步(指令标号)1 步
子程序返回	SRET	FNC 02	无	1 步

子程序是为一些特定的控制要求编制的相对独立的程序。为了区别于主程序，规定在程序编排时，将主程序排在前边，子程序排在后边，并以主程序结束指令 FEND（FNC 06）将这两部分分隔开。

子程序指令在梯形图中使用的情况如图 8-6 所示。图中 X000 置 1 时标号为 P10 的子程序得以执行。标号 P10 和子程序返回指令 SRET 间的程序即是 P10 子程序的内容。当主程序带有多个子程序时，子程序可依次排列在主程序结束指令之后，并以不同的标号相区别。

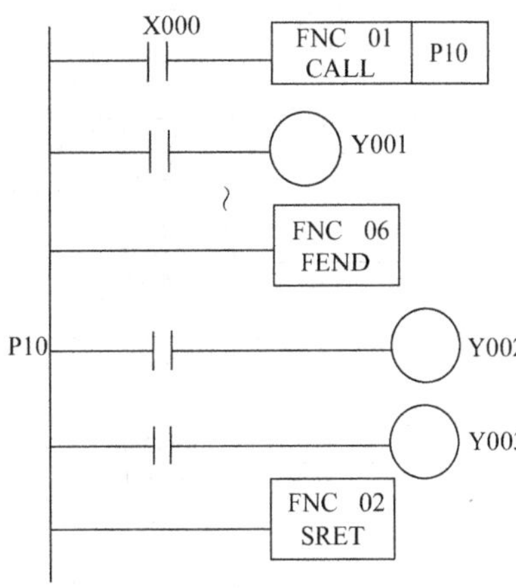

图 8-6 子程序的使用

二、子程序的执行过程及在程序编制中的意义

看一下子程序执行的过程。在图 8-6 中，当 X000 置 1 时，执行子程序调用指令 CALL P10，即每当程序执行到该指令时，都要转去执行 P10 子程序，直到遇到 SRET 指令返回原断点继续执行主程序。只要 X000 保持置 1 状态，就相当于在主程序中加入了这么一段程序。而在 X000 置 0 时，程序就仅在主程序中执行。子程序的这种执行方式为有多个控制功能需依一定的条件有选择地实现时带来方便。它可以使程序的结构简洁明了。这时可以将这些相对独立的功能都设置成子程序，而在主程序中再依它们的工作条件设置一些入口即可以了。图 8-7 即是按这种思想编制的多子程序的程序结构图。当有多个子程序排列在一起时，标号和最近的一个子程序返回指令构成一个子程序段。

子程序可以实现五级嵌套。图 8-8 是一级嵌套的例子。子程序 P11 是脉冲执行方式，即 X010 置 1 一次，子程序 P11 只执行一次。当子程序 P11 开始执行并且 X011 置 1 时，程序转去执行子程序 P12，当 P12 执行完毕后又回到 P11 原断点处执行 P11，直到 P11 执行完成

后返回主程序。

三、子程序应用例

【例 8-2】 某化工反应装置的温度控制

某化工反应装置完成液体物料的化合工作，连续生产。使用 PLC 完成物料的比例投送及反应装置温度的控制工作。反应物料的比例投入根据装置内酸碱度变化经运算后控制有关阀门的开启程度实现，反应物的送出依投入物料的总重经运算控制出料阀门的开启程度实现。温度控制使用加温及降温设备。温度需维持在一定区间内。在设计程序的总体结构时，将运算为主的程序内容做为主程序。将加温及降温等程序作为子程序。图 8-9 为该程序结构示意图。子程序调用条件 X011 及 X012 为温度高限继电器及温度低限继电器。

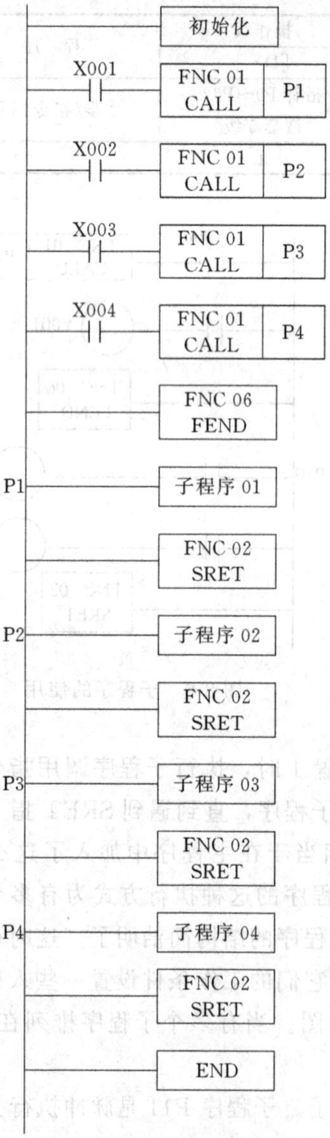

图 8-7 多子程序结构

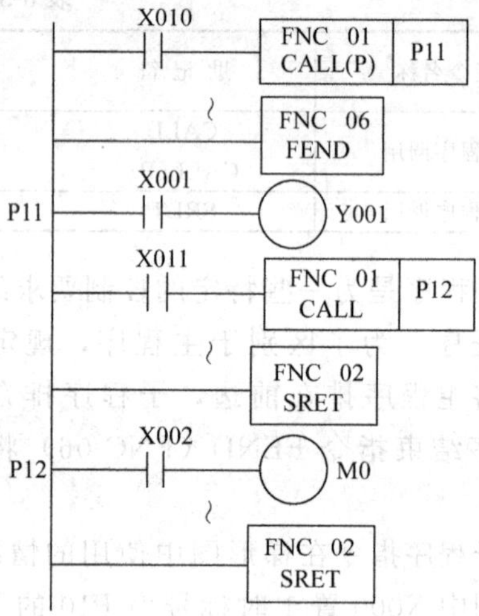

图 8-8 子程序的嵌套

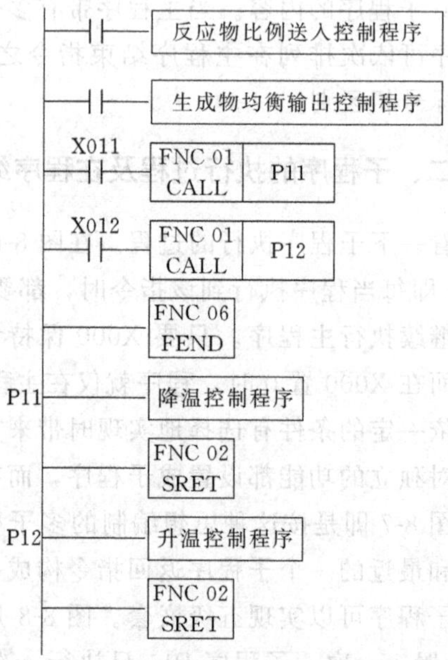

图 8-9 温度控制子程序结构

第三节　中断指令及应用

一、中断指令说明及其梯形图表示

中断指令的助记符、指令代码、操作数、程序步如表 8-4 所示。

表 8-4　中断指令要素

指令名称	助记符	指令代码	操作数	程　序　步
中断指令	IRET	FNC 03	无	1 步
允许中断指令	EI	FNC 04	无	1 步
禁止中断指令	DI	FNC 05	无	1 步

中断是计算机所特有的一种工作方式，指主程序的执行过程中，中断主程序的执行去执行中断子程序。和前边谈到过的子程序一样，中断子程序也是为某些特定的控制功能而设定的。和普通子程序的不同点是：这些特定的控制功能都有一个共同的特点，即要求响应时间小于机器的扫描周期。因而，中断子程序一般都不由程序运行安排的条件引出。能引起中断的信号叫中断源，FX_{2N} 系列 PLC 有三类中断源，也叫三类中断，即输入中断、定时器中断及计数器中断。为了区别不同的中断及在程序中标明中断子程序的入口，规定了中断标号。FX_{2N} 系列 PLC 中断编号方法见本书第六章的有关内容。

输入中断为中断信号从特定的输入端子送入的中断，可用于机外随机事件引起的中断。定时器中断是机内中断，使用定时器引出，多用于周期性工作场合。计数器中断是高速计数器引入的中断，由高速计数器置位指令引出。由于中断的控制脱离程序的扫描执行机制，多个随机事件出现时的处理也必须有秩序，这就是中断优先权。FX_{2N} 系列 PLC 一共可安排 15 个中断，其优先权依中断号的大小决定，号数小的中断优先权高。外部中断的中断号整体上高于定时器中断，即外部中断的优先权较高。中断号与中断内容的安排见第六章。

由于中断子程序是为一些特定的随机事件而设计的，在主程序的执行过程中，就有可能结合不同程序段的工作性质决定能否响应中断。对可以响应中断的程序段用允许中断指令 EI 及不允许中断指令 DI 指令标示出来（EI 指令与 DI 指令间的程序段为允许中断程序段）。如在程序的任何地方都可以响应中断，称为全程中断。另外，如果机器安排的中断比较多，而这些中断又不一定需同时响应时，还可以通过特殊辅助继电器 M8050～M8059 实现中断的选择。表 8-5 为这些特殊辅助继电器和 15 个中断的对应关系。当这些辅助继电器通过控制信号被置 1 时，其对应的中断被封锁。

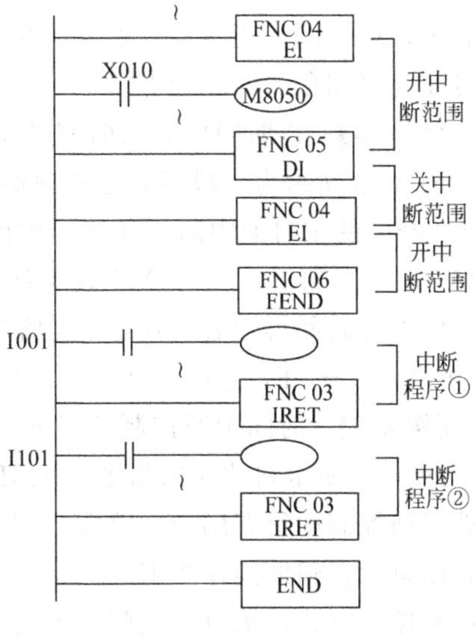

图 8-10　中断指令在梯形图中的表示

图 8-10 所示为一段安排中断的梯形图。从图中可以看出，中断程序作为一种子程序安排在主

程序结束指令FEND之后。主程序中允许中断指令EI及不允许中断指令DI间的区间表示可以开放中断的程序段。主程序带有多个中断子程序时，中断标号和距其最近的一处中断返回指令构成一个中断子程序。FX_{2N}型可编程控制器可实现不多于两级的中断嵌套。

表 8-5　特殊辅助继电器与中断对应关系

地址号·号称	动作·功能
M8050(输入中断)I00□禁止	FNC 04(EI)指令执行后,即使允许中断,可使用特殊辅助继电器 M805□禁止个别中断动作。例如 M8050 为 ON 时,输入中断 I00□中断禁止
M8051(输入中断)I10□禁止	
M8052(输入中断)I20□禁止	
M8053(输入中断)I30□禁止	
M8054(输入中断)I40□禁止	
M8055(输入中断)I50□禁止	
M8056(定时中断)I6□□禁止	
M8057(定时中断)I7□□禁止	
M8058(定时中断)I8□□禁止	
M8059 计数器中断禁止	I010～I060 的中断禁止

另外，一次中断请求，中断程序一般仅能执行一次。

二、中断指令的执行过程及应用例

【例 8-3】 外部中断读取随机时刻某信号的状态

图 8-11 所示是带有外部输入中断子程序的梯形图。在主程序段程序执行中，特殊辅助继电器 M8050 为零时，标号为 I001 的中断子程序允许执行。该中断在输入口 X000 送入上升沿信号时执行。上升沿信号出现一次该中断执行一次。执行完毕后即返回主程序。中断子程序的内容为秒脉冲 M8013 驱动输出继电器 Y012 工作。作为执行结果的输出继电器 Y012 的状态，视上升沿出现时 M8013 的状态而定，即中断发生时 M8013 置 1 则 Y012 置 1；M8013 为零时，则 Y012 置 0。

外部中断常用来处理发生频率高于机器扫描频率的外部信号。例如，在可控整流装置的控制中，取自同步变压器的触发同步信号可经专用输入端子引入 PLC 作为中断源。并以此信号作为移相角的计算起点。

【例 8-4】 以时间中断为时基的定时器

图 8-12 所示为一段试验性的时间中断子程序。中断标号 I620 为中断序号为 6，时间周期为 20ms 的定时器中断。从梯形图的内容来看，每执行一次中断程序将向数据存储器 D0 中加 1，当加到 1000 时，M2 置 1 使 Y002 置 1，为了验证中断程序执行的正确性，在主程序段中设有时间继电器 T0，设定值为 200，并用此时间继电器控制输出口 Y001，这样当 X001 由 ON→OFF 并经历 20s 后，Y001 及 Y002 应同时置 1。

【例 8-5】 时间中断控制的斜坡输出

图 8-13 所示斜坡输出指令 RAMP 是用于产生线性变化的模拟量输出的指令，在电动机的软启动控制中很有用处。该指令源操作数 D1 为斜坡初值，D2 为斜坡终值，D3 为斜坡数据存储单元。辅助操作数 K1000 意为从初值到终值需经过的指令执行次数。该指令如不采取中断控制方式，执行时间间隔要受到扫描周期的影响。而图中所示使用标号 I610 时间中断程序，D3 中数值的线性变化就有了保障。

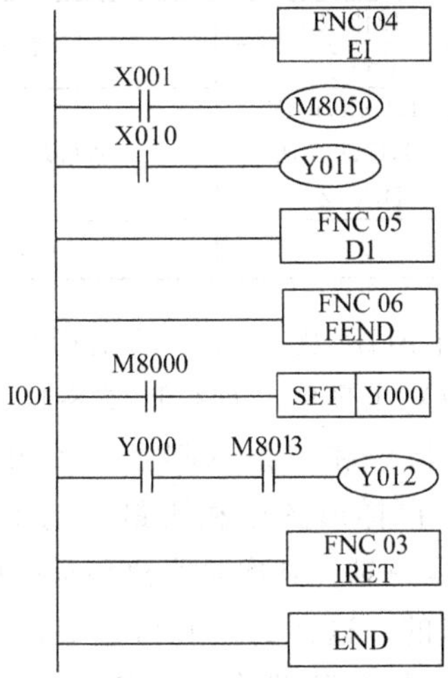

图 8-11　外部输入中断子程序示例

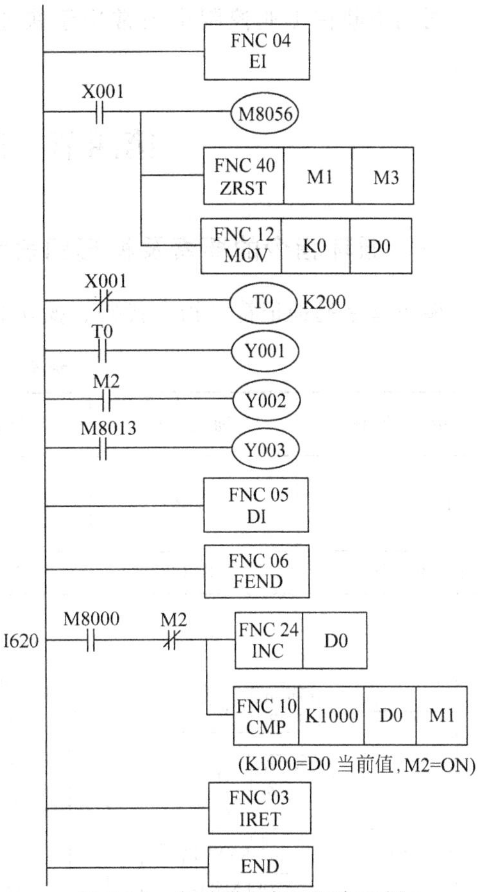

图 8-12　定时器中断子程序示例

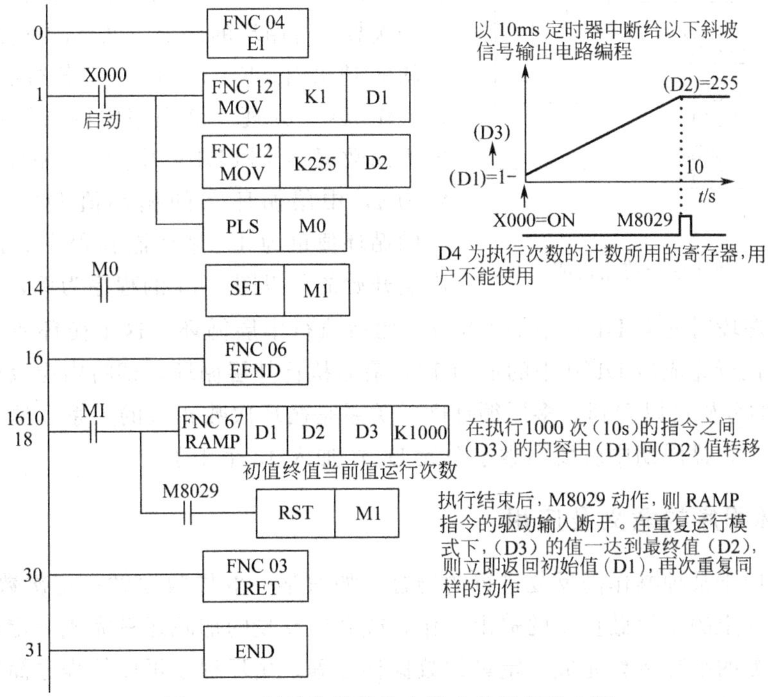

图 8-13　斜坡信号发生电路中使用定时中断

时间中断在工业控制中还常用于快速采样处理，以定时快速地采集外界迅速变化的信号。

第四节　循环指令及应用

一、循环指令的要素及梯形图表示

循环指令的助记符、指令代码、操作数、程序步如表 8-6 所示。

表 8-6　循环指令要素

指令名称	助记符	指令代码	操作数 [S·]	程序步
循环指令	FOR	FNC 09 (16)	K,H,KnX,KnY,KnM,KnS,T,C,D,V,Z	3 步(嵌套 5 层)
循环结束指令	NEXT	FNC 09	无	1 步

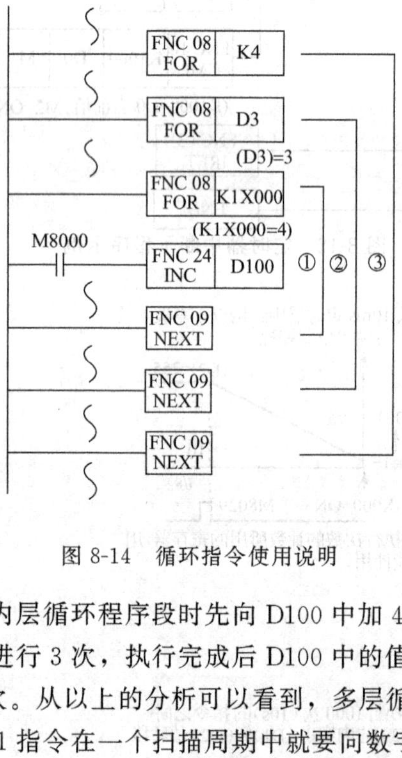

图 8-14　循环指令使用说明

循环指令由 FOR 及 NEXT 两条指令构成，这两条指令总是成对出现的。如梯形图 8-14 所示，图中有三条 FOR 指令和三条 NEXT 指令相互对应，构成三层循环。在梯形图中相距最近的 FOR 指令和 NEXT 指令是一对。其次是距离稍远一些的，再是距离更远一点的。这样的嵌套可达五层。从图中还可看出，每一对 FOR 指令和 NEXT 指令间包括了一定的程序，这就是所谓程序执行过程中需依一定的次数进行循环的部分。循环的次数由 FOR 指令后的 K 值给出。K＝1～32767，若给定为－32767～0 时，作 K＝1 处理。该程序中内层循环①的程序内容为向数据存储器 D100 中加 1，循环值从输入口设定为 4，中层循环②的循环值 D3＝3，外层循环③的循环值也为 4。循环嵌套程序的执行总是从最内层开始的。以图 8-14 的程序为例，当程序执行到最内层循环程序段时先向 D100 中加 4 次 1，然后执行中层循环，这个循环要求将内层的过程进行 3 次，执行完成后 D100 中的值为 12。最后执行外层循环，即将内层及中层循环执行 4 次。从以上的分析可以看到，多层循环间的关系是循环次数相乘的关系。这样，本例中的加 1 指令在一个扫描周期中就要向数字单元 D0 中加入 48 个 1 了。

二、循环程序的意义及应用

循环指令用于某种操作需反复进行的场合。如对某一取样数据做一定次数的加权运算，控制输出口依一定的规律做重复的输出动作，或利用反复的加减运算完成一定量的增加或减少，或利用重复的乘除运算完成一定量的数据移位等。循环程序可以使程序简明扼要，增加了编程的方便，提高了程序的功能。

第五节　程序控制指令与程序结构

程序控制指令最重要的用途是实现合理的程序结构。

程序是由一条条的指令组成的，一定的指令的集合（指令块）总是完成一定的功能。控制要求复杂，程序也变得庞大时，这些表达一定功能的指令块又需合理地组织起来，这就是程序的结构。

程序结构至少在以下几个方面具有重要的意义。

① 方便于程序的编写。编程序和写文章类似，合适的文章结构有利于作者思想的表达，选取了合适的文章结构后写作会得心应手。好的程序结构也有利于体现控制要求，能给程序设计带来方便。

② 有利于读者阅读程序。好的程序结构体现了程序编者清晰的思路，读者在阅读时容易理解，易于和作者产生共鸣。读程序的人往往是做维修或调试的人，这对程序的正常运行更加有利。

③ 好的程序结构有利于程序的运行。可以减少程序的冲突，使程序的可靠性增加。

④ 好的程序结构有利于减少程序的实际运行时间，使 PLC 的运行更加有效。

常见的程序结构类型有以下几种。

一、简单结构

这是小程序的常用结构，也叫做线性结构。指令平铺直叙地写下来，执行时也是平铺直叙地运行下去。程序中也会分一些段，如在第四章中遇到的交通灯程序，放在程序最前边的是灯的总开关程序段，中间是时间点形成程序段，最后是灯输出控制程序段。简单结构的特点是每个扫描周期中每一条指令都要被扫描。

二、有跳越及循环的简单结构

由控制要求出发，程序需要有选择地执行时要用到跳转指令。前边已有这样的例子：如自动、手动程序段的选择，初始化程序段和工作程序段的选择。这时在某个扫描周期中就不一定全部指令被扫描了，而是有选择的，被跳过的指令不被扫描。循环可以看作是相反方向的选择，当多次执行某段程序时，其他程序就相当于被跳过。

三、组织模块式结构

虽然有跨越及反复，有跳越及循环的简单程序从程序结构来说仍旧是纵向结构。而组织模块式结构的程序则存在并列结构。组织模块式程序可分为组织块、功能块、数据块。组织块专门解决程序流程问题，常作为主程序。功能块则独立地解决局部的、单一的功能，相当于一个个的子程序。数据块则是程序所需的各种数据的集合。在这里，多个功能块和多个数据块相对组织块来说是并列的程序块。前边讨论过的子程序指令及中断程序指令常用来编制组织模块式结构的程序。

组织模块式程序结构为编程提供了清晰的思路。各程序块的功能不同，编程时就可以集中精力解决局部问题。组织块主要解决程序的入口控制，子程序完成单一的功能，程序的编制无疑得到了简化。当然，作为组织块中的主程序和作为功能块的子程序，也还是简单结构的程序。不过并不是简单结构的程序就可以简单地堆积而不要考虑指令段及指令排列的次序，PLC 的串行工作方式使得程序的执行顺序和执行结果有十分密切的联系，这在任何时候的编程中都是重要的。

四、结构化编程结构

和先进编程思想相关的另一种程序结构是结构化编程结构，它特别适合具有许多同类控制对象的庞大控制系统，这些同类控制对象具有相同的控制方式及不同的控制参数。编程时先针对某种控制对象编出通用的控制程序，在程序的不同段落中调用这些控制程序时再赋予所需的参数值。结构化编程有利于多人协作的程序组织，有利于程序的调试。

习题及思考题

8-1　跳转发生后，CPU 还是否对被跳转指令跨越的程序段逐行扫描，逐行执行？被跨越的程序中的输出继电器、时间继电器及计数器的工作状态怎样？

8-2　某报时器有春冬季和夏季两套报时程序。请设计两种程序结构，安排这两套程序。

8-3　考察跳转和主控区的关系（图 8-4），从主控区外跳入主控区和由主控区内跳出主控区各有什么条件。跳转和主控两种指令哪个优先？

8-4　试比较中断子程序和普通子程序的异同点。

8-5　FX_{2N} 系列 PLC 有哪些中断源？如何使用？这些中断源所引出的中断在程序中如何表示？

8-6　某化工设备设有外应急信号，用以封锁全部输出口，以保证设备的安全。试用中断方法设计相关梯形图。

8-7　设计一个时间中断子程序，每 20ms 读取输入口 K2X000 数据一次，每 1s 计算一次平均值，并送 D100 存储。

第九章 可编程控制器脉冲处理功能及应用

内容提要： 工业控制领域中经常要遇到脉冲列，运动体的位移可以转变为脉冲的数量，电压、电流、温度、压力等物理量的量值变化可以转变为脉冲列频率的变化。与此相反，定量的脉冲可以作为定量位移的驱动信号，调制输出脉冲的脉宽可以成为模拟信号输出的手段，因而各类 PLC 都配备脉冲处理功能。

本章介绍 FX_{2N} 系列 PLC 脉冲处理类元件及指令，含高速计数类指令及脉冲输出指令等，并给出了脉冲处理在工业应用中的例子。

第一节 FX_{2N} 系列可编程控制器的脉冲输出功能及应用

PLC 脉冲输出有两种常见方式：其一是通过单元式机集成脉冲输出点输出指定频率及数量的脉冲串或输出脉宽调制波，如 FX_{2N} 系列 PLC 晶体管输出型特定的输出口 Y000 及 Y001 就具有这样的功能；其二是通过特殊功能扩展模块，如 FX_{2N} 系列 PLC 的 FX_{2N}-1PG、FX_{2N}-10PG 等脉冲输出模块实现脉冲串的输出。本书仅讨论单元式机集成输出点的工作情况。

一、FX_{2N} 系列 PLC 脉冲输出指令

单元式机集成输出点的脉冲输出主要通过指令实现。以下是脉冲输出类指令的说明。

1. 脉冲输出指令

该指令的名称、指令代码、助记符、操作数、程序步如表 9-1 所示。

表 9-1 脉冲输出指令的要素

指令名称	指令代码位数	助记符	操作数		程序步
			[S1·]/[S2·]	[D·]	
脉冲输出指令	FNC 57(16/32)	PLSY(D)PLSY	K、H KnX、KnY、KnM、KnS T、C、D、V、Z	只能指定晶体管型 Y000 及 Y001	PLSY…7 步 (D)PLSY…13 步

PLSY 指令可用于指定频率、产生定量脉冲输出的场合。使用说明见图 9-1。图中 [S1·] 用于指定频率，范围为 2～20kHz；[S2·] 用于指定产生脉冲的数量，16 位指令指定范围为 1～32767，32 位指令指定范围为 1～2147483647。[D·] 用以指定输出脉冲的 Y 号（仅限于晶体管型机 Y000、Y001），输出脉冲的高低电平各占 50%。指令的执行条件 X010 接通时，脉冲串开始输出，X010 中途中断时，脉冲输出中止，再次接通时，从初始状态开始动作。设定脉冲输出结束时，指令执行结束标志 M8029 动作，脉冲输出停止。当设置输出脉冲数为 0 时，为连续脉冲输出。[S1·] 中的内容在指令执行中可以变更，但 [S2·] 的内容不能变更。输出口 Y000 输出脉冲的总数存于 D8140（下位）、D8141（上位）中，Y001 输出脉冲总数存于 D8142（下位）、D8143（上位）中，Y000 及 Y001 两输出口已

输出脉冲的总数存于 D8136（下位）、D8137（上位）中。各数据寄存器的内容可以通过［DMOV K0 D81□□］加以清除。

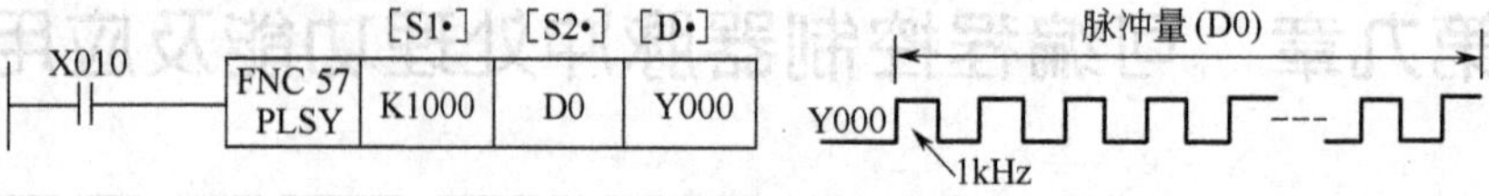

图 9-1　脉冲输出指令使用说明

2. 带加/减速功能的脉冲输出指令

该指令的名称、指令代码、助记符、操作数、程序步如表 9-2 所示。

表 9-2　带加/减速功能的脉冲输出指令的要素

指令名称	指令代码位数	助记符	操作数		程序步
			［S1·］/［S2·］/［S3·］	［D·］	
带加/减速功能的脉冲输出指令	FNC 59(16/32)	PLSR(D)PLSR	K、H KnX、KnY、KnM、KnS T、C、D、V、Z	只能指定晶体管型 Y000 及 Y001	PLSR…9 步 (D)PLSR…17 步

PLSR 指令是带有加/减速功能的脉冲输出指令。能在脉冲输出的启始及结束阶段，在指定的加/减速时间内对所指定的最高频率进行线性加速及减速，并输出所指定的输出脉冲数。使用说明如图 9-2 所示。图 9-2(a) 为指令梯形图，当 X010 接通时，从初始状态开始定加速，达到所指定的输出频率后再在合适的时刻减速，并输出指定的脉冲数。其波形如图 9-2(b) 所示。

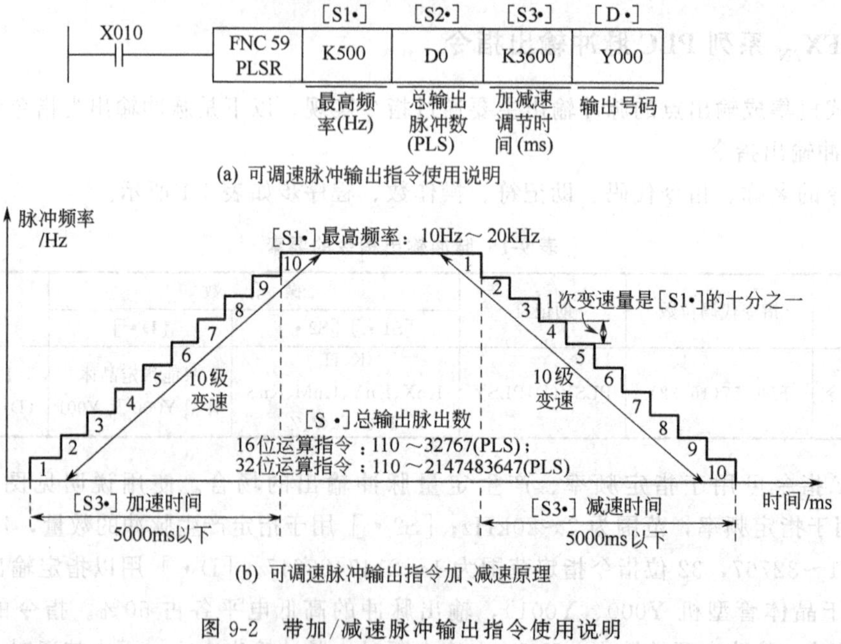

图 9-2　带加/减速脉冲输出指令使用说明

梯形图中各操作数的设定内容如下。

［S1·］是最高频率，设定范围为 10Hz～20kHz，并以 10 的倍数设定，若指定 1 位数时，则结束运行。在进行加/减速时，按指定的最高频率的 1/10 作为加/减速时的一次变速量，即［S1·］的 1/10。在应用该指令于步进电动机时，一次变速量应设定在步进电动机

不失调的范围内。

［S2·］是总输出脉冲数（PLS），设定范围为：16位运算指令，110～32767（PLS）；32位指令，110～2147483647（PLS）；若设定不满110值时，脉冲不能正常输出。

［S3·］是加/减速度时间（ms），加/速时间与减速时间相等。加/减速时间设定范围为5000ms以下时应按以下①～③的条件设定。

① 加/减速时间需设定在PLC的扫描时间最大值（D8012）的10倍以上，若设定不足10倍时，加/减速不一定计时。

② 加/减速时间最小值设定应大于（$[S3\cdot]<\frac{[S2\cdot]}{[S1\cdot]}\times 818$）

若小于上式的最小值，加减速时间的误差增大。此外，设定不到90000/［S1·］值时，在90000/［S1·］值时结束运行。

③ 加/减时间最大值设定应小于（$[S3\cdot]<\frac{90000}{[S1\cdot]}\times 5$）

④ 加/减速的变速数按［S1·］/10，次数固定在10次。

在不能按以上条件设定时，应降低［S1·］设定的最高频率。

［D·］指定脉冲输出的地址号，只能是Y000及Y001，且不能与其他指令共用。其输出频率为10Hz～20kHz，当指令设定的最高频率、加/减速时间的变化速度超过了此范围时，自动在该输出范围内调低。

FNC 59（PLSR）指令有关的特殊数据寄存器与FNC 57（PLSY）相同。

3. 脉宽调制指令

该指令的名称、指令代码、助记符、操作数、程序步如表9-3所示。

表9-3 脉宽调制指令的要素

指令名称	指令代码位数	助记符	操作数		程序步
			［S1·］/［S2·］	［D·］	
脉宽调制指令	FNC58(16)	PWM	K、H KnX、KnY、KnM、KnS T、C、D、V、Z	只能指定晶体管型Y000及Y001	PWM…7步

该指令用于指定脉冲宽度、脉冲周期、产生脉宽可调脉冲输出的场合。使用说明如图9-3所示，梯形图中［S1·］指定D10存入脉冲宽度t，t理论上可在0～32767ms范围内选取，但不能大于周期，即本例中D10的内容只能在［S2·］指定的脉冲周期$T_0=50$以内变化，否则会出现错误，［D·］指定脉冲输出Y号（晶体管输出型PLC中Y000或Y001）为Y000，其平均输出对应为0～100%。当X010接通时，Y00输出为ON/OFF脉冲，脉冲宽度比为t/T_0，可进行中断处理。

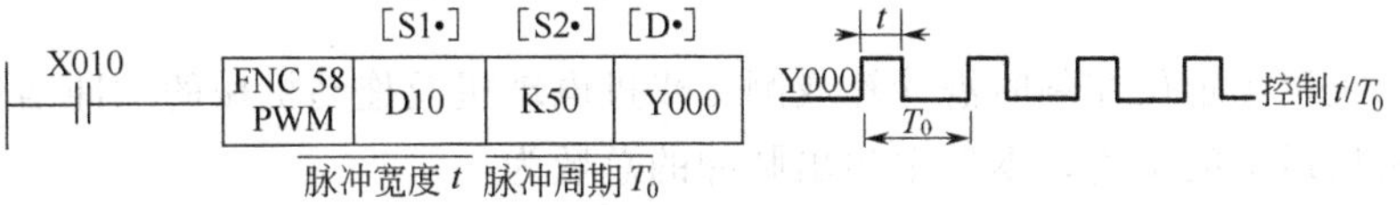

图9-3 脉宽调制指令使用说明

二、FX_{2N}系列PLC脉冲输出应用例

脉冲列可以作为运动控制的重要信号在工业中应用。如变频或计数脉冲串可以驱动步进

电动机或伺服电动机调速或定位运行。脉宽调制波可以用作变调器的调速信号及其他需模拟量调制的设备中。以下是驱动步进电动机的例子。

【例 9-1】 脉冲列输出驱动步进电动机

某链式传送机构采用步进电动机开环控制，要求每次前进 10cm，已知电动机及传动机构每脉冲前进 0.1mm，结构 PLC 控制步进电动机驱动机构。

步进电动机是一种转角与送入电动机的脉冲数成正比的电动机，电动机的转速与脉冲的频率成正比。图 9-4 所示是步进电动机运行情况示意图，当磁极 A-A、B-B、C-C 轮流通过脉冲电流时，十字形的转子就会不断地转动，且每接收一个脉冲转动一个步距角。PLC 的输出脉冲用于驱动步进电动机时，需连接步进电动机驱动器，如图 9-5 所示，PLC 的 Y000 及 Y001 分别接于驱动器的 PUL 及 DIR 端。其中 PUL 是脉冲输入，DIR 为转动方向控制。步进电动机驱动器的主要功能是，将 PUL 送入的脉冲串放大到足够的功率，并轮流分配给步进电动机的 A、B、C 三相绕组。

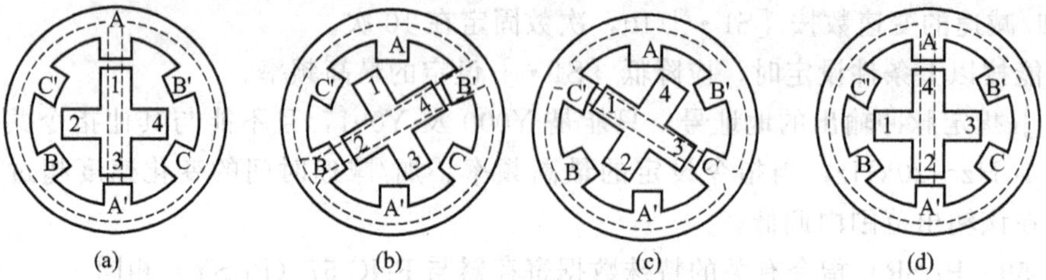

图 9-4 步进电动机运行情况示意图

(a) A 相磁极通电时转子的位置；(b) B 相磁极通电时转子的位置；

(c) C 相磁极通电时转子的位置；(d) 通电循环一周后转子的位置

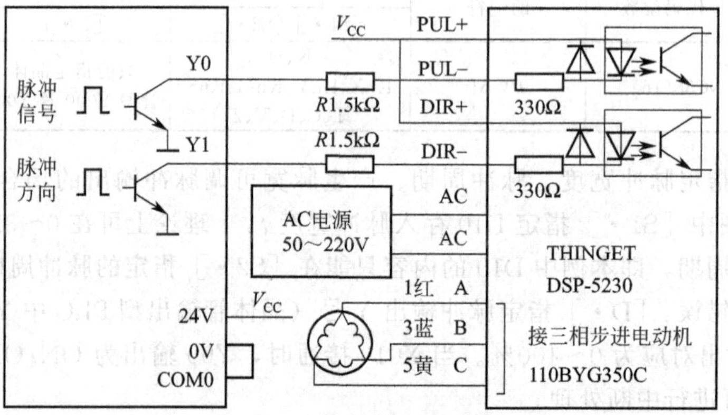

图 9-5 PLC 与步进电动机驱动器连接

步进电动机用于定位控制时需计算或测量步进电动机及拖动机械的脉冲当量，即每接收一个脉冲，机构运动的距离，本例中输出脉冲的总数为

$$\frac{\text{所需运行距离}}{\text{脉冲当量}}=\frac{100}{0.1}=1000$$

本例使用 PLSY 还是采用 PLSR 指令需视机构转动惯量、脉冲频率及步进电动机启动性能决定，以步进电动机不失步为基本判定依据。

第二节　FX_{2N} 系列可编程控制器的高速计数器功能及应用

高速计数器是对机外高频率信号计数的计数器，信号通过专用的输入端子输入，PLC 采用专用指令及中断方式处理。高速计数器还可以采用机外信号启动、复位及改变计数方向，操作比较灵活。

一、FX_{2N} 系列 PLC 高速计数器的数量及类型

FX_{2N} 系列 PLC 设有 C235～C255 共计 21 点高速计数器。它们共享同一个机箱输入口上的 6 个高速计数器输入端（X000～X005）。由于使用某个高速计数器时可能要同时使用多个输入端，而这些输入端又不可被别的高速计数器重复使用，实际应用中，最多只能有 6 个高速计数器同时工作。这样设置是为了使高速计数器具有多种工作方式，方便在各种控制工程中选用。FX_{2N} 系列 PLC 高速计数器的分类如下。

1 相无启动/复位端子（单输入）	C235～C240	6 点
1 相带启动/复位端子（单输入）	C241～C245	5 点
1 相 2 计数输入型	C246～C250	5 点
2 相双计数输入型	C251～C255	5 点

表 9-4 列出了以上高速计数器和各输入端子之间的对应关系。从表中可以看到，X006 及 X007 也可以参与高速计数工作，但只能作为启动信号而不能作为计数脉冲信号的输入。

表 9-4　FX_{2N} 系列可编程高速计数器一览表

中断输入	1 相无启动/复位(单输入)						1 相带启动/复位(单输入)					1 相 2 计数输入					2 相双计数输入				
	C235	C236	C237	C238	C239	C240	C241	C242	C243	C244	C245	C246	C247	C248	C249	C250	C251	C252	C253	C254	C255
X000	U/D						U/D			U/D		U	U		U		A	A		A	
X001		U/D					R			R		D	D		D		B	B		B	
X002			U/D					U/D			U/D		R		R			R		R	
X003				U/D				R			R			U		U			A		A
X004					U/D				U/D					D		D			B		B
X005						U/D			R					R		R			R		R
X006										S					S					S	
X007											S					S					S

注：U 表示增计数输入，D 表示减计数输入，A 表示 A 相输入，B 表示 B 相输入，R 表示复位输入，S 表示启动输入。

以上高速计数器都具有停电保持功能，也可以利用参数设定变为非停电保持型，不作为高速计数器使用的高速计数器也可以作为 32 位数据寄存器使用。

二、高速计数器的使用方式

下面分类介绍各种高速计数器的使用方法。

1. 1 相无启动/复位高速计数器

1 相无启动/复位端高速计数器的编号为 C235～C240，共计 6 点。它们的计数方式及触点动作与普通 32 位计数器相同。作增计数时，计数值达到设定值时，触点动作并保持。做减计数时，到达计数值则复位。其计数方向取决于计数方向标志继电器 M8235～M8240。继电器编号的后三位为对应的计数器号。

图 9-6 所示为 1 相无启动/复位高速计数器工作的梯形图。这类计数器只有一个脉冲输

入端。图中计数器为C235，其输入端为X000。图中X012为C235的启动信号，这是由程序安排的启动信号。X010为由程序安排的计数方向选择信号，M8235接通（高电平）时为减计数，X010断开时为增计数（程序中无辅助继电器M8235相关程序时，机器默认为增计数）。X011为复位信号，当X011接通时，C235复位。Y010为计数器C235的控制对象，如果C235的当前值大于设定值，则Y010接通，小于设定值，则Y010断开。

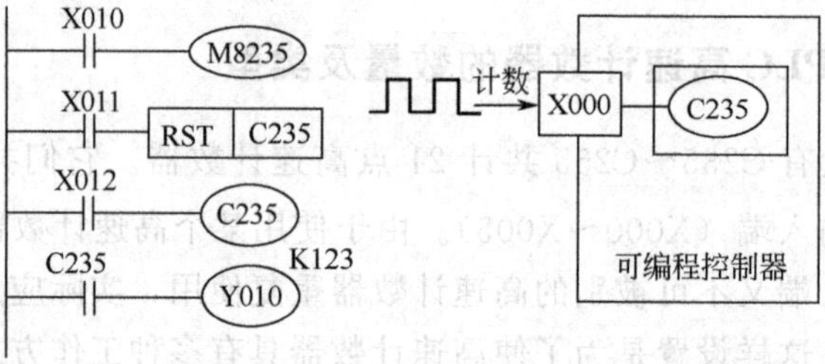

图 9-6 1相无启动/复位高速计数器工作的梯形图

2. 1相带启动/复位高速计数器

1相带启动/复位高速计数器编号为C241～C245，共计5点，这些计数器较1相无启动/复位高速计数器增加了外部启动和外部复位控制端子。图9-7所示为这类计数器的使用情况。从图9-7中可以看出，1相带启动/复位高速计数器的梯形图和图9-6中的梯形图结构是一样的。不同的是这类计数器可利用PLC输入端子X003、X007作为外启动及外复位信号。值得注意的是，X007端子上送入的外启动信号只有在X015接通，计数器C245被选中时才有效。而X003及X014两个复位信号则并行有效。

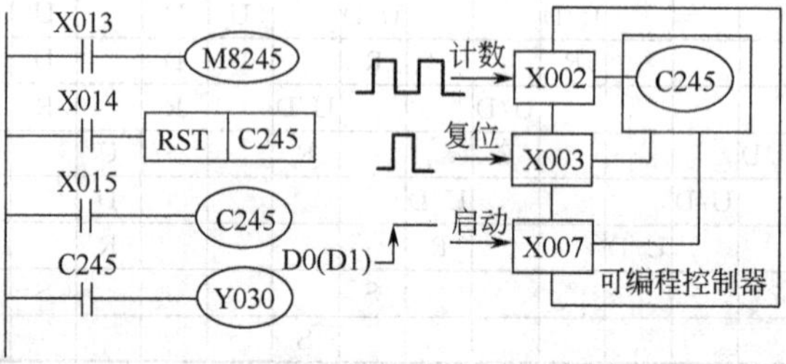

图 9-7 1相带启动/复位端高速计数器工作的梯形图

3. 1相2计数输入型高速计数器

1相2计数输入型高速计数器的编号为C246～C250，共计5点。1相2计数输入型高速计数器有两个外部计数输入端子。在一个端子上送入计数脉冲为增计数，在另一个端子上送入则为减计数。图9-8(a)所示为高速计数器C246的信号连接情况及梯形图。X000及X001分别为C246的增计数输入端及减计数输入端。C246是通过程序安排启动及复位条件的，如图中的X011及X010。也有的1相2计数输入型高速计数器还带有外复位及外启动端。如图9-8(b)所示为高速计数器C250的端子情况。图中X005及X007分别为外启动及外复位端。它们的工作情况和1相带启动/复位端计数器相应端子的使用相同。

4. 2相双计数输入型高速计数器

2相双计数输入型高速计数器的编号为C251～C255，共计5点。2相双计数输入型高速

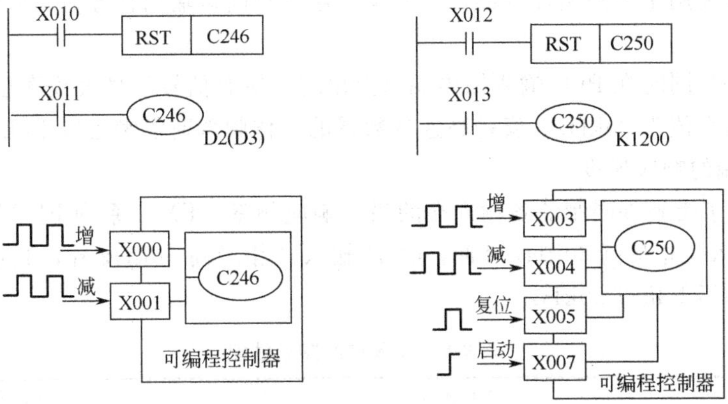

(a) 1相双输入　　(b) 带外启动/复位的1相双输入

图 9-8　1 相 2 计数输入型高速计数器

计数器的两个脉冲输入端子是同时工作的，计数方向由 2 相脉冲间的相位决定。如图 9-9 所示，当 A 相信号为“1”且 B 相信号为上升沿时为增计数，B 相信号为下降沿时为减计数。其余功能与 1 相 2 计数输入型相同。需要说明的是，带有外计数方向控制的高速计数器也配有编号相对应的特殊辅助继电器，只是它们没有控制功能，只有指示功能。当采取外部计数方向控制方式工作时，相应的特殊辅助继电器的状态会随着计数方向的变化而变化。例如图 9-9(a) 中，当外部计数方向由 2 相脉冲的相位决定为增计数时，M8251 闭合，Y003 接通，表示高速计数器 C251 在增计数。

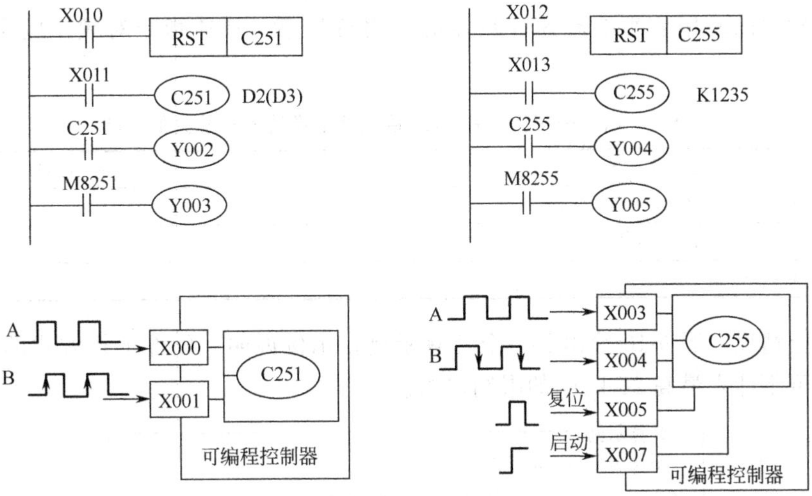

(a) 2相双输入增计数　　(b) 带外启动/复位的2相双输入减计数

图 9-9　2 相双计数输入型高速计数器

高速计数器设定值的设定方法和普通计数器相同，也有直接设定和间接设定两种方式。也可以使用传送指令修改高速计数器的设定值及现时值。

三、高速计数的频率总和

由于高速计数器是采取中断方式工作的，受机器中断处理能力的限制。使用高速计数器，特别是一次使用多个高速计数器，以及本机还具有高速输出任务时，应该注意高速计数的频率总和。

频率总和是指同时在 PLC 输入输出端口上出现的所有信号的最大频率总和。FX_{2N} 系列机频率总和的参考值为 20kHz。安排高速计数器的工作频率时需考虑以下几个问题。

1. 各输入端的响应速度

表 9-5 给出了受硬件限制的各输入端的最高响应频率。FX_{2N} 系列 PLC 除了允许 C235、C236、C246 输入 1 相最高 60kHz 脉冲，C251 输入 2 相最高 30kHz 外，其他高速计数器输入最大频率总和不得超过 20kHz。

表 9-5 输入点的频率性能

高速计数器类型	1 相输入		2 相输入	
	特殊输入点	其余输入点	特殊输入点	其余输入点
输入点	X000、X001	X002～X005	X000、X001	X002～X005
最高频率	60kHz	10kHz	30kHz	5kHz

2. 被选用的计数器及其工作方式

1 相型单输入高速计数器无论是增计数还是减计数，都只需一个输入端送入脉冲信号。1 相 2 计数输入高速计数器在工作时，如已确定为增计数或为减计数，情况和 1 相型类似。如增计数脉冲和减计数脉冲同时存在时，同一计数器所占用的工作频率应为 2 相信号频率之和。2 相双计数输入型高速计数器工作时不但要接收两路脉冲信号，还需同时完成对两路脉冲的解码工作，有关技术手册规定，在计算总的频率和时，要将它们的工作频率乘以 4 倍。

以上所述为硬件频率。当使用本章第三节所述高速计数器指令，以软件方式完成高速计数控制时，软件的使用要影响高速计数器的使用总频率。具体指令对频率的影响如表 9-6 所示。

表 9-6 高速处理指令对 PLC 接受外部高速信号能力的影响

使用条件	总计频率数/kHz
程序中未使用 FNC 53、FNC 54、FNC 55 指令	20
程序中仅使用了 FNC 53、FNC 54 指令	11
程序中使用了 FNC 55 指令	5.5

综合以上情况，图 9-10 给出了一个计算示例，示例说明，硬件工作方式的高速计数器的处理频率可不计入最高 20 kHz 的限制之内。

《计算示例》

（不使用 FNC 53～55）

编号	使用内容	计算值
C235（单相）：	输入 60kHz	作为硬件计数用（不要加入）
C237（单相）：	输入 3kHz	3kHz
C253（双相）：	输入 2kHz	4kHz
PLSY（Y000）：	输出 7kHz	7kHz
PLSY（Y001）：	输出 4kHz	4kHz

总计频率数　合计　18kHz≤20kHz

图 9-10 频率数计算示例

四、高速计数器比较置位及比较复位指令

该指令的助记符、指令代码、操作数、程序步如表 9-7 所示。

表 9-7 高速计数器比较置位及比较复位指令要素

指令名称	助记符	指令代码位数	操作数			程序步
			[S1·]	[S2·]	[D·]	
高速计数器比较置位	(D)HSCS	FNC 53(32)	K、H KnX、KnY、KnM KnS、T C、D、V、Z	C(C=235～255)	Y、M、S I010～I060 计数中断指针	(D)HSCS ……13 步
高速计数器比较复位	(D)HSCR	FNC 54(32)	K、H KnX、KnY、KnM KnS、T C、D、V、Z	C(C=235～255)	Y、M、S [可同 S2(·)]	(D)HSCR ……13 步

以上两指令用于以高速计数器的当前值与设定值比较结果置位或复位输出元件的场合。图 9-11(a) 为高速计数器比较置位指令的梯形图。程序中当 C255 的当前值由 99 变为 100 或由 101 变为 100 时，Y010 立即置 1。图 9-11(b) 为高速计数器比较复位指令的梯形图。C255 的当前值从 199 变为 200 或从 201 变为 200 时，Y010 立即复位，需要立即向外部输出。

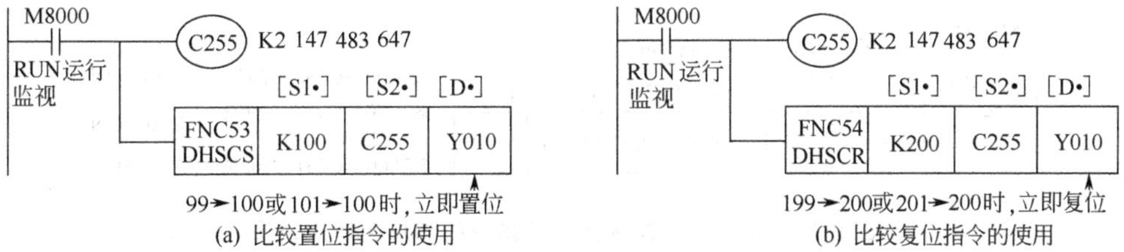

(a) 比较置位指令的使用　(b) 比较复位指令的使用

图 9-11 高速计数器比较置位、比较复位指令使用说明

以下两点需要注意。

① 高速计数器比较置位指令中 [D·] 可以指定计数中断指针，如图 9-12(a) 所示，如果计数中断禁止继电器 M8059=OFF，图中 [S2·] 指定的高速计数器 C255 的当前值等于 [S1·] 指定值时，执行 [D·] 指定的 I010 中断程序。如果 M8059=ON，则 I010～I060 均中断禁止。

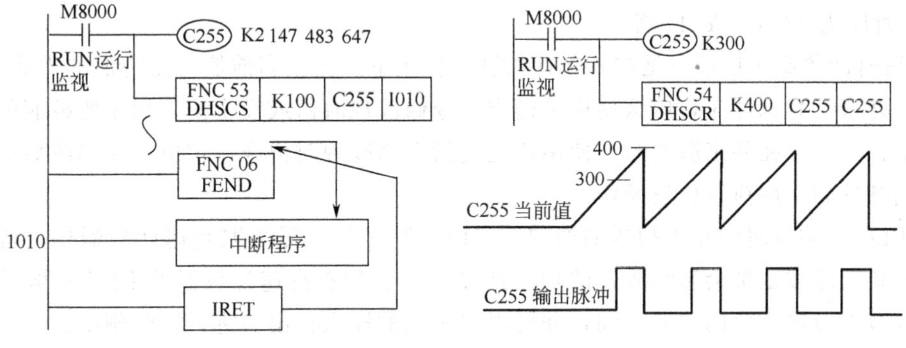

(a) 比较置位指令的中断操作　(b) 自复位用以产生脉冲

图 9-12 高速计数器比较置位、复位指令的应用

② 高速计数器比较复位指令也可以用于高速计数器本身的复位。图 9-12(b) 是用高速计数器产生脉冲，并能自行复位的梯形图。图中计数器 C255 当前值为 300 时接通，当前值变为 400 时，C255 立即复位，这种采用一般控制方式和指令控制方式相结合的方法，使高速计数器的触点依一定的时间要求接通或复位便可形成脉冲波形。

五、高速计数器区间比较指令

该指令的助记符、指令代码、操作数、程序步如表 9-8 所示。

表 9-8　高速计数器区间比较指令要素

指令名称	助记符	指令代码位数	操作数			程序步
			[S1·]/[S2·] [S1·]≤[S2·]	[S·]	[D·]	
高速计数器区间比较指令	(D)HSZ	FNC 55(32)	K、H KnX、KnY、KnM KnS、T C、D、V、Z	C (C=235～255)	Y、M、S (3 连号元件)	(D)HSZ ……13 步

图 9-13 为高速计数器区间比较指令的梯形图使用说明。该例中高速计数器 C251 的当前值小于 1000 时，Y000 置 1；大于 1000 小于 2000 时，Y001 置 1；大于 2000 时，Y002 置 1。

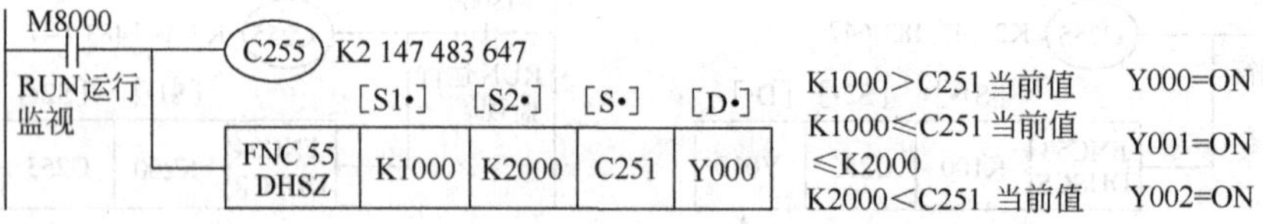

图 9-13　高速计数器区间比较指令的梯形图使用说明

六、高速计数器指令使用的几点说明

① 比较置位、比较复位、区间比较三条指令是高速计数器的 32 位专用控制指令。使用指令时，梯形图应含有计数器设置内容，明确被选用的计数器。当不涉及计数器触点控制时，计数器的设定值可设为计数器计数最大值或任意高于控制数值的数据。

② 在同一程序中如多处使用高速计数器指令。其控制对象输出继电器的编号的高 2 位应相同，以便在同一中断处理过程中完成控制。例如，使用 Y000 时应为 Y000～Y007；使用 Y010 时应为 Y010～Y017 等。

③ 高速计数器比较指令是在外来计数脉冲作用下以比较当前值与设定值的方式工作的。当不存在外来计数脉冲时，应该使用传送类指令修改现时值或设定值，指令所控制的触点状态不会变化。在存在外来脉冲时，使用传送类指令修改现时值或设定值，在修改后的下一个扫描周期脉冲到来后执行比较操作。

④ PLC 在响应时间短于扫描周期的信号时，除了计数需采取高速计数器外，机器的输入输出刷新及滤波也都会影响机器的响应速度。因而配有高速计数器的 PLC 一般可以利用软件来调节部分输入口的滤波时间，并可以对一定的输入输出口进行即时刷新。

【例 9-2】 钢板开平冲剪生产线高速计数器定位控制

脉冲输出及高速计数指令常用在位置控制及定长控制中，例如薄钢板的开平冲剪生产线，需要将带钢板整平后冲剪为等长的长方形板材包装。图 9-14(a) 所示为薄带钢板开平冲剪设备的结构及工作原理示意图。图中开卷机用来将带钢卷打开，多星辊用来将钢板整平，冲剪机用来将带钢冲剪成一定长度的钢板。缓冲槽为冲剪送料和开卷给料的缓冲而设计。图中动力装置可以使用交流变频器及异步电动机。带钢板的冲剪长度则由高速计数器测量。当采用变频驱动系统时，图 9-14(b) 中速度曲线为每剪一块钢板变频器的速度变化过程。曲线与横轴包围的面积为剪切钢板的长度。为了实现速度曲线，PLC 设了 X010 为启动点，Y010、Y011、Y012 为变频器转速控制点。从图 9-14(b) 中以上四点的时序曲线可以得知，Y010 为变频器的高速控制点，Y010 接通后，电动机转速不断升高并达到最高转速。Y011 则对应变频器停车前速度，Y011 接通后电动机速度下降直到速度曲线降速区的台肩处。Y012 则为

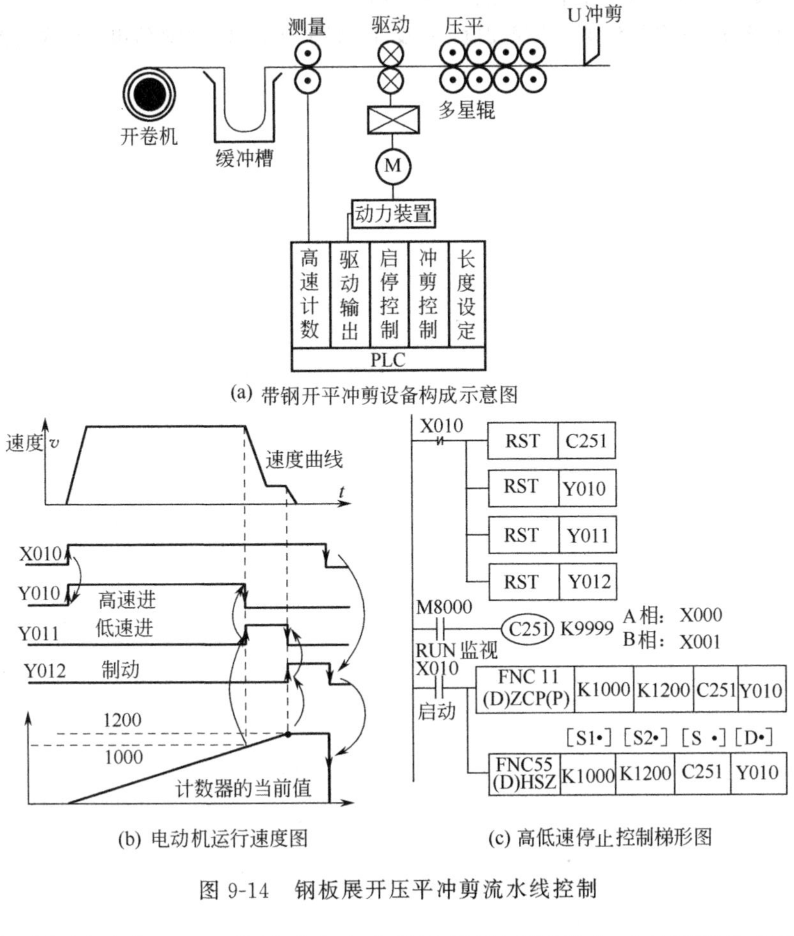

图 9-14　钢板展开压平冲剪流水线控制

制动控制，电动机转速在 Y012 接通后由台肩处速度递减到停止（变频器输出频率值已事先设定）。而 Y010、Y011、Y012 的动作是使用高速计数器检测钢板的运行长度完成的。图 9-14(c) 为 2 相高速计数器 C251 控制高低速停止的梯形图。图中使用高速计数器区间比较指令 FNC 55 实现对输出点 Y010、Y011、Y012 的控制。指令的控制功能为在 1000 脉冲以下时 Y010 接通，1000～1200 脉冲间 Y011 接通，脉冲大于 1200 时 Y012 接通。而高速计数器区间比较的设定值则是由速度图曲线不同段落所包含的面积计算得来的。程序中还使用了区间比较指令 FNC 11 [（D）ZCP（P）]，利用该指令在 OFF 时能保持 Y010～Y012 在 X010

断开前的状态不变的特点，保证在 C251 当前值归 0 时，Y010 为初始 OFF 状态而引入的。

习题及思考题

9-1　高速计数器与普通计数器在使用方面有哪些异同点？

9-2　高速计数器和输入口有什么关系？使用高速计数器的控制系统在安排输入口时要注意些什么？

9-3　如何控制高速计数器的计数方向？

9-4　什么是高速计数器的外启动、外复位功能？该功能在工程上有什么意义？外启动、外复位和在程序中安排的启动复位条件间是什么关系。

9-5　使用高速计数器触点控制被控对象的置位、复位和使用高速计数器置位复位指令使控制对象置位复位有什么不同？

9-6　高速计数器自复位指令有什么用途？举例说明。

9-7　某化工设备需每分钟记录一次温度值，温度经传感变换后以脉冲列给出，试构造相关设备安排及编绘梯形图程序。

第十章　可编程控制器模拟量处理功能及应用

内容提要：可编程控制器模拟量处理需使用模拟量输入、输出模块。作为特殊功能模块，模拟量输入、输出模块的使用具有代表性。本章在介绍模拟量输入、输出模块及读写指令的基础上，介绍了 PID 指令及过程控制闭环调节的基本方法。

作为计算机，PLC 用于模拟量控制首先遇到的问题是要有合适的接口，包括 PLC 接收输入模拟量的 A/D 转换接口及 PLC 输出模拟量的 D/A 转换接口。

PLC 产品中，A/D 或 D/A 模拟量转换模块装配在和基本单元同高等宽的单独机箱中，通过基本单元的扩展接口与基本单元连接。

第一节　FX_{2N} 系列 PLC 特殊功能模块的读写指令

一、特殊功能模块的编号

FX_{2N} 系列 PLC 特殊功能模块带有独立的存储单元，与基本单元联机工作时通过专用读写指令交换数据。特殊功能单元安装时排列在基本单元的右边，从最靠近基本单元的那个功能模块开始向右依次编号，最多可以连接 8 台功能模块（对应的编号为 0～7 号），同时使用的扩展单元不计在编号之内。

如图 10-1 所示，FX_{2N}-48MR 基本单元通过扩展总线与特殊功能模块（模拟量输入模块 FX_{2N}-4AD、模拟量输出模块 FX_{2N}-4DA、温度传感器模拟量输入模块 FX_{2N}-4AD-PT）连接，当各个控制单元连接好后，各特殊功能模块的编号也就确定了。

FX_{2N}-48MR	FX_{2N}-4AD	FX_{2N}-16EX	FX_{2N}-4DA	FX_{2N}-32ER	FX_{2N}-4AD-PT
	0 号		1 号		2 号

图 10-1　FX_{2N}-48MR 与特殊功能模块安装排列示意图

二、FX_{2N} 系列 PLC 特殊功能模块读写指令

FX_{2N} 系列可编程控制器与特殊功能模块之间的通信通过 FROM/TO 指令执行。FROM 指令用于 PLC 基本单元读取特殊功能模块中的数据，TO 指令用于 PLC 基本单元将数据写到特殊功能模块中。读、写操作都是针对特殊功能模块的缓冲寄存器 BFM 进行的。

（1）特殊功能模块读指令

该指令的助记符、指令代码、操作数、程序步如表 10-1 所示。

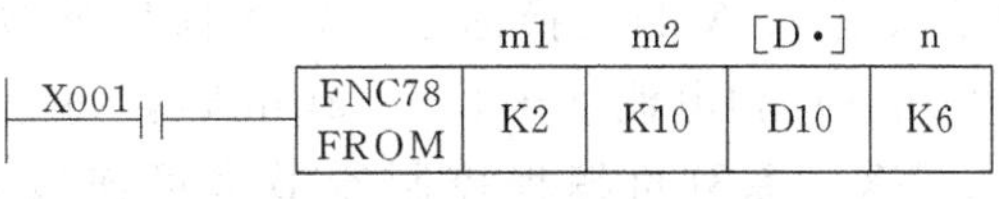

图 10-2　FROM 指令格式

图 10-2 是 FROM 指令的使用说明。图中指令将编号为 m1 的特殊功能模块中缓冲寄存

表 10-1　特殊功能模块读指令要素

指令名称	助记符	指令代码	操作数				程序步
			m1	m2	[D·]	n	
读指令	FROM	FNC 78	K、H m1=0～7	K、H m2=0～31	KnY、KnM、KnS、T、C、D、V、Z	K、H n=1～32	FROM 9 步 (D)FROM 17 步

器（BFM）编号从 m2 开始的 n 个数据读入到 PLC 中，并存储于 PLC 中以［D·］开始的 n 个数据寄存器内。指令所涉及的存储单元说明如下。

m1 特殊功能模块号 m1=0～7。

m2 特殊功能模块的缓冲寄存器（BFM）首元件编号 m2=0～31。

［D·］指定存放在 PLC 中的数据寄存器首元件号。

n 指定特殊功能模块与 PLC 之间传送的字数，16 位操作时 n=1～32，32 位操作时 n=1～16。

（2）特殊功能模块写指令

该指令的助记符、指令代码、操作数、程序步如表 10-2 所示。

表 10-2　特殊功能模块写指令要素

指令名称	助记符	指令代码	操作数				程序步
			m1	m2	[S·]	n	
写指令	TO	FNC 79	K、H m1=0～7	K、H m2=0～31	KnY、KnM、KnS、T、C、D、V、Z、K、H	K、H n=1～32	FROM 9 步 (D)FROM 17 步

TO 指令是将 PLC 中指定的以 S 元件为首地址的 n 个数据，写到编号为 m1 的特殊功能模块，并存入该特殊功能模块中以 m2 为首地址的缓冲寄存器（BFM）内。TO 指令的梯形图格式如图 10-3 所示。指令涉及的存储单元说明如下。

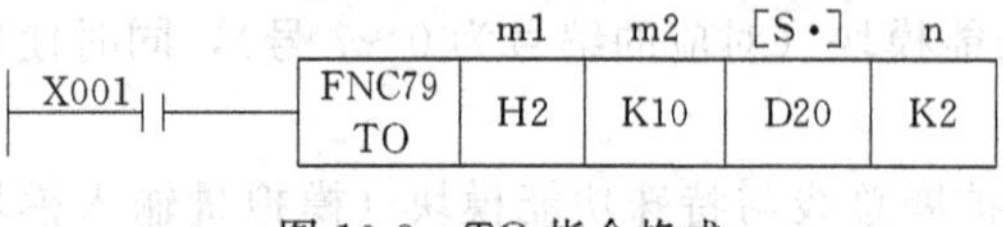

图 10-3　TO 指令格式

m1 特殊功能模块号 m1=0～7。

m2 特殊功能模块缓冲寄存器（BFM）首元件编号 m2=0～31。

［S·］PLC 中指定读取数据的首元件号。

n 指定特殊功能模块与 PLC 之间传送的字数，16 位操作时 n=1～32，32 位操作时 n=1～16。

第二节　模拟量输入模块 FX_{2N}-4AD

一、技术指标及端子连接

1. 技术指标

FX_{2N}-4AD 模块的外观如图 10-4 所示。FX_{2N}-4AD 为 12 位高精度模拟量输入模块，具有 4 输入 A/D 转换通道，输入信号类型可以是电压（－10～＋10V）、电流（－20～＋20mA）和电流（＋4～＋20mA），每个通道都可以独立地指定为电压输入或电流输入。FX_{2N} 系列可编程控制器最多可连接 8 台 FX_{2N}-4AD。FX_{2N}-4AD 的技术指标如表 10-3 所示。

2. 端子连接

图 10-5 是模拟量输入模块 FX_{2N}-4AD 的端子接线图。当采用电流输入信号或电压输入信号时，端子的连接方法不一样。输入的信号范围应在 FX_{2N}-4AD 规定的范围之内。

表 10-3 FX_{2N}-4AD 技术指标

项目	电压输入	电流输入
	4 通道模拟量输入。通过输入端子变换可选电压或电流输入	
模拟量输入范围	DC−10～+10V(输入电阻 200kΩ)绝对最大输入±15V	DC−20～+20mA (输入电阻 250Ω)绝对最大输入±32mA
数字量输出范围	带符号位的 12 位二进制(有效数值 11 位)。数值范围−2048～+2047	
分辨率	5mV(10V×1/2000)	20μA(20mA×1/1000)
综合精确度	±1%(在−10～+10V 范围)	±1%(在−20～+20mA 范围)
转换速度	每通道 15ms(高速转换方式时为每通道 6ms)	
隔离方式	模拟量与数字量间用光电隔离。从基本单元来的电源经 DC/DC 转换器隔离。各输入端子间不隔离	
模拟量用电源	DC24V±10%　55mA	
I/O 占有点数	程序上为 8 点(作输入或输出点计算)，由 PLC 供电的消耗功率为 5V 30mA	

图 10-4　模拟量输入模块 FX_{2N}-4AD 外观

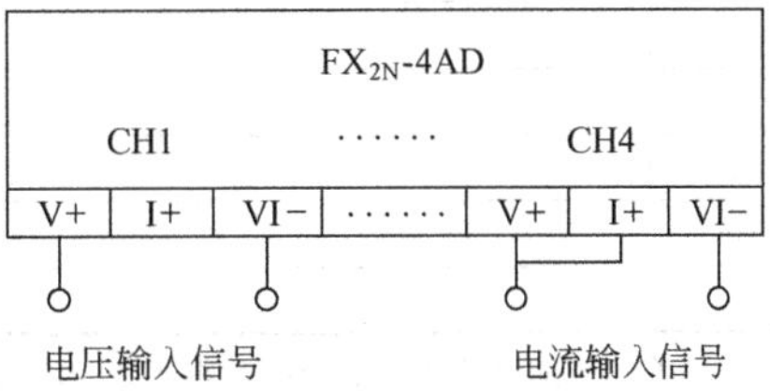

图 10-5　FX_{2N}-4AD 接线图

二、缓冲寄存器及设置

模拟量输入模块 FX_{2N}-4AD 的缓冲寄存器 BFM，是特殊功能模块工作设定及与主机通信用的数据中介单元，是 FROM/TO 指令读和写操作的目标。FX_{2N}-4AD 的缓冲寄存器区由 32 个 16 位的寄存器组成，编号为 BFM#0～#31。

1. 缓冲寄存器（BFM）编号

FX_{2N}-4AD 模块 BFM 的分配表如表 10-4 所示。

2. 缓冲寄存器（BFM）的设置

① 在 BFM#0 中写入十六进制 4 位数字 H□□□□使各通道初始化，最低位数字控制通道 CH1，最高位控制通道 CH4。H□□□□中每位数值表示的含义如下：

位（bit）=0：设定输入范围−10～+10V；

位（bit）=1：设定输入范围+4～+20mA；

位（bit）=2：设定输入范围−20～+20mA；

位（bit）=3：关闭该通道。

表 10-4 FX_{2N}-4AD 模块 BFM 分配表

<table>
<tr><th>BFM</th><th colspan="9">内　容</th></tr>
<tr><td>*#0</td><td colspan="9">通道初始化　缺省设定值＝H0000</td></tr>
<tr><td>*#1</td><td>CH1</td><td colspan="8" rowspan="4">平均值取样次数(取值范围 1～4096)
默认值＝8</td></tr>
<tr><td>*#2</td><td>CH2</td></tr>
<tr><td>*#3</td><td>CH3</td></tr>
<tr><td>*#4</td><td>CH4</td></tr>
<tr><td>#5</td><td>CH1</td><td colspan="8" rowspan="4">分别存放 4 个通道的平均值</td></tr>
<tr><td>#6</td><td>CH2</td></tr>
<tr><td>#7</td><td>CH3</td></tr>
<tr><td>#8</td><td>CH4</td></tr>
<tr><td>#9</td><td>CH1</td><td colspan="8" rowspan="4">分别存放 4 个通道的当前值</td></tr>
<tr><td>#10</td><td>CH2</td></tr>
<tr><td>#11</td><td>CH3</td></tr>
<tr><td>#12</td><td>CH4</td></tr>
<tr><td>#13～#14
#16～#19</td><td colspan="9">保留</td></tr>
<tr><td rowspan="2">#15</td><td rowspan="2">A/D 转换速度的设置</td><td colspan="8">当设置为 0 时，A/D 转换速度为 15ms/ch，为默认值</td></tr>
<tr><td colspan="8">当设置为 1 时，A/D 转换速度为 6ms/ch，为高速值</td></tr>
<tr><td>*#20</td><td colspan="9">恢复到默认值或调整值　默认值＝0</td></tr>
<tr><td>*#21</td><td colspan="9">禁止零点和增益调整　缺省设定值＝0,1(允许)</td></tr>
<tr><td rowspan="2">*#22</td><td rowspan="2">零点(Offset)、增益(Gain)调整</td><td>b7</td><td>b6</td><td>b5</td><td>b4</td><td>b3</td><td>b2</td><td>b1</td><td>b0</td></tr>
<tr><td>G4</td><td>O4</td><td>G3</td><td>O3</td><td>G2</td><td>O2</td><td>G1</td><td>O1</td></tr>
<tr><td>*#23</td><td colspan="9">零点值　缺省设定值＝0</td></tr>
<tr><td>*#24</td><td colspan="9">增益值　缺省设定值＝5000</td></tr>
<tr><td>#25～#28</td><td colspan="9">保留</td></tr>
<tr><td>#29</td><td colspan="9">出错信息</td></tr>
<tr><td>#30</td><td colspan="9">识别码 K2010</td></tr>
<tr><td>#31</td><td colspan="9">不能使用</td></tr>
</table>

注：1. 带 * 号的缓冲寄存器中的数据可由 PLC 通过 TO 指令改写。改写带 * 号的 BFM 的设定值就可以改变 FX_{2N}-4AD 模块的运行参数，调整其输入方式、输入增益和零点等。

2. 从指定的模拟量输入模块读入数据前应先将设定值写入，否则按缺省设定值执行。

3. PLC 用 FROM 指令可将不带 * 号的 BFM 内的数据读入。

例如　BFM#0＝H3310，则有

CH1：设定输入范围－10～＋10V；

CH2：设定输入范围＋4～＋20mA；

CH3、CH4：关闭该通道。

② 输入的当前值送到 BFM#9～#12，输入的平均值送到 BFM#5～#8。

③ 各通道平均值取样次数分别由 BFM#1～#4 来指定。取样次数范围从 1～4096，若设定值超过该数值范围时，按缺省设定值 8 处理。

④ 当 BFM#20 被置 1 时，整个 FX_{2N}-4AD 的设定值均恢复到缺省设定值。这是快速地擦除零点和增益的非缺省设定值的方法。

⑤若 BFM#21 的 b1、b0 分别置为 1、0，则增益和零点的设定值禁止改动。要改动零点和增益的设定值时必须令 b1、b0 的值分别为 0、1。缺省设定为 0、1。

零点：数字量输出为 0 时的输入值。

增益：数字输出为＋1000 时的输入值。

⑥ 在 BFM＃23 和 BFM＃24 内的增益和零点设定值会被送到指定的输入通道的增益和零点寄存器中。需要调整的输入通道由 BFM＃22 的 G、O（增益-零点）位的状态来指定。例如，若 BFM＃22 的 G1、O1 位置 1，则 BFM＃23 和＃24 的设定值即可送入通道 1 的增益和零点寄存器。各通道的增益和零点即可统一调整，也可独立调整。

⑦ BFM＃23 和＃24 中设定值以 mV 或 μA 为单位，但受 FX_{2N}-4AD 的分辨率影响，其实际影响应以 5mV/20μA 为步距。

⑧ BFM＃30 中存的是特殊功能模块的识别码，PLC 可用 FROM 指令读入。FX_{2N}-4AD 的识别码为 K2010。用户在程序中可以方便地利用这一识别码在传送数据前先确认该特殊功能模块。

⑨ BFM＃29 中各位的状态是 FX_{2N}-4AD 运行正常与否的信息。BFM＃29 中各位表示的含义如表 10-5 所示。

表 10-5 BFM＃29 中各位的状态信息

BFM＃29 的位	ON	OFF
b0	当 b1～b3 任意为 ON 时	无错误
b1	表示零点和增益发生错误	零点和增益正常
b2	DC24V 电源故障	电源正常
b3	A/D 模块或其他硬件故障	硬件正常
b4～b9	未定义	
b10	数值超出范围－2048～＋2047	数值在规定范围
b11	平均值采用次数超出范围 1～4096	平均值采用次数正常
b12	零点和增益调整禁止	零点和增益调整允许
b13～b15	未定义	

三、应用举例

【例 10-1】 FX_{2N}-4AD 模拟量输入模块连接在最靠近基本单元 FX_{2N}-48MR 的地方。现要求仅开通 CH1 和 CH2 两个通道作为电压量输入通道，计算 4 次取样的平均值，结果存入 FX_{2N}-48MR 的数据寄存器 D0 和 D1 中。

由特殊功能模块的地址编号原则可知 FX_{2N}-4AD 模拟量输入模块编号为 0 号。按照控制要求设计的梯形图如图 10-6 所示。

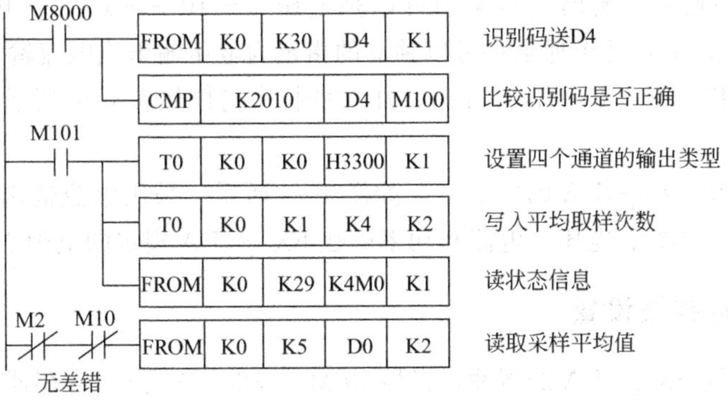

图 10-6 例 10-1 的梯形图

【例 10-2】 试通过程序对模拟量输入模块 FX_{2N}-4AD 的通道 CH1 进行零点和增益的调整，要求通道 CH1 为电压量输入通道，通道 CH1 的零点值调整为 0V，增益值调整为 2.5V。

由特殊功能模块的地址编号原则可知，FX_{2N}-4AD 模拟量输入模块编号为 0 号。模拟量模块的零点和增益的调整可以通过手动或程序进行。在工业自动控制系统的应用中，采用程序控制调整是非常有效的方法。相关的程序及说明见图 10-7 所示。

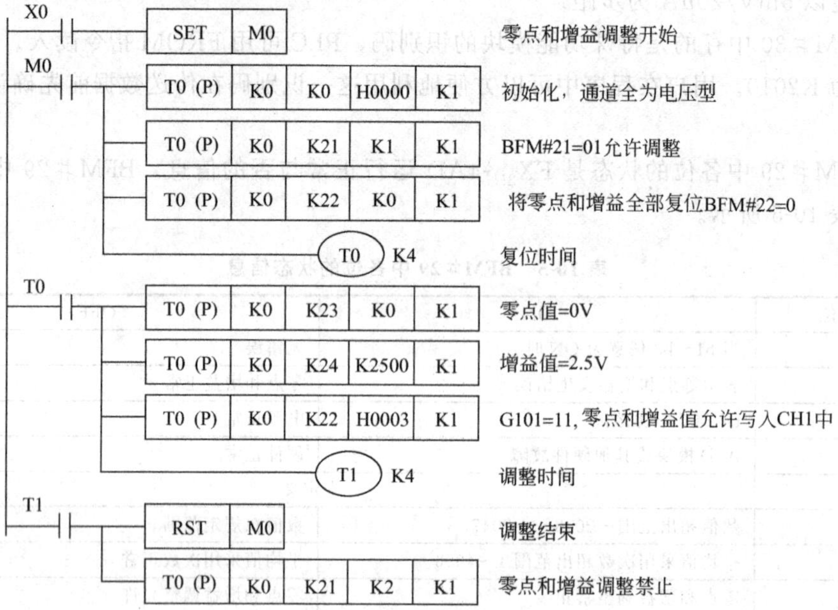

图 10-7　例 10-2 的梯形图

第三节　模拟量输出模块 FX_{2N}-4DA

一、技术指标及端子连接

1. 技术指标

FX_{2N}-4DA 模块的外观如图 10-8 所示。FX_{2N}-4DA 为 12 位高精度模拟量输出模块，具有 4 输出 D/A 转换通道，输出信号类型可以是电压（－10～＋10V）、电流（0～＋20mA）和电流（＋4～＋20mA），每个通道都可以独立的指定为电压输出或电流输出。FX_{2N} 系列可编程控制器最多可连接 8 台 FX_{2N}-4DA。FX_{2N}-4DA 的技术指标如表 10-6 所示。

2. 端子连接

模拟量输出模块 FX_{2N}-4DA 的端子接线如图 10-9 所示。采用电流输出或电压输出接线端子不同，输出负载的类型、电压、电流和功率应在 FX_{2N}-4DA 规定的范围之内。

二、缓冲寄存器及设置

模拟量功能模块 FX_{2N}-4DA 的缓冲寄存器 BFM 由 32 个 16 位的寄存器组成，编号为 BFM ＃0～＃31。

表 10-6 FX_{2N}-4DA 技术指标

项目	电压输出	电流输出
	4 通道模拟量输出。根据电流输出还是电压输出，对端子进行设置	
模拟量输出范围	DC−10～+10V （外部负载电阻 1kΩ～1MΩ）	DC+4～+20mA （外部负载电阻 500Ω 以下）
数字输入	电压＝−2048～+2047	电流＝0～+1024
分辨率	5mV(10V×1/2000)	20μA (20mA×1/1000)
综合精确度	满量程 10V 的±1%	满量程 20mA 的±1%
转换速度	2.1ms(4 通道)	
隔离方式	模拟电路与数字电路间有光电隔离。与基本单元间是 DC/DC 转换器隔离。通道间没有隔离	
模拟量用电源	DC24V±10% 130mA	
I/O 占有点数	程序上为 8 点(作输入或输出点计算)，由 PLC 供电的消耗功率为 5V 30mA	

图 10-8 模拟量输出模块 FX_{2N}-4DA

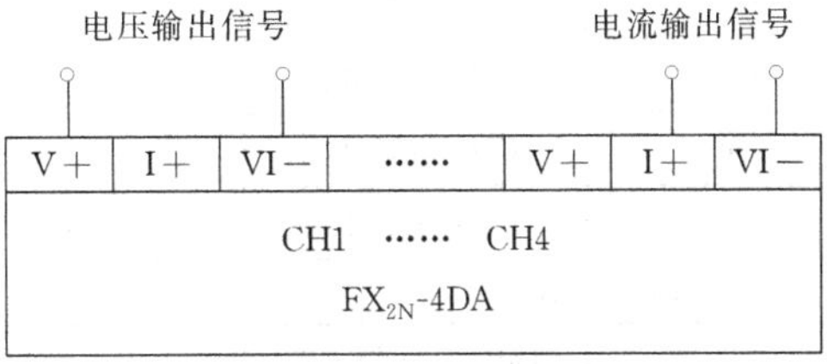

图 10-9 FX_{2N}-4DA 接线图

1. 缓冲寄存器编号

FX_{2N}-4DA 模块的 BFM 分配如表 10-7 所示。

2. 缓冲寄存器的设置

① BFM#0 中的 4 位十六进制数 H0000 分别用来控制 4 个通道的输出模式，由低位到最高位分别控制 CH1、CH2、CH3 和 CH4。在 H□□□□中：

位（bit)＝0 时，电压输出（−10～+10V)；

位（bit)＝1 时，电流输出（+4～+20mA)；

位（bit)＝2 时，电流输出（0～+20mA)。

例如：H2110 表示 CH1 为电压输出（−10～+10V)，CH2 和 CH3 为电流输出（+4～+20mA)，CH4 为电流输出（0～+20mA)。

② 输出数据写在 BFM#1～BFM#4。其中：

BFM#1 为 CH1 输出数据（缺省值＝0)；

BFM#2 为 CH2 输出数据（缺省值＝0)；

BFM#3 为 CH3 输出数据（缺省值＝0)；

BFM#4 为 CH4 输出数据（缺省值＝0)。

③ PLC 由 RUN 转为 STOP 状态后，FX_{2N}-4DA 的输出是保持最后的输出值还是回零点，则取决于 BFM#5 中的 4 位十六进制数值，其中 0 表示保持输出值，1 表示恢复到 0。例如：

表 10-7 FX_{2N}-4DA 模块 BFM 分配表

BFM	内容	
*#0(E)	模拟量输出模式选择 缺省值=H0000	
*#1	CH1 输出数据	
*#2	CH2 输出数据	
*#3	CH3 输出数据	
*#4	CH4 输出数据	
*#5(E)	输出保持或回零 缺省值=H0000	
#6、#7	保留	
*#8(E)	CH1、CH2 的零点和增益设置命令，初值为 H0000	
*#9(E)	CH3、CH4 的零点和增益设置命令，初值为 H0000	
*#10	CH1 的零点值	单位：mV 或 mA 例：采用输出模式 3 时各通道的初值： 零点值=0 增益值=5000
*#11	CH1 的增益值	
*#12	CH2 的零点值	
*#13	CH2 的增益值	
*#14	CH3 的零点值	
*#15	CH3 的增益值	
*#16	CH4 的零点值	
*#17	CH4 的增益值	
#18、#19	保留	
*#20(E)	初始化 初值=0	
*#21(E)	I/O 特性调整禁止，初值=1	
#22～#28	保留	
#29	出错信息	
#30	识别码 K3010	
#31	保留	

注：1. 带 * 号的 BFM 缓冲寄存器可用 TO 指令将数据写入。

2. 带 E 表示数据写入到 EEPROM 中，具有断电记忆。

H1100——CH4=回零，CH3=回零，CH2=保持，CH1=保持；

H0101——CH4=保持，CH3=回零，CH2=保持，CH1=回零。

④ BFM#8 和#9 为零点和增益调整的设置命令，通过#8 和#9 中的 4 位十六进制数指定是否允许改变零点和增益值。其中：

· BFM#8 中 4 位十六进制数（b3 b2 b1 b0）对应 CH1 和 CH2 的零点和增益调整的设置命令，见图 10-10(a)（b=0 表示不允许调整，b=1 表示允许调整）；

· BFM#9 中 4 位十六进制数（b3 b2 b1 b0）对应 CH3 和 CH4 的零点和增益调整的设置命令，见图 10-10(b)（b=0 表示不允许调整，b=1 表示允许调整）。

b3	b2	b1	b0
G2	O2	G1	O1

(a)

b3	b2	b1	b0
G4	O4	G3	O3

(b)

图 10-10 BFM#8 和#9 为零点和增益调整的设置对应值

⑤ BFM＃10～＃17 为零点和增益数据。当 BFM 的＃8 和＃9 中允许零点和增益调整时，可通过写入命令 TO 将要调整的数据写在 BFM＃10～＃17 中（单位为 mA 或 mV）。

⑥ BFM＃20 为复位命令。当将数据 1 写入到 BFM＃10 时，缓冲寄存器 BFM 中的所有数据恢复到出厂时的初始设置。其优先权大于 BFM＃21。

⑦ BFM＃21 为 I/O 状态禁止调整的控制。当 BFM＃21 不为 1 时，BFM＃21 到 BFM＃1 的 I/O 状态禁止调整，以防止由于疏忽造成的 I/O 状态改变。当 BFM＃21＝1（初始值）时允许调整。

⑧ BFM＃29 中各位的状态是 FX_{2N}-4DA 运行正常与否的信息。各位表示的含义与 FX_{2N}-4AD 相近，可参见表 10-5。

⑨ FX_{2N}-4DA 的识别码为 K3010，存于 BFM＃30 中。PLC 可用 FROM 指令读入，用户在程序中可以方便地利用这一识别码在传送数据前先确认该特殊功能模块。

三、应用举例

【例 10-3】 设 FX_{2N}-4DA 模拟量输出模块的编号为 1 号。现要将 FX_{2N}-48MR 中数据寄存器 D10、D11、D12、D13 中的数据通过 FX_{2N}-4DA 的四个通道输出，并要求 CH1、CH2 设定为电压输出（－10～＋10V），CH3、CH4 通道设定为电流输出（0～＋20mA），并且 FX_{2N}-48MR 从 RUN 转为 STOP 状态后，CH1、CH2 的输出值保持不变，CH3、CH4 的输出值回零。试编写程序。

满足以上要求的梯形图如图 10-11 所示。

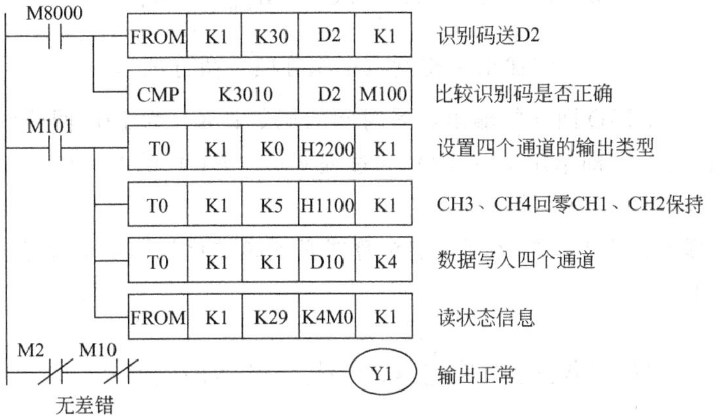

图 10-11　例 10-3 的梯形图

其中为通道 CH1、CH2 传送数据的寄存器 D10、D11 的取值范围为－2000～＋2000；为通道 CH3、CH4 传送数据的寄存器 D12、D13 的取值范围为 0～＋1000。

第四节　模拟量的闭环调节及 PID 指令应用

PLC 在配置了模拟量输入、输出模块的基础上，可以通过 PID 指令实现模拟量的闭环 PID 调节功能。图 10-12 为模拟量闭环控制系统方框图，图中虚线框内为 PLC 实现的功能。

图 10-12 所示，PLC 完成 PID 控制时与系统的接口有 3 个，即系统被控量的给定值、

系统被控量的反馈值及 PID 调节输出值。其中给定量是数字量，其余两个为模拟量。系统被控量的反馈值是 PLC 的输入，进入 PLC 后经 A/D 模块转换为数字量。PID 调节输出值是 PLC 的输出，是经 D/A 模块转换的模拟量。图 10-12 中所表述的 PID 控制过程为：在每一个采样周期，PLC 计算被控量的给定值与反馈值的差，在对差值进行 PID 处理后，将 PID 输出值作为执行机构及被控对象的驱动调节信号，使被控量向给定值不断靠近。

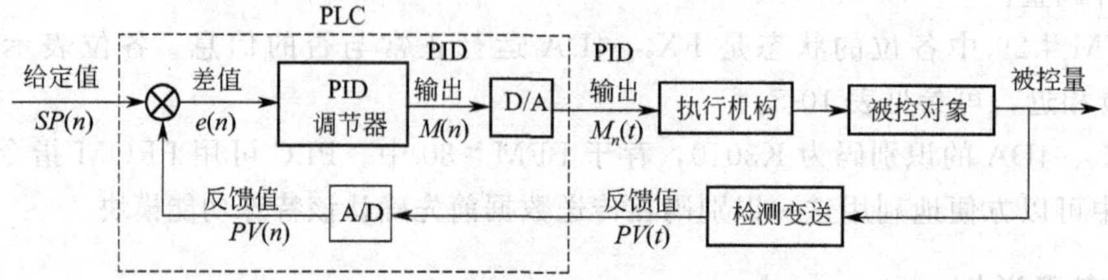

图 10-12　模拟量闭环控制系统方框图

一、PID 调节的数学原理

比例、积分、微分调节（即 PID 调节）是闭环模拟量控制中的典型调节方式，它在改善控制系统品质，保证系统偏差 e 达到预定指标，使系统实现稳定状态方面具有良好的效果。PID 调节控制的原理基于下面的方程式：

$$M(t)=K_{\mathrm{C}}e+K_{\mathrm{C}}\int_0^t e\,\mathrm{d}t+M_{\mathrm{initial}}+K_{\mathrm{C}}\frac{\mathrm{d}e}{\mathrm{d}t} \tag{10-1}$$

即输出＝比例项＋积分项＋微分项

式中，$M(t)$ 为 PID 回路的输出，是时间的函数；K_{C} 为 PID 回路的增益，也叫比例常数；e 为回路的误差，即给定值（SP）和过程变量（PV）的差；M_{initial} 为 PID 回路输出的初始值。以上各量都是连续量。

为了能使计算机完成上式的运算，连续算式必须离散化为周期采样偏差算式。式(10-1)的离散表达式如下

$$M_n=K_{\mathrm{C}}e_n+K_{\mathrm{I}}\sum_{i=1}^{n}e_i+M_{\mathrm{initial}}+K_{\mathrm{D}}(e_n-e_{n-1}) \tag{10-2}$$

即输出＝比例项＋积分项＋微分项

式中，M_n 为在第 n 采样时刻，PID 回路输出的计算值；K_{C} 为回路增益；e_n 为在第 n 采样时刻的回路误差值；e_{n-1} 为在第 $n-1$ 采样时刻的误差值（偏差常项）；K_{I} 为积分项的比例常数；M_{initial} 为 PID 回路输出的初值；K_{D} 为微分项的比例常数。

从式(10-2) 可以看出，积分项包括从第 1 个采样周期到当前采样周期所有的误差项。微分项由本次和前一次采样值所决定。比例项仅为当前采样的函数。在计算机中保存所有采样的误差值是不实际的，也是不必要的。由于从第一次采样开始，每获得一个误差，计算机都要计算出一次输出值，所以只需将上一次的误差值及上一次的积分项存储，利用计算机处理的迭代运算，并代入 $e_n=SP_n-PV_n$，$K_{\mathrm{I}}=K_{\mathrm{C}}(T_{\mathrm{S}}/T_{\mathrm{I}})$，$K_{\mathrm{D}}=K_{\mathrm{C}}(T_{\mathrm{D}}/T_{\mathrm{S}})$，且假定给定值不变（$SP_n=SP_{n-1}$），整理后得到式(10-3)，即用来计算 PID 回路输出值的

实际公式。

$$M_n=K_C(SP_n-PV_n)+K_C(T_S/T_I)(SP_n-PV_n)+MX+K_C(T_D/T_S)(PV_{n-1}-PV_n) \tag{10-3}$$

式中，K_C 为回路增益；T_S 为采样时间间隔；T_I 为积分时间常数；T_D 为微分时间常数；SP_n 为第 n 采样时刻的给定值；PV_n 为第 n 采样时刻的过程变量值；PV_{n-1} 为第 $n-1$ 采样时刻的过程变量值；MX 为积分项前值（图 10-12 中标出了部分参数）。

式(10-3) 说明，只要知道了式中的参数，就可以利用计算机运算模拟电子电路组成的传统 PID 调节器的功能。

二、PID 指令及应用

PID 指令的助记符、指令代码、操作数范围、程序步如表 10-8 所示。PID 指令的编程格式如图 10-13 所示。

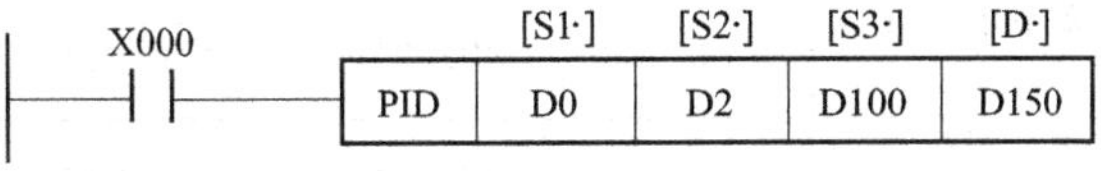

图 10-13　PID 指令的编程格式

表 10-8　PID 指令要素

指令名称	助记符	指令代码	操作数范围				程序步
			[S1·]	[S2·]	[S3·]	[D·]	
PID 运算	PID	FNC 88 (16)	D		D	D	PID …9 步 (D)PID、(D)PIDP…13 步

表 10-9　PID 调节与控制参数设定表

参数地址		名　称	设定范围	作　用	备注
[S3]		采样周期	1～32767ms	PID 调节的采样周期	设定应大于循环时间
[S3]+1	bit0	PID 调节器选择	0/1	0:正动作;1:逆动作	见后述
	bit1	反馈输入变化率监控功能设定	0/1	0:反馈变化率监控功能无效; 1:反馈变化率监控功能有效	变化率监控阈值由[S3]+20、[S3]+21 设定
	bit2	PID 调节器输出变化率监控功能设定	0/1	0:输出变化率监控功能无效; 1:输出变化率监控功能有效 (不能同时选择上/下极限监控)	不能同时设定 bit5=1,变化率监控阈值由[S3]+22、[S3]+23 设定
	bit3	不能使用	—	—	
	bit4	自动调谐功能设定	0/1	0:自动调谐功能无效; 1:自动调谐功能有效	自动调谐完成后为"0"
	bit5	PID 输出限制功能设定	0/1	0:PID 输出限制功能无效; 1:PID 输出限制功能有效 (不能同时选择变化率监控)	不能同时设定 bit2=1,PID 输出限制值由[S3]+22、[S3]+23 设定
	bit6	自动调谐方式选择	0/1	0:阶跃法; 1:极限循环法	$FX_{1S/1N/2N}$ 不能设定本参数,自动调谐固定为阶跃法
	bit7～bit15	不能使用	—	—	
[S3]+2		反馈输入滤波器常数 L	0～99%	0:滤波器无效	

续表

参数地址	名　称	设定范围	作　用	备注
[S3]+3	比例增益 K_P	1～32767%		
[S3]+4	积分时间 T_I	0～32767	0:积分调节无效	单位:100ms
[S3]+5	微分增益 K_D	0～100%	0:微分调节无效	
[S3]+6	微分时间 T_D	0～32767	0:微分调节无效	单位:10ms
[S3]+7～[S3]+19	PID处理用	—	—	不能使用
[S3]+20	反馈输入变化率监控阈值	0～32767	正向变化率阈值	([S3]+1)bit1=1时的反馈输入变化率监控值
[S3]+21	反馈输入变化率监控阈值	0～32767	反向变化率阈值	
[S3]+22	PID输出变化率监控阈值	0～32767	正向变化率阈值	([S3]+1)bit2=1时的PID输出变化率监控值
[S3]+23	PID输出变化率监控阈值	0～32767	反向变化率阈值	
[S3]+24	PID调节器输出上限值	0～32767	PID调节器输出的最大值	([S3]+1)bit5=1时的PID输出限制值
[S3]+25	PID调节器输出下限值	0～32767	PID调节器输出的最小值	
[S3]+24　bit0	反馈输入变化率超差报警	—	1:反馈输入正向变化率超差	报警输出,正常为"0"
[S3]+24　bit1	反馈输入变化率超差报警	—	1:反馈输入反向变化率超差	报警输出,正常为"0"
[S3]+24　bit2	PID输出变化率超差报警	—	1:PID输出正向变化率超差	报警输出,正常为"0"
[S3]+24　bit3	PID输出变化率超差报警	—	1:PID输出反向变化率超差	报警输出,正常为"0"

图中，[S1・]为给定输入的存储地址；[S2・]为反馈输入的存储地址；[S3・]为PID调节与控制参数的首地址，需要连续25字，具体内容如表10-9所示；[D・]为PID运算结果输出的地址。

PID指令可以自动计算给定值与反馈值之间的偏差，并对偏差进行比例-积分-微分运算，实现调节器的功能。但是用好PID指令却并不容易，因为指令使用涉及太多的参数，无论哪一个参数的选择不合适都会影响控制效果。以下说明参数选择要点。

1. 选择PID控制的类型

PID控制算法在实际应用中可以只使用比例项，或使用比例项+积分项，或者比例项+积分项+微分项三项都用。比例项与误差在时间上是一致的，它能及时地产生消除误差的输出。积分项的大小与误差的历史情况有关，能消除稳态误差，提高控制精度。而微分项可以改善系统的动态响应速度，有缓和输出值激烈变化的效果。

PID控制类型的选择需根据控制对象本身的特性进行。例如对于一些慢加热并保温的温度控制装置，控制对象是静态系统，一般用比例控制就能达到控制目的。而对一些惯性大的惰性动态系统，如恒压供水，使用比例加积分控制比较合适。而像速度跟踪控制，位置控制类装置，由于是惯性小的系统，需要用比例加积分再加微分控制。

选择PID指令的控制类型可以通过设定积分时间及微分增益进行，如设定积分时间为零可使积分作用无效。设定微分增益为零可以使微分作用为零。比例增益一般不为零，但可任意调节大小。

2. 选择 PID 调节器的调节方向

调节器的输出随着反馈的增加而减少的调节为逆向调节。与之相反，调节器的输出随着反馈的增加而增加的调节为正向调节。PID 调节器的调节方向可以根据被控对象的调节需要在参数表 10-9 中［S3］+1 项中设定。

3. 选择采样周期 T_S

采样周期 T_S 为计算机进行 PID 运算的时间间隔。为了能及时反映模拟量的变化，T_S 越小越好，但太小了会增加 CPU 的运算工作量，且相邻两次采样值几乎没有变化也是没有意义的。采样周期的经验数据如表 10-10 所示。

表 10-10　采样周期的经验数据

被控制量	流量	压力	温度	液位	成分
采样周期/s	1～5	3～10	15～20	6～8	15～20

4. 确定比例增益 K_P、积分时间 T_I、微分时间 T_D

比例增益 K_P、积分时间 T_I、微分时间 T_D 是 PID 的主要参数。原则上要在建立被控系统的数学模型基础上通过理论计算确定，但这将是复杂而烦琐的事情。工程上常采用阶跃法现场测定后计算初值并最后通过调试确定。

阶跃法的具体作法如下。

① 断开系统反馈，将 PID 调节器设定为 $K_P=1$ 的比例调节器，在系统输入端加一个阶跃信号，测量并画出被控对象（包括执行机构）的开环阶跃响应曲线。绝大多数被控对象的阶跃响应曲线如图 10-14 所示。

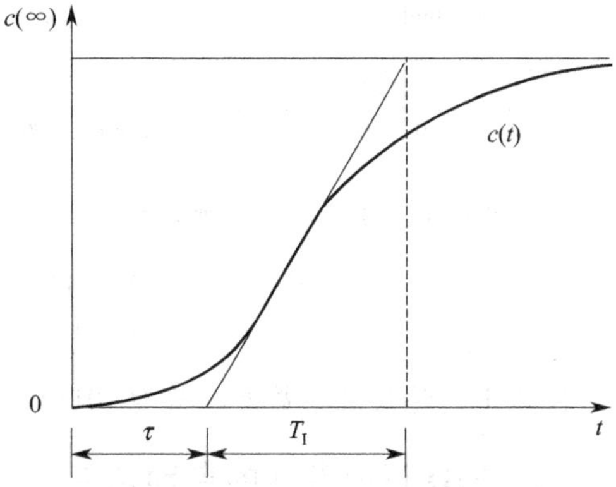

图 10-14　被控对象的阶跃响应曲线

② 在曲线的最大斜率处作切线，求得被控对象的纯滞后时间 τ 和上升时间常数 T_I。

③ 根据求出的值查表 10-11 可计算比例增益 K_P、积分时间 T_I、微分时间 T_D 的参考值。

表 10-11　阶跃法 PID 参数经验公式

控制方式	K_P	T_I	T_D
PI	$0.84T_I/\tau$	3.4τ	—
PID	$1.15T_I/\tau$	2.0τ	0.45τ

5. 监控及报警参数的设置

为了防止由于 PID 参数设置不当引起的系统输出剧烈变化，保障控制系统的安全，PID 指令设定了反馈输入变化率、PID 输出变化率及 PID 输出上下限等限幅阈值，并设定了专用的报警位。具体设置含两部分，一个相关功能的选择，通过［S3］+1 的有关位设置，限幅值则需存储在［S3］+20～［S3］+23 的存储单元中。报警输出可由［S3］+24 有关位读出。

6. 参数设定中的工程量换算

PID 指令涉及许多工程量与数字量的换算问题。含工程量反馈传感器量程与 A/D 转换数字量范围，PID 调节数字量的变化范围，PID 输出模拟量及对应被控工程量量值等。这些量的换算一般是简单地遵从线性关系进行。以下以实例计算说明换算过程。

如锅炉水位 L 由压差变送器检测，变送器输出信号为 4～20mA，模拟量输入模块将 0～20mA 的输入信号转换为 0～32000 的数字量，4～20mA 对应的 A/D 转换值为 6400～32000，如图 10-15 所示。由比例关系可得以下水位 L 与转换数值 X 间的关系式如下。

$$\frac{L-(-300)}{X-6400}=\frac{300-(-300)}{32000-6400}$$

又如水位测量范围为－300～＋300mm，但要求水位控制在－100～＋100mm 间，所以截取 14933～23466（对应－100～＋100mm）作为 PID 自动调节的范围，并对其进行线性化处理，将 14933～23466 区间数值扩大为 6400～32000，如图 10-16 所示。由比例关系可得检测值 X 与 A/D 转换值 Y 间的关系式如下。

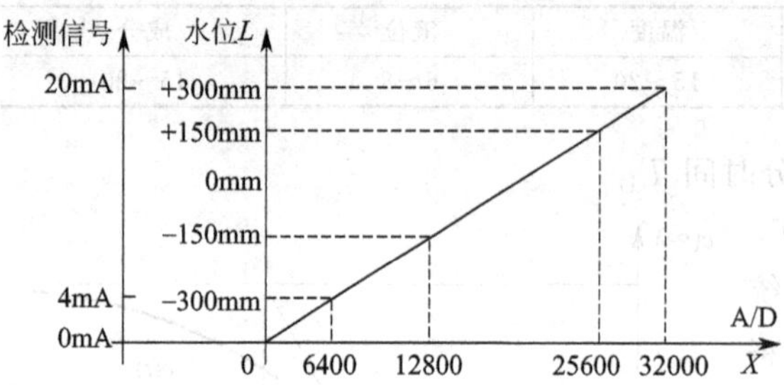

图 10-15　水位 A/D 转换关系图

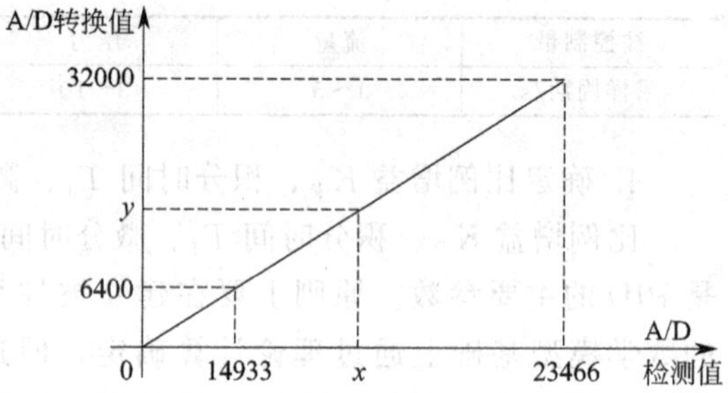

图 10-16　PID 调节范围 A/D 转换图

$$\frac{Y-6400}{X-14933}=\frac{32000-6400}{23466-14933}$$

除以上讨论过的参数外，其他 PID 参数的设定范围及单位可依照表 10-9 要求处理。

三、PID 指令参数的自动调谐

FX 系列 PLC 具有 PID 参数自动调谐功能。自动调谐可通过 PID 指令的试运行自动确定主要参数并写入［S3·］相关存储单元。FX_{2N} 系列 PLC 自动调谐使用阶跃法进行。原理与以上讨论的阶跃法类似，通过在 PID 调节器输出上强制加入突变量，测量调节器输入的变化参数并以此计算比例增益 K_P、积分时间 T_I、微分时间 T_D，具体编程操作可见本节例 10-4。

四、PID 指令应用例

【例 10-4】 某加热系统温度 PID 控制

① 温度测量反馈信号来自 FX_{2N}-4AD-TC 特殊功能模块的通道 2（其余通道不用），传感器类型为 K 型热电偶，反馈输入滤波器常数为 70%。

② 系统目标温度为 50℃，加热器输出为周期 2s 的 PWM 型信号，输出“ON”为加热，PID 输出限制功能有效。

③ PLC 输入输出端及存储器地址分配如下。

X010：自动调谐启动输入。

X011：PID 调节启动输入。

Y000：PID 调节出错报警。

Y001：加热器控制。

D500：目标温度给定输入（单位 0.1℃）。

D501：温度反馈输入（单位 0.1℃）。

D502：PID 调节器输出（每一 PWM 周期的加热时间）。

D510～D538：PID 控制参数设定区。

④ 系统的 PID 调节参数通过自动调谐设定，自动调谐要求如下。

目标温度：50℃。

自动调谐采样时间：3s。

阶跃调谐时的 PID 输出突变量：最大输出的 90%。

⑤ 系统正常工作时的 PID 调节要求如下。

目标温度：50℃。

采样时间：3s。

根据以上控制要求编制的程序如图 10-17～图 10-20 所示。其中图 10-17 为初始设定程序，是自动调谐与正常 PID 调节的公共程序段。而图 10-18 及图 10-19 分别为自动调谐及正常 PID 调节程序段。图中 M0 及 M1 为自动调谐及正常 PID 调节标记，形成两个程序段的互锁。图 10-20 为输出控制程序段，输出是由 D502 的数据控制的。

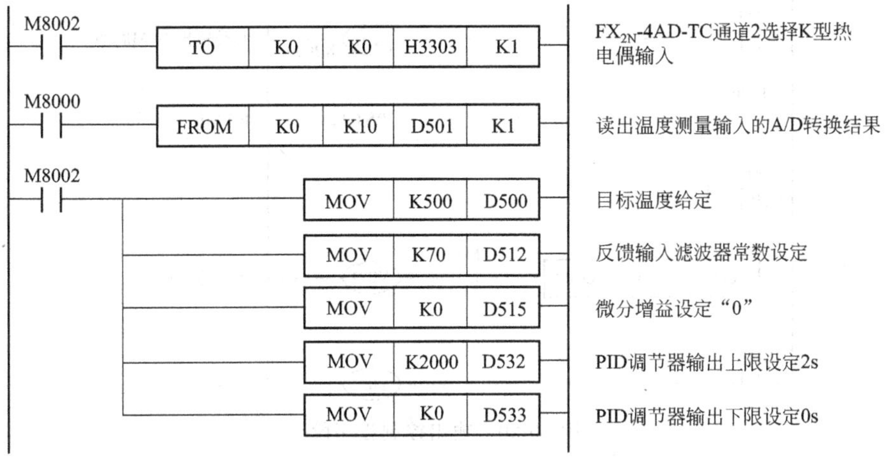

图 10-17　初始设定程序段

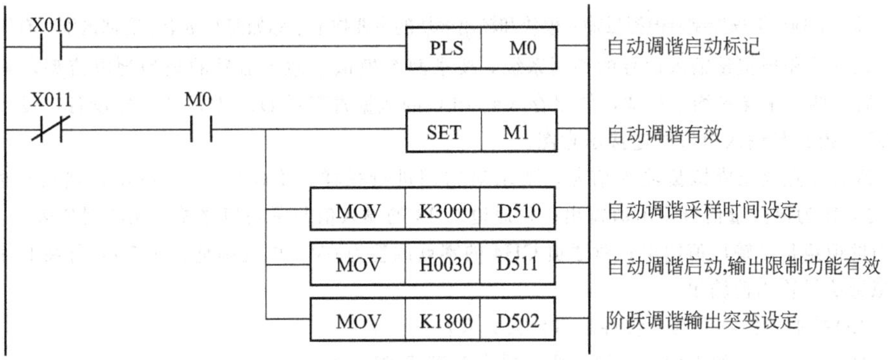

图 10-18　自动调谐设定程序段

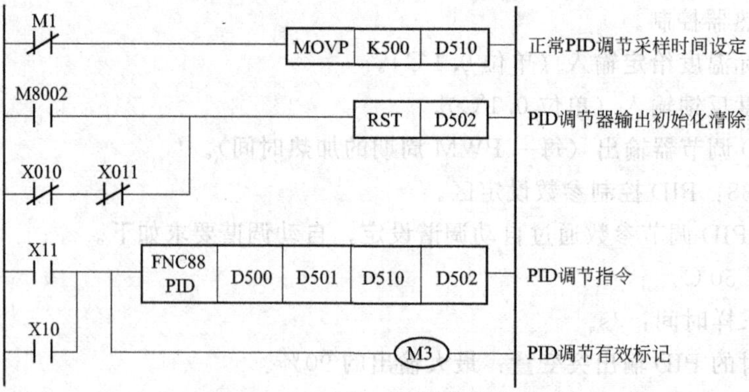

图 10-19　正常 PID 调节程序段

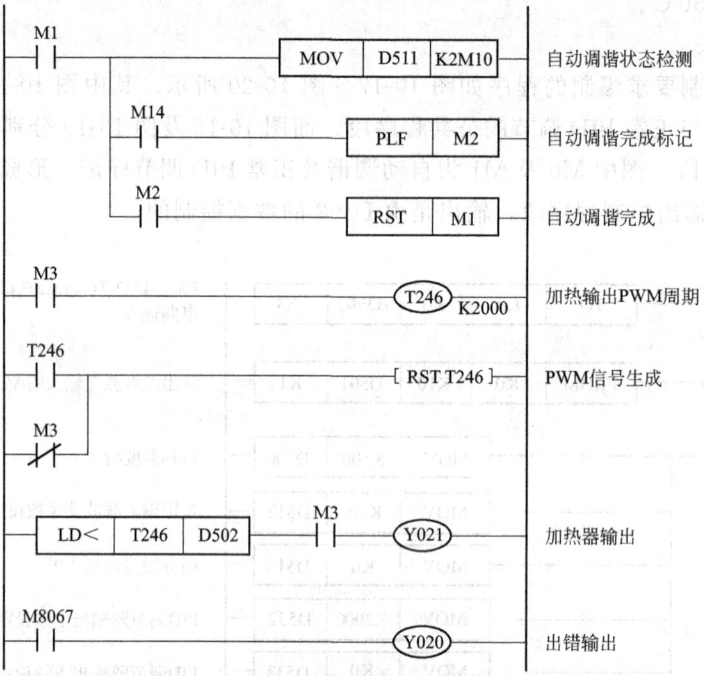

图 10-20　输出控制程序段

习题及思考题

10-1　FX_{2N} 系列可编程控制器模拟量输入模块和输出模块的主要技术指标如何？使用上有何区别？有何共同点？

10-2　设计采用模拟量输入信号的控制系统，要求两个模拟量输入信号的类型为电流型，采样次数为 100 次，然后将两个采样平均值相加，结果存入到 PLC 的数据寄存器 D20 中，试选择设备，设计控制程序并画出 PLC 与模拟量输入模块的连接示意图。

10-3　现有 4 点电压模拟量输入信号，要求对它们进行采样，采样次数为 50 次，然后将通道 CH1、CH2 的平均值作为模拟量信号输出值输出；将通道 CH3 的输入值与平均值之差，用绝对值表示，再放大 5 倍后，作为模拟量信号输出值输出；对通道 CH4 的零点调整为 0V，增益调整为 4.5V，并将其输入信号直接作为模拟量信号输出值输出。

10-4　PID 控制器的参数与系统性能有什么关系？

10-5　如何选择 PID 的类型，如设定调节器为 P 型或 PI 型？

10-6　如何将 A/D 模块的输入模拟量转换为数字量？举例说明。

10-7　FX 系列 PLCPID 参数的自动调谐操作如何进行？

第十一章　可编程控制器通信技术

内容提要：可编程控制器可以与计算机、变频器、打印机等连接，还可以联网。本章简要介绍FX系列PLC常用的通信方式，包括系统的配置、连接方式、通信指令及其应用，给出了简单的通信应用实例。

第一节　网络通信的基本知识

可编程控制器可以方便地实现与PLC，与计算机，与人机界面等其他数字设备连接，是工业控制网络的重要组成部分。

一、数据通信基础

1. 数据传送方式

(1) 并行通信和串行通信

① 并行通信　并行通信是所传送数据的各个位同时进行发送或接收的通信方式。如图11-1(a) 所示。并行通信的特点是传送速度快。并行通信中，传送多少位二进制数就需要多少根数据传输线，这将导致线路复杂，成本高，因此并行通信仅适用于近距离通信。

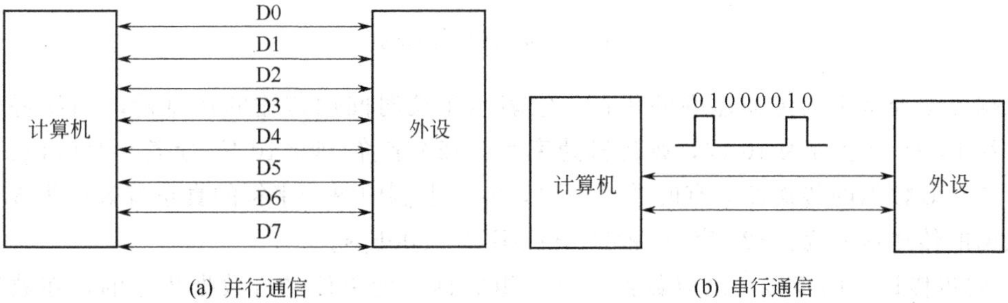

(a) 并行通信　　(b) 串行通信

图11-1　并行通信与串行通信

② 串行通信　如图11-1(b) 所示，串行通信是将数据一位一位顺序发送或接收的，因而只要一根或两根传送线。PLC通信广泛采用串行通信技术。串行通信的特点是通信线路简单，成本低，但传送速度比并行通信慢。

(2) 同步传送和异步传送

串行通信中很重要的问题是使发送端和接收端保持同步，按同步方式可分为同步传送和异步传送。

① 异步传送　异步传送以字符为单位发送数据，每个字符都用开始位和停止位作为字

符的开始标志和结束标志，构成一帧数据信息。因此异步传送也称为起止传送，它是利用起止位达到收发同步的。异步传送的帧字符构成如图 11-2(a) 所示。每个字符的起始位为 0，然后是数据位（有效数据位可以是 5～7 位），随后是奇偶效验位（可根据需要选择），最后是停止位（可以是 1 位或多位）。该图中停止位为两位 1。在停止位后可以加空闲位，空闲位也为 1，位数不限制，空闲位的作用是等待下一个字符的传送。有了空闲位，发送和接收可以连续或间断进行，而不受时间限制。异步串行传送的优点是硬件结构简单，缺点是传送效率低，因为每个字符都要加上起始位和停止位，因此异步串行通信主要用于中、低速的数据传送中。在进行异步串行数据传送时，要保证发送设备和接收设备有相同的数据传送格式和传送速率。

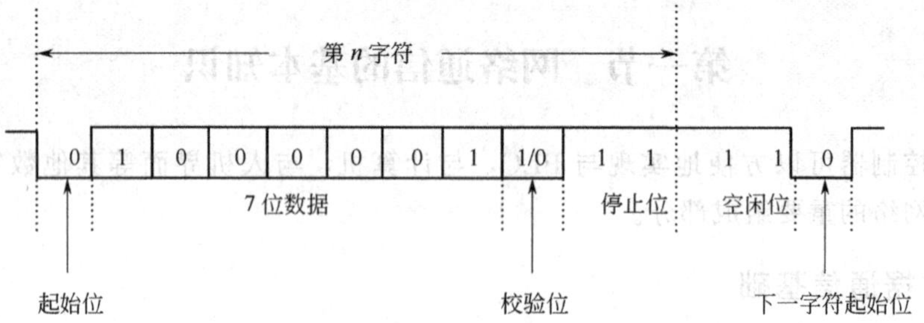

(a) 异步通信传送格式

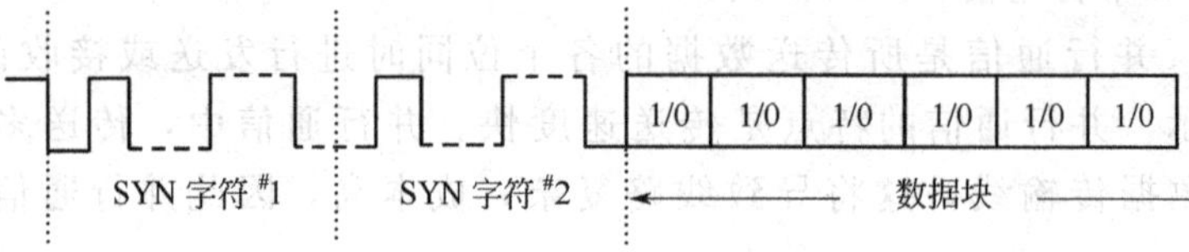

(b) 同步通信传送格式

图 11-2　通信传送的格式

数据传送经常用到传输速率的指标，它表示单位时间内传输的信息量，例如每秒传送 120 个字符，每个字符为 10 位，则传输速率为：120 字符/秒×10 位/字符＝1200bps。但传输速率与有效数据的传送速率有时并不一致，如果上例中每个字符的真正有效位为 5 位，则有效数据的传送速率为：120 字符/秒×5 位/字符＝600bps。

② 同步传送　同步传送是以数据块（一组数据）为单位进行数据传送的，在数据开始处用同步字符来指示，同步字符后则是连续传送的数据。由于不需要起始位和停止位，克服了异步传送效率低的缺点，但是需要的软件和硬件的价格比异步传送要高得多。同步传送的数据格式如图 11-2(b) 所示。

2. 数据传送方向

串行通信时，在通信线路上按照数据的传送方向可以分为单工、全双工和半双工通信方式。

(1) 单工通信方式

单工通信是指在通信线路上数据的传送方向只能是固定的，不能进行反方向的传送。

(2) 半双工通信方式

半双工通信方式是指在一条通信线路上数据的传送可以在两个方向上进行，但是同一个时刻只能是一个方向的数据传送。

（3）全双工通信方式

全双工通信有两条传输线，通信的两台设备可以同时进行发送和接收数据。

3. 传送介质

在 PLC 通信网络中，传输媒介的选择是很重要的一环。传输媒介决定了网络的传输速率、网络段的最大长度及传输的可靠性。目前常用的传送介质主要有双绞线、同轴电缆和光缆等。

（1）双绞线

双绞线是将两根绝缘导线扭绞在一起，一对线可以作为一条通信线路。这样可以减少电磁干扰，如果再加上屏蔽套，则抗干扰效果更好。双绞线的成本低，安装简单，RS—485 多用双绞线实现通信连接。

（2）同轴电缆

同轴电缆由中心导体、电介质绝缘层、外屏蔽导体及外绝缘层组成。同轴电缆的传送速率高，传送距离远，成本比双绞线高。

（3）光缆

光缆是一种传导光波的光纤介质，由纤芯、包层和护套三部分组成。纤芯是最内层部分，由一根或多根非常细的由玻璃或塑料制成的绞合线或纤维组成，每一根纤维都由各自的包层包着，包层是玻璃或塑料涂层，具有与光纤不同的光学特性，最外层则是起保护作用的护套。光缆由于传送经编码后的光信号，尺寸小，重量轻，传送速率及传送距离比同轴电缆好，但是成本高，安装需要专门设备。

传送介质性能比较如表 11-1 所示。

表 11-1　传送介质性能比较

性　能	双　绞　线	同　轴　电　缆	光　缆
传送速率	1～4Mbps	1～450Mbps	10～500Mbps
连接方法	点对点，多点 1.5km 不用中继器	点对点，多点 1.5km 不用中继器（基带） 10km 不用中继器（宽带）	点对点 50km 不用中继器
传送信号	数字信号、调制信号、模拟信号（基带）	数字信号、调制信号（基带） 数字、声音、图像（宽带）	调制信号（基带） 数字、声音、图像（宽带）
支持网络	星型、环行	总线型、环型	总线型、环型
抗干扰	好	很好	极好

二、串行通信接口标准

在工业控制网络中，PLC 常采用 RS-232、RS-485 和 RS-422 标准的串行通信接口进行数据通信。

1. RS-232

RS-232 串行通信接口标准是 1969 年由美国电子工业协会 EIA（Electronic Industries Association）公布的，RS（Recommend Standard）是推荐标准，232 是标志号。它既是一种协议标准，也是一种电气标准，它规定了终端和通信设备之间信息交换的方式和功能。

PLC 与上位机的通信就是通过 RS-232 串行通信接口完成的。

RS-232 接口采用按位串行的方式单端发送、单端接收，传送距离近（最大传送距离为 15m），数据传送速率低（最高传送速率为 20Kbps），抗干扰能力差。

2. RS-422

RS-422 接口采用两对平衡差分信号线，以全双工方式传送数据，通信速率可达到 10Mbps，最大传送距离为 1200m，抗干扰能力较强，适合远距离传送数据。

3. RS-485

RS-485 接口是 RS-422 接口的变型，与 RS-422 接口相比，只有一对平衡差分信号线，以半双工方式传送数据，能够在远距离高速通信中，以最少的信号线完成通信任务，因此在 PLC 的控制网络中广泛应用。

三、工业控制网络基础

1. 工业控制网络的结构

工业控制网络常用以下三种结构形式。

（1）总线型网络

如图 11-3(a) 所示，总线型网络利用总线连接所有的站点，所有的站点对总线有同等的访问权。总线型网络结构简单，易于扩充，可靠性高，灵活性好，响应速度快，工业控制网以总线型居多。

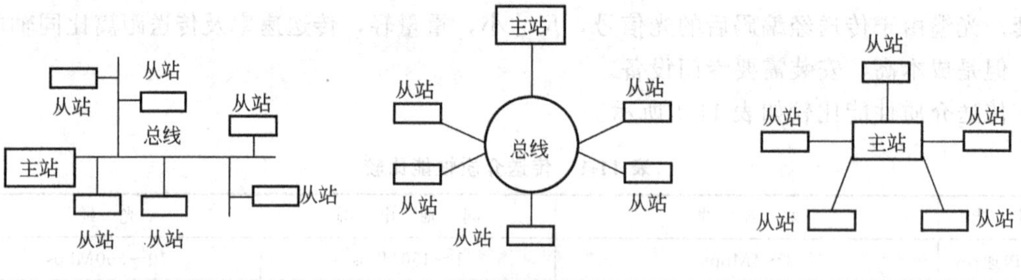

图 11-3　PLC 网络结构示意图

（2）环型网络

如图 11-3(b) 所示，环型网络的结构特点是各个结点通过环路接口首尾相接，形成环型，各个结点均可以请求发送信息。环型网络结构简单，安装费用低，某个结点发生故障时可以自动旁路，保证其他部分的正常工作，系统的可靠性高。

（3）星型网络

如图 11-3(c) 所示，星型网络以中央结点为中心，网络中任何两个结点不能直接进行通信，数据传送必须经过中央结点的控制。上位机（主机）通过点对点的方式与多个现场处理机（从机）进行通信。星型网络建网容易，便于程序的集中开发和资源共享。但是上位机的负荷重，线路利用率较低，系统费用高。如果上位机发生故障，整个通信系统将瘫痪。

2. 通信协议

在进行网络通信时，通信双方必须遵守约定的规程，这些为进行可靠的信息交换而建立的规程称为协议（Protocol）。在 PLC 网络中配置的通信协议可分为两类：通用协议和公司专用协议。

（1）通用协议　国际标准化组织于 1978 年提出了开放系统互连的参考模型 OSI（Open System Interconnection），它所用的通用协议一般分为 7 层，如图 11-4 所示。OSI 模型的最底层为物理层，实际通信就是在物理层通过互相连接的媒体进行的。RS-232、RS-485 和 RS-422 等均为物理层协议。物理层以上的各层都以物理层为基础，在对等层实现直接开放系统互连。常用的通用协议有两种：MAP 协议和 Ethernet 协议。

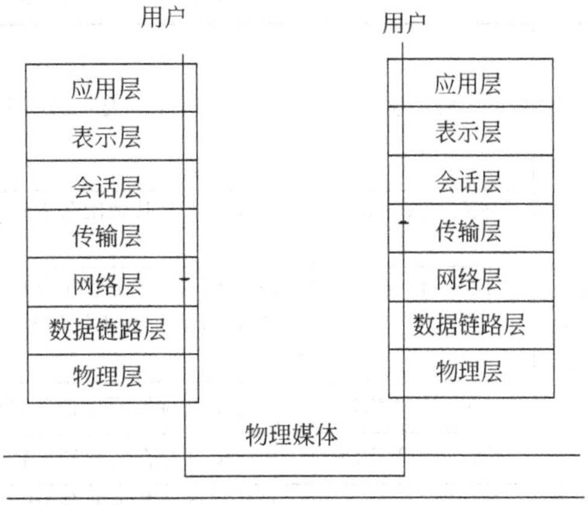

图 11-4　开放系统互连参考模型

（2）公司专用协议

公司专用协议一般用于物理层、数据链路层和应用层。使用公司专用协议传送的数据是过程数据和控制命令，信息短，实时性强，传送速度快。FX_{2N} 系列 PLC 与计算机的通信就采用公司专用协议。

3. 主站与从站

连接在网络中的通信站点根据功能可分为主站与从站。主站可以对网络中的其他设备发出初始化请求；从站只能响应主站的初始化请求，不能对网络中的其他设备发出初始化请求。网络中可以采用单主站（只有一个主站）连接方式或多主站（有多个主站）连接方式。

第二节　FX_{2N} 系列 PLC 通信用硬件及通信形式

一、FX_{2N} 系列 PLC 通信器件

除了各 PLC 厂商的专业工控网络（如三菱 CC-LINK 网络）外，PLC 组网主要通过 RS-232、RS-422、RS-485 等通用通信接口进行。若通信的两台设备都具有同样类型的接口，可直接通过适配的电缆连接并实现通信。如果通信设备间的接口不同，则需要采用一定的硬件设备进行接口类型的转换。FX_{2N} 系列 PLC 基本单元带有 RS-422 口，为了方便通信，厂商生产了为基本单元增加接口类型或转换接口类型用的各种器件。以外观及安装方式分类，这类设备有两种基本型式：一种是功能扩展板，是一种没有外壳的电路板，可打开基本单元的外壳装入机箱内，另一种则是具有独立机箱的，属于特种功能模块一类。常用的设备如表 11-2 所示。其中扩展板与特殊适配器除外观及安装方式不同外，功能也有差异，一般采用扩展板所构成的通信距离最大为 50m，采用适配器构成的通信距离可达 500m。表 11-2 中连接台数栏指一台 PLC 所能连接的其他 PLC 的台数。

二、FX_{2N} 系列 PLC 的通信形式

FX_{2N} 系列 PLC 常用通信形式如下。

1. 并行连接

FX_{2N} 系列 PLC 可通过以下两种连接方式实现两台同系列 PLC 间的并行通信，两台 PLC 之间的最大有效距离为 50m。

表 11-2 FX_{2N} 系列 PLC 简易通信常用设备一览表

类型	型号	主要用途	对应通信功能					连接台数（图号）
			简易PC间链接	并行链接	计算机链接	无协议通信	外围设备通信	
功能扩展板	FX_{2N}-232-BD	与计算机及其他配备 RS-232 接口的设备连接	×	×	○	○	○	1台
	FX_{2N}-485-BD	PLC 间 N：N 接口；并联连接的 1：1 接口；以计算机为主机的专用协议通信用接口	○	○	○	○	×	1台（图 11-5）
	FX_{2N}-422-BD	扩展用于与外围设备连接用	×	×	×	×	○	1台
	FX_{2N}-CNV-BD	与适配器配合实现端口转换	—	—	—	—	—	（图 11-6）
特殊适配器	FX_{0N}-232ADP	与计算机及其他配备 RS-232 接口的设备连接	×	×	○	○	○	1台
	FX_{0N}-485ADP	PLC 间 N：N 接口；并联连接的 1：1 接口；以计算机为主机的专用协议通信用接口	○	○	○	○	×	1台（图 11-7）
通信模块	FX_{2N}-232-IF	作为特殊功能模块扩展的 RS-232 通信口	×	×	×	○	×	最多 8 台（图 11-8）
	FX-485PC-IF	将 RS-485 信号转换为计算机所需的 RS-232 信号	×	×	○	×	×	

注：×为不可；○为可。

图 11-5 FX_{2N}-485-BD

图 11-6 FX_{2N}-CNV-BD

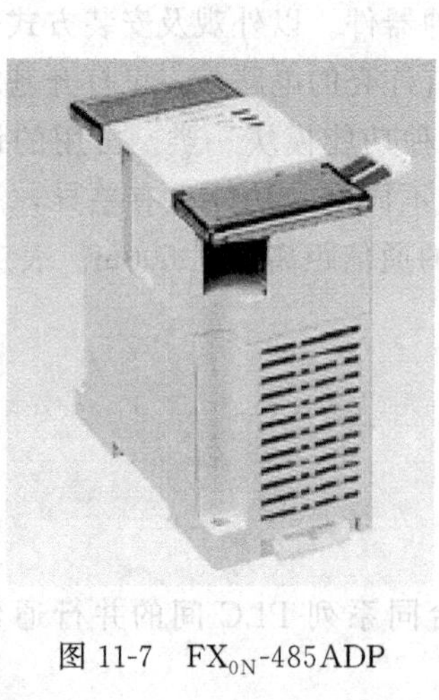

图 11-7 FX_{0N}-485ADP

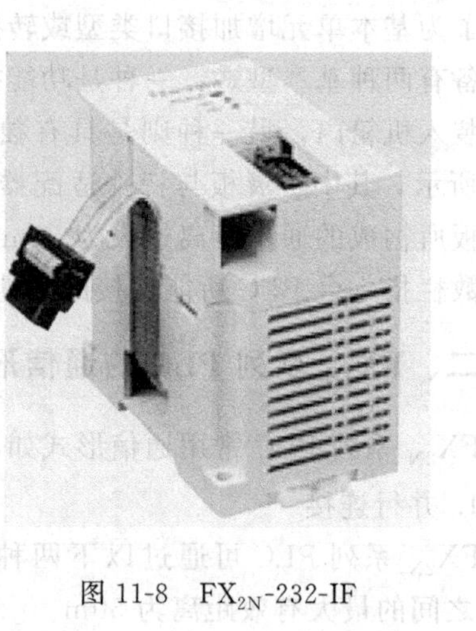

图 11-8 FX_{2N}-232-IF

① 通过 FX_{2N}-485-BD 内置通信板。

② 通过 FX_{2N}-CNV-BD 内置通信板、FX_{0N}-485ADP 特殊适配器和专用通信电缆。

2. 计算机与多台 PLC 之间的通信

计算机与多台 PLC 之间的通信多见于计算机为上位机的系统中。

（1）通信系统的连接

可采用以下两种接口。

① 采用 RS-485 接口时，一台计算机最多可连接 16 台 PLC，采用以下方法。

• FX_{2N} 系列 PLC 之间采用 FX_{2N}-485-BD 内置通信板进行连接（最大有效距离为 50m）或采用 FX_{2N}-CNV-BD 和 FX_{0N}-485ADP 特殊功能模块进行连接（最大有效距离为 500m）。

• 计算机与 PLC 之间采用 FX-485PC-IF 模块和专用的通信电缆，实现计算机与多台 PLC 的连接。

如图 11-9 所示，是采用 FX_{2N}-485-BD 内置通信板和 FX-485PC-IF 将一台计算机与 3 台 FX_{2N} 系列 PLC 连接通信示意图。

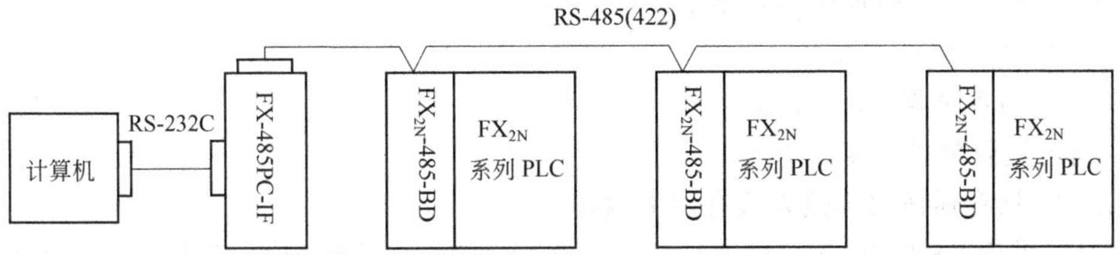

图 11-9　一台计算机与 3 台 FX_{2N} 系列 PLC 连接通信示意图

② 采用 RS-232C 接口的通信系统有以下两种连接方式。

• FX_{2N} 系列 PLC 之间采用 FX_{2N}-232-BD 内置通信板进行连接（或 FX_{2N}-CNV-BD 和 FX_{0N}-232ADP 功能模块），最大有效距离为 15m。

• 计算机与 PLC 的 FX_{2N}-232-BD 内置通信板外部接口通过专用的通信电缆直接连接。

（2）通信的配置

除了线路连接，计算机与多台 PLC 通信时，要设置站号、通信格式（FX_{2N} 机有通信格式 1 及通信格式 4 供选），通信要经过连接的建立（握手）、数据的传送和连接的释放三个过程。这其中，PLC 的通信参数是通过通信接口寄存器及通信参数寄存器（特殊辅助继电器，如表 11-3、表 11-4 所示）设置。通信程序可使用通用计算机语言的一些控件编写（如 BASIC 语言的控件），或者在计算机中运行工业控制组态程序（如组态王、FIX 等）实现通信。

表 11-3　通信接口寄存器

元件号	功 能 说 明
M8126	该标志置 ON 时，表示全局接通
M8127	该标志置 ON 时，表示握手（下位通往请求）
M8128	该标志为 ON 时，表示通信出错
M8129	该标志置 ON 时，表示字/字节切换

表 11-4　通信参数寄存器

元件号	功 能 说 明
D8120	通信格式
D8121	设置的站号
D8127	数据头部内容
D8128	数据长度
D8129	数据网通信暂停值

3. 无协议通信

（1）串行通信指令 RS 实现的通信

FX_{2N} 系列 PLC 与计算机（读码机、打印机）之间，可通过 RS 指令实现串行通信。该指令用于串行数据的发送和接收，其指令要素如表 11-5 所示，使用说明如图 11-10 所示。

表 11-5　串行通信指令要素

指令名称	助记符	指令代码	操作数				程序步
			[S·]	m	[D·]	n	
串行通信指令	RS	FNC 80	D	K、H、D	D	K、H	RS：9 步

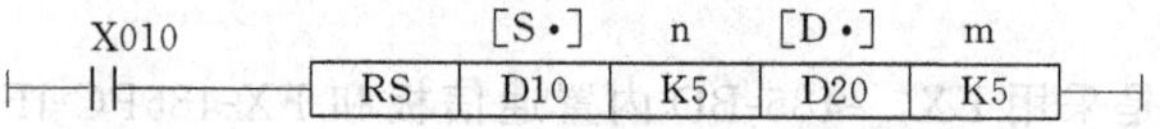

图 11-10　RS 指令的使用说明

[S·]：指定传送缓冲区的首地址。

m：指定传送信息长度。

[D·]：指定接收缓冲区的首地址。

n：指定接收数据长度。

使用 RS 指令通信时连接方式有以下两种。

① 对于采用 RS-232C 接口的通信系统，将一台 FX_{2N} 系列 PLC 通过 FX_{2N}-232-BD 内置通信板（或 FX_{2N}-CNV-BD 和 FX_{0N}-232ADP 功能模块）和计算机（或读码机、打印机）相连（最大有效距离为 15m）。

② 对于采用 RS-485 接口的通信系统，将一台 FX_{2N} 系列 PLC 通过 FX_{2N}-485-BD 内置通信板（最大有效距离为 50m）或 FX_{2N}-CNV-BD 和 FX_{0N}-485ADP 特殊功能模块（最大有效距离为 500m）与计算机（或读码机、打印机）相连。

使用 RS 指令实现无协议通信时也要先设置通信格式，设置发送及接收缓冲区，并在 PLC 中编制有关程序。

（2）特殊功能模块 FX_{2N}-232IF 实现的通信

FX_{2N} 系列 PLC 与计算机（读码机、打印机）之间采用特殊功能模块 FX_{2N}-232IF 连接，通过 PLC 的通用指令 FROM/TO 指令也可以实现串行通信。FX_{2N}-232IF 具有十六进制数与 ASCII 码的自动转换功能，能够将要发送的十六进制数转换成 ASCII 码并保存在发送缓冲寄存器中，同时将接收的 ASCII 码转换成十六进制数，并保存在接收缓冲寄存器中。

4. 简易 PLC 间连接

简易 PLC 间连接也叫做 N∶N 网络，最多可以有 8 台 PLC 连接构成 N∶N 网络，实现 PLC 之间的数据通信。在采用 RS-485 接口的 N∶N 网络中，FX_{2N} 系列 PLC 可以通过以下两种方法连接到网络中。

① FX_{2N} 系列 PLC 之间采用 FX_{2N}-485-BD 内置通信板和专用的通信电缆进行连接（最大有效距离为 50m）。

②FX_{2N} 系列 PLC 之间采用 FX_{2N}-CNV-BD 和 FX_{0N}-485ADP 特殊功能模块和专用的通信电缆进行连接（最大有效距离为 500m）。

第三节 FX$_{2N}$ 系列 PLC 间的简易通信及应用实例

一、FX$_{2N}$ 系列可编程控制器的并行连接通信

1. 通信系统的连接

图 11-11 所示是采用 FX$_{2N}$-485-BD 通信模块连接两台 FX$_{2N}$ 系列 PLC，实现并行连接通信示意图。

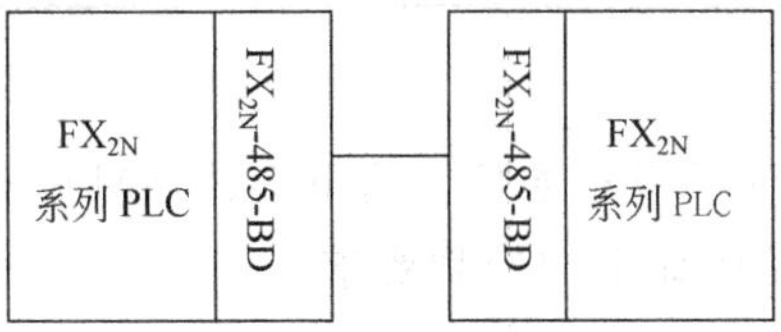

图 11-11 并行通信连接示意图

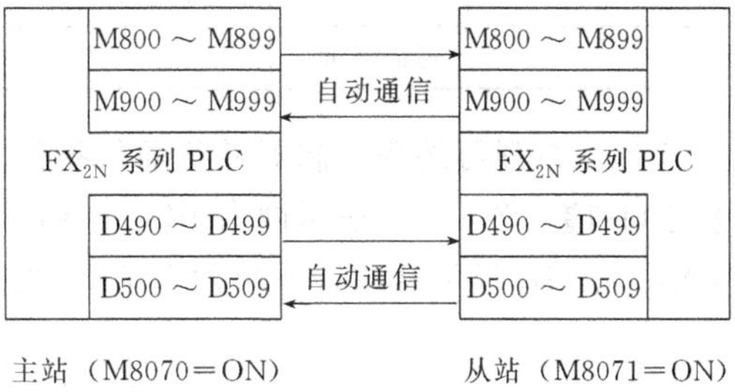

图 11-12 标准并行通信模式数据传递关系

2. 通信系统的参数设置

FX$_{2N}$ 系列 PLC 的并行通信是通信双方规定的专用存储单元机外读取的通信。有关通信参数及设定如下。

（1）相关的功能元件和数据

并行通信中，有关特殊数据元件的功能如表 11-6 所示。

表 11-6 并行通信特殊辅助继电器和寄存器功能

元件号	说 明
M8070	M8070＝ON 时,表示该 PLC 为主站
M8071	M8071＝ON 时,表示该 PLC 为从站
M8072	M8072＝ON 时,表示 PLC 工作在并行通信方式
M8073	M8073＝ON 时,表示 PLC 在标准并行通信工作方式,发生 M8070/ M8071 的设置错误
M8162	M8162＝ON 时,表示 PLC 工作在高速并行通信方式,仅用于 2 个字的读/写操作
D8070	并行通信的警戒时钟 WDT(默认值为 500ms)

（2）标准并行通信模式的设置与连接

通过表 11-6 可以看到，FX$_{2N}$ 系列 PLC 的并行通信有两种方式：标准并行通信和高速并行通信。当采用标准并行通信时，特殊辅助继电器 M8162＝OFF，相关通信元件如表 11-7 所示。标准并行通信模式数据传递关系如图 11-12 所示。

表 11-7 标准并行通信模式下的通信元件

通信元件类型		说 明
位元件(M)	字元件(D)	
M800～M899	D490～D499	主站数据传送到从站所用的数据通信元件
M900～M999	D500～D509	从站数据传送到主站所用的数据通信元件
通 信 时 间		70ms＋主站扫描周期＋从站扫描周期

（3）高速并行通信模式的设置与连接

当采用高速并行通信时，特殊辅助继电器 M8162＝ON，相关通信元件只有 4 个，如表 11-8 所示。高速并行通信模式的数据传递关系如图 11-13 所示。

表 11-8 高速并行通信模式下的通信元件

通信元件类型		说明
位元件(M)	字元件(D)	
无	D490～D491	主站数据传送到从站所用的数据通信元件
无	D500～D501	从站数据传送到主站所用的数据通信元件
通信时间		20ms＋主站扫描周期＋从站扫描周期

3. FX_{2N} 系列可编程控制器并行通信举例

【例 11-1】 图 11-14 所示两台 PLC 采用标准并行通信方式通信。将 FX_{2N}-48MT 设为主站，FX_{2N}-32MR 设为从站，要求两台 PLC 之间能够完成如下的控制要求。

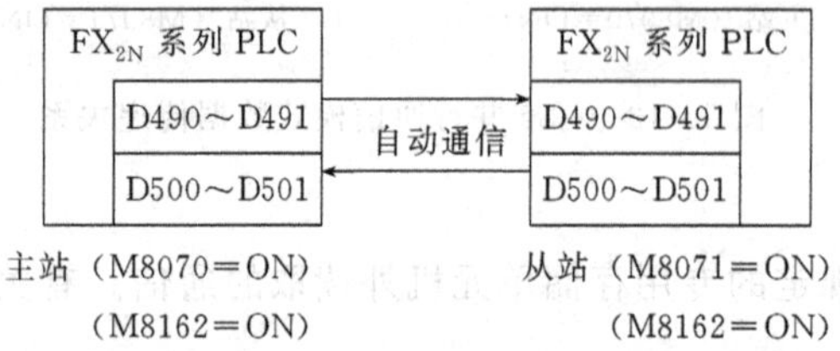

图 11-13 高速并行通信模式的数据传递关系

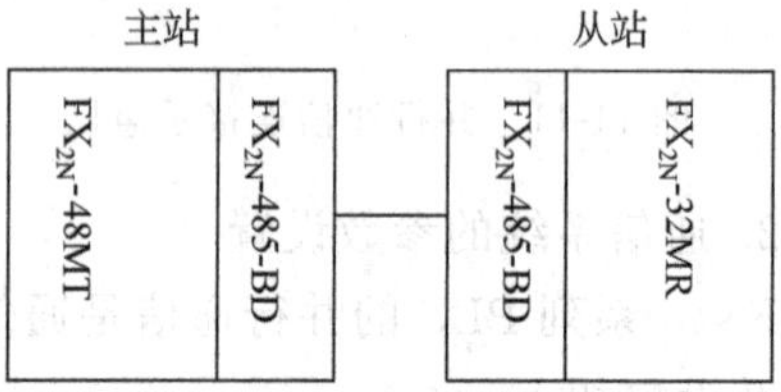

图 11-14 并行通信连接示意图

① 将主站的输入端口 X000～X007 的状态传送到从站，通过从站的 Y000～Y007 输出。

② 当主站的计算值（D0＋D2）≤100 时，从站的 Y010 输出为 ON。

③ 将从站的辅助继电器 M0～M7 的状态传送到主站，通过主站的 Y000～Y007 输出。

④ 将从站数据寄存器 D10 的值传送到主站，作为主站计数器 T0 的设定值。

以上控制要求通过分别设置在主站和从站中的程序实现。主站程序如图 11-15 所示。从站程序如图 11-16 所示。

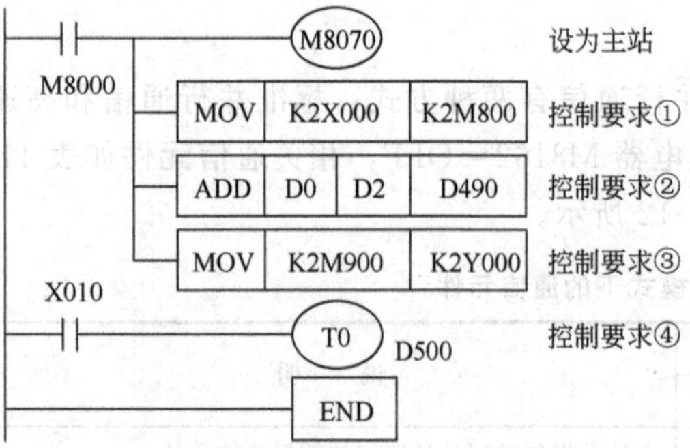

图 11-15 例 11-1 主站梯形图

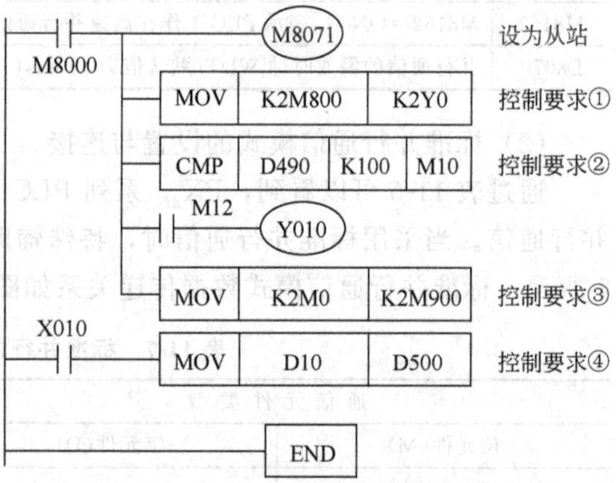

图 11-16 例 11-1 从站梯形图

【例 11-2】 两台 PLC 采用高速并行通信方式，要求两台 PLC 之间能够完成如下的控制要求。

① 当主站的计算值（D10+D12）≤100 时，从站的 Y000 输出为 ON。

② 将从站数据寄存器 D100 的值传送到主站，作为主站计数器 T10 的设定值。

两台 PLC 的高速并行通信，主站程序如图 11-17 所示，从站程序如图 11-18 所示。

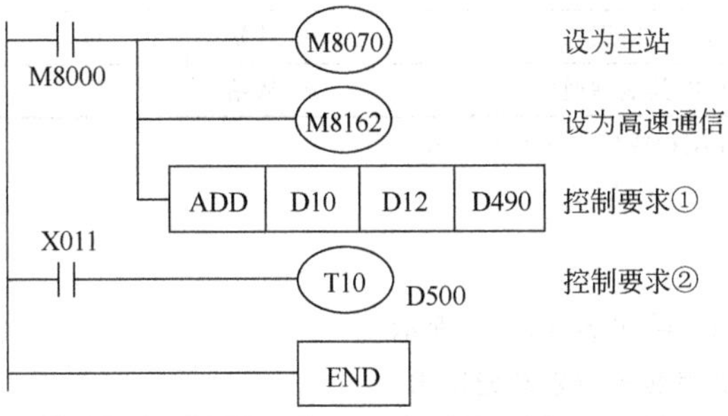

图 11-17　例 11-2 主站梯形图

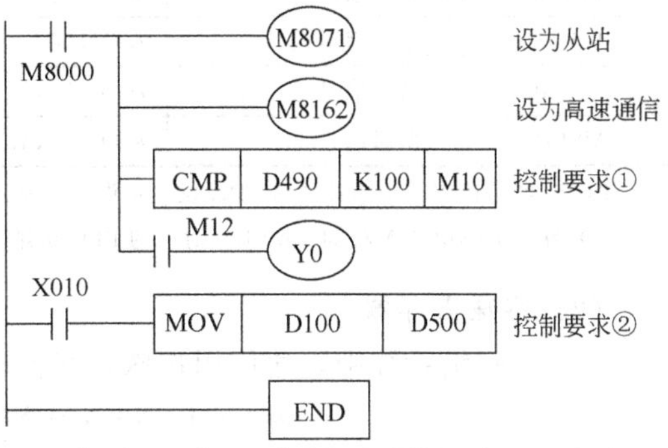

图 11-18　例 11-2 从站梯形图

二、N∶N 网络

1. N∶N 网络的构成

FX 系列 PLC 中的 FX_{2N}、FX_{2NC}、FX_{1N}、FX_{1S}、FX_{0N} 可以构成可编程控制器多点通信网络（N∶N 网络），通过程序控制实现 PLC 间的数据的通信。

（1）网络的连接

如图 11-19 所示，4 台 FX_{2N} 系列 PLC 采用 FX_{2N}-485-BD 内置通信板和专用通信电缆连接，构成的 N∶N 网络。

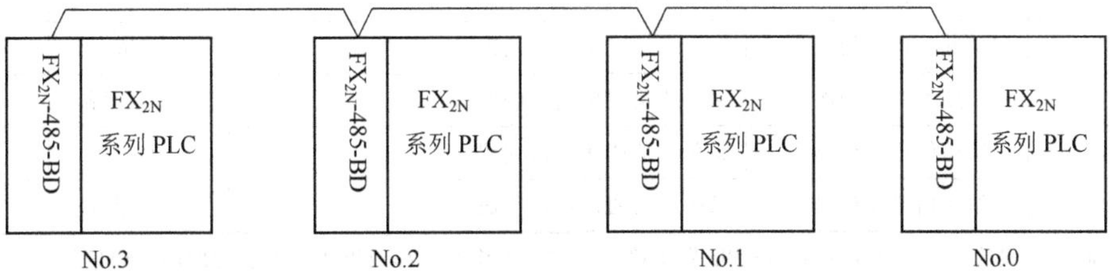

图 11-19　4 台 PLC 连接的网络示意图

（2）网络系统的技术规格

表 11-9 为采用 N∶N 网络系统的主要技术规格。

表 11-9　N∶N 网络系统的主要技术规格

通信标准	传送距离	连接数量	通信方式	字长 停止位	传送速率	数据头 数据尾	奇偶位 求和检验
RS-485	最大 500m	最大 8 台	半双工	固定值	38.4Kps	固定值	固定值

2. N∶N 网络系统的主要参数

在 N∶N 网络系统中，通信数据元件对网络的正常工作具有非常重要的作用，只有对这些数据元件进行准确的设置，才能保证网络的可靠运行。

(1) 特殊辅助继电器

N∶N 网络系统中，通信用特殊辅助继电器功能说明如表 11-10 所示。

表 11-10 N∶N 网络的特殊辅助继电器功能说明

继电器号	功能	说明	响应类型	读/写方式
M8038	网络参数设置	为 ON 时，进行 N∶N 网络的参数设置	主站、从站	读
M8183	主站通信错误	为 ON 时，主站通信发生错误	从站	读
M8184～M8190	从站通信错误	为 ON 时，从站通信发生错误	主站、从站	读
M8191	数据通信	为 ON 时，表示正在同其他站通信	主站、从站	读

注：1. 通信错误不包括各站的 CPU 发生错误、各站工作在编程或停止状态的指示。

2. 特殊辅助继电器 M8184～M8190 对应的 PLC 从站号为 No.1～No.7。

(2) 特殊寄存器

N∶N 网络系统中，通信用特殊寄存器功能说明如表 11-11 所示。

表 11-11 N∶N 网络的特殊数据寄存器功能说明

寄存器号	功能	说明	响应类型	读/写方式
D8173	站号	保存 PLC 自身的站号	主站、从站	读
D8174	从站数量	保存网络中从站的数量	主站、从站	读
D8175	更新范围	保存要更新的数据范围	主站、从站	读
D8176	站号设置	对网络中 PLC 站号的设置	主站、从站	写
D8177	设置从站数量	对网络中从站的数量进行设置	从站	写
D8178	更新范围设置	对网络中数据的更新范围进行设置	从站	写
D8179	重试次数设置	设置网络中通信的重试次数	从站	读/写
D8180	公共暂停值的设置	设置网络中的通信公共等待时间	从站	读/写
D8201	当前网络扫描时间	保存当前的网络扫描时间	主站、从站	读
D8202	最大网络扫描时间	保存网络允许的最大扫描时间	主站、从站	读
D8203	主站发生错误的次数	保存主站发生错误的次数	主站	读
D8204～D8210	从站发生错误的次数	保存从站发生错误的次数	主站、从站	读
D8211	主站通信错误代码	保存主站通信错误代码	主站	读
D8212～D8218	从站通信错误代码	保存从站通信错误代码	主站、从站	读

注：1. 通信错误的次数不包括本站的 CPU 发生错误、本站工作在编程或停止状态引起的网络通信错误。

2. 特殊数据寄存器 D8204～D8210 对应的 PLC 从站号为 No.1～No.7；特殊数据寄存器 D8212～D8218 对应的 PLC 从站号为 No.1～No.7。

3. N∶N 网络的参数设置

(1) 站号的设置

将数值 0～7 写入相应 PLC 的数据寄存器 D8176 中，就完成了站号设置。站号的设置如表 11-12 所示。

表 11-12 站号的设置

数值	站号
0	主站(站号 No.0)
1～7	从站(站号 No.1～No.7)

表 11-13 通信数据更新范围的模式

通信元件类型	模式 0	模式 1	模式 2
位元件(M)	0 点	32 点	64 点
字元件(D)	4 个	4 个	32 个

（2）从站数的设置

将数值 1～7 写入主站的数据寄存器 D8177 中，数值对应从站的数量，默认值为 7（7 个从站），这样就完成了网络从站数的设置。该设置不需要从站的参与。

（3）设置数据更新范围

将数值 0～2 写入主站的数据寄存器 D8178 中，选择 N：N 通信的模式，默认值为模式 0，不同模式参与数据共享的存储元件数如表 11-13 所示，这样就完成了网络数据更新范围的设置。该设置不需要从站的参与。

在三种模式下，N：N 网络中各站对应的位元件号和字元件号分别如表 11-14～表 11-16 所示。

表 11-14　模式 0 时使用的数据元件编号

站　号	No. 0	No. 1	No. 2	No. 3	No. 4	No. 5	No. 6	No. 7
位元件(M)	无	无	无	无	无	无	无	无
字元件(D)	D0～D3	D10～D13	D20～D23	D30～D33	D40～D43	D50～D53	D60～D63	D70～D73

表 11-15　模式 1 时使用的数据元件编号

站　号	No. 0	No. 1	No. 2	No. 3	No. 4	No. 5	No. 6	No. 7
位元件(M)	M1000～M1031	M1064～M1095	M1128～M1159	M1192～M1223	M1256～M1287	M1320～M1351	M1384～M1415	M1448～M1479
字元件(D)	D0～D3	D10～D13	D20～D23	D30～D33	D40～D43	D50～D53	D60～D63	D70～D73

表 11-16　模式 2 时使用的数据元件编号

站　号	No. 0	No. 1	No. 2	No. 3	No. 4	No. 5	No. 6	No. 7
位元件(M)	M1000～M1063	M1064～M1127	M1128～M1191	M1192～M1255	M1256～M1319	M1320～M1383	M1384～M1447	M1448～M1511
字元件(D)	D0～D7	D10～D17	D20～D27	D30～D37	D40～D47	D50～D57	D60～D67	D70～D77

（4）通信重试次数的设置

将数值 0～10 写入主站的数据寄存器 D8179 中，数值对应通信重试次数，默认值为 3，这样就完成了网络通信重试次数的设置。该设置不需要从站的参与。当主站向从站发出通信信号，如果在规定的重试次数内没有完成连接，则网络发出通信错误信号。

（5）设置公共暂停时间

将数值 5～255 写入主站的数据寄存器 D8180 中，数值对应公共暂停时间，默认值为 5（单位为 10ms）。例如，数值 10 对应的公共暂停时间为 100ms，这样就完成了网络通信公共暂停时间的设置。该等待时间的产生是由于主站和从站通信时引起的延迟等待。

4. N：N 网络的应用举例

【例 11-3】 如图 11-20 所示，3 台 FX_{2N} 系列 PLC 采用 FX_{2N}-485-BD 内置通信板连接，构成 N：N 网络。要求将 FX_{2N}-80MT 设置为主站，从站数为 2，数据更新采用模式 1，重试次数为 3，公共暂停时间为 50ms。试设计满足下列要求的主站和从站程序。

（1）主站 No. 0 的控制要求

① 将主站的输入信号 X000～X003 作为网络共享资源。

② 将从站 No. 1 的输入信号 X000～X003 通过主站的输出端 Y014～Y017 输出。

③ 将从站 No. 2 的输入信号 X000～X003 通过主站的输出端 Y020～Y023 输出。

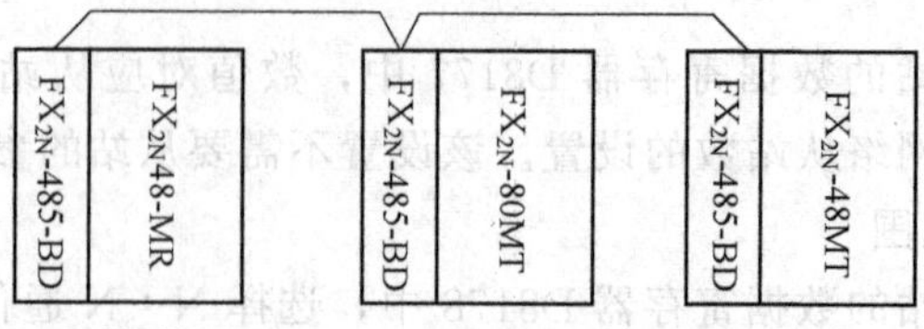

图 11-20　例 11-3 网络连接示意图

④ 将数据寄存器 D1 的值，作为网络共享资源；当从站 No.1 的计数器 C1 接点闭合时，主站的输出端 Y005＝ON。

⑤ 将数据寄存器 D2 的值，作为网络共享资源；当从站 No.2 的计数器 C2 接点闭合时，主站的输出端 Y006＝ON。

⑥ 将数值 10 送入数据寄存器 D3 和 D0 中，作为网络共享资源。

⑦ 适当配置通信系统出现错误的提示。

（2）从站 No.1 的控制要求

首先要进行站号的设置，然后完成以下控制任务。

① 将主站 No.0 的输入信号 X000～X003 通过从站 No.1 的输出端 Y010～Y013 输出。

② 将从站 No.1 的输入信号 X000～X003 作为网络共享资源。

③ 将从站 No.2 的输入信号 X000～X003 通过从站 No.1 的输出端 Y020～Y023 输出。

④ 将主站 No.0 数据寄存器 D1 的值，作为从站 No.1 计数器 C1 的设定值；当从站 No.1 的计数器 C1 接点闭合时，使从站 No.1 的 Y005 输出，并将 C1 接点的状态作为网络共享资源。

⑤ 当从站 No.2 的计数器 C2 接点闭合时，从站 No.1 的输出端 Y006＝ON。

⑥ 将数值 10 送入数据寄存器 D10 中，作为网络共享资源。

⑦ 将主站 No.0 数据寄存器 D0 的值和从站 No.2 数据寄存器 D20 的值相加结果存入从站 No.1 的数据寄存器 D11 中。

（3）从站 No.2 的控制要求

首先要进行站号的设置，然后完成以下控制任务。

① 将主站 No.0 的输入信号 X000～X003 通过从站 No.2 的输出端 Y010～Y013 输出。

② 将从站 No.1 的输入信号 X000～X003 通过从站 No.2 的输出端 Y014～Y017 输出。

③ 将从站 No.2 的输入信号 X000～X003 作为网络共享资源。

④ 当从站 No.1 的计数器 C1 接点闭合时，从站 No.2 的输出端 Y005＝ON。

⑤ 将主站 No.0 数据寄存器 D2 的值，作为从站 No.2 计数器 C2 的设定值；当从站 No.2 的计数器 C2 接点闭合时，使从站 No.2 的 Y006 输出，并将 C1 接点的状态作为网络共享资源。

⑥ 将数值 10 送入数据寄存器 D20 中，作为网络共享资源。

⑦ 将主站 No.0 数据寄存器 D3 的值和从站 No.1 数据寄存器 D10 的值相加结果存入从站 No.2 的数据寄存器 D21 中。

配置 N∶N 网络时首先要根据通信信息量的要求选择数据更新模式，配置站号及网络的一些公共参数。本例中选模式 1。网络通信参数的设置如表 11-17。设置程序如图 11-21，程序写入 FX_{2N}-80MT 主站中。通信系统的错误报警程序如图 11-22 所示，也写入 FX_{2N}-80MT 主站中。

表 11-17　例 11-3 通信参数设置

寄存器号	主站 No.0	从站 No.1	从站 No.2	说　　明
D8176	K0	K1	K2	PLC 站号的设置
D8177	K2			从站的数量设置
D8178	K1			数据的更新范围设置
D8179	K3			网络中通信的重试次数
D8180	K5			网络中的通信公共等待时间

图 11-21　例 11-3 的网络参数设置梯形图

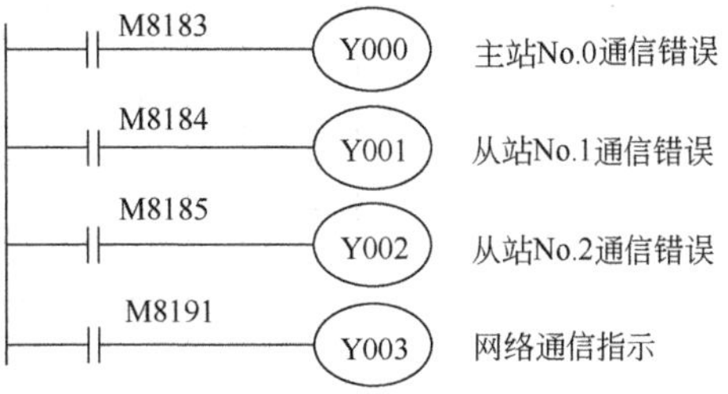

图 11-22　例 11-3 网络通信错误的报警程序

主站和从站满足以上控制要求的程序主要参照数据共享安排。主站 No.0 的控制程序如图 11-23 所示；从站 No.1 的控制程序如图 11-24 所示；从站 No.2 的控制程序如图 11-25 所示。

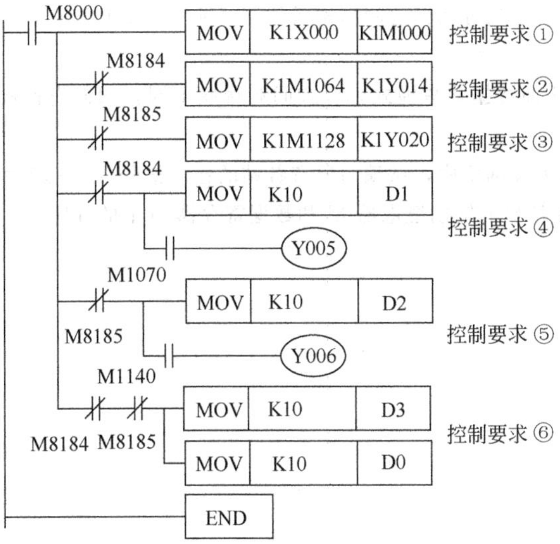

图 11-23　主站 No.0 控制程序

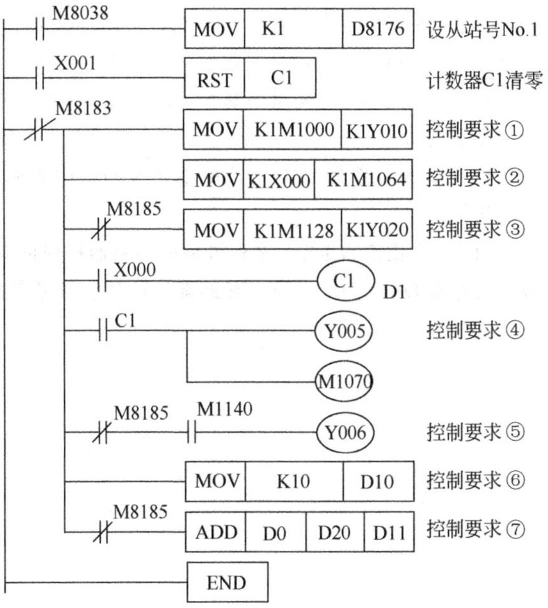

图 11-24　从站 No.1 控制程序

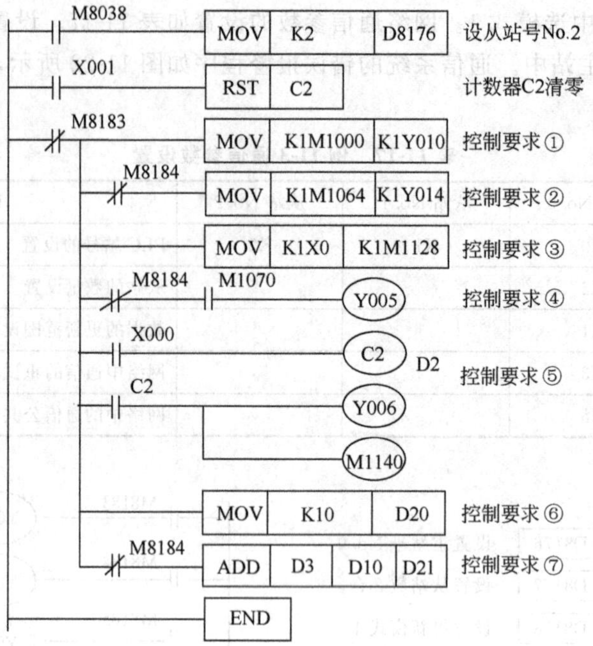

图 11-25　从站 No. 2 控制程序

习题及思考题

11-1　计算机通信有哪些常用的通信方式？

11-2　比较并行通信和串行通信的优缺点。

11-3　异步串行数据通信有哪些常用的通信参数？

11-4　两台 FX_{2N} 系列可编程控制器，采用并行通信，要求将从站的输入信号 X000～X027 传送到主站，当从站的这些信号全部为 ON 时，主站将数据寄存器 D10～D20 的值传送给从站并保存在从站的数据寄存器 D10～D20 中。通信方式采用标准模式。

11-5　组成 N：N 网络的基本条件有哪些？在 FX_{2N} 系列可编程控制器构成的 N：N 网络中允许有多少个从站和主站？

11-6　FX_{2N} 系列 PLC 构成的 N：N 网络中有哪几种数据共享模式，模式间有哪些不同，如何进行模式的选择？

11-7　在由 5 台 FX_{2N} 系列可编程控制器构成的 N：N 网络中，试编写所有各站的输出信号 Y0～Y7 和数据寄存器 D10～D17 共享，各站都将这些信号保存在各自的辅助继电器 M 和数据寄存器 D 中的程序。

应用篇

可编程控制器的工业应用

第十二章　可编程控制器的工业应用规划

内容提要：PLC的工业应用规划是PLC应用中的重要环节。本章对PLC控制系统规划的内容、步骤、应用程序的设计方法以及适用场合等做了说明，并讨论了PLC控制系统输入输出口扩展及提高系统可靠性的方案。

第一节　PLC应用开发的内容

PLC控制系统的应用开发包含两个主要内容：硬件配置及软件设计。从开发步骤来说，如图12-1所示，它可分为以下几步。

一、控制功能调查

首先对被控对象的工艺过程、工作特点、功能和特性进行认真分析，并通过与有关工程技术人员的共同协作，明确控制任务和设计要求，制定出详实的工作循环图或控制状态流程图。然后，根据生产环境和控制要求确定采用何种控制方式，如PLC控制、继电器控制或计算机控制。通常，当工业环境较差，而安全性、可靠性要求较高，系统工艺复杂，输入输出点数多，且以开关量为主，用常规继电器控制系统难以实现，工艺流程又要经常变动的机械和现场，应采用PLC控制。

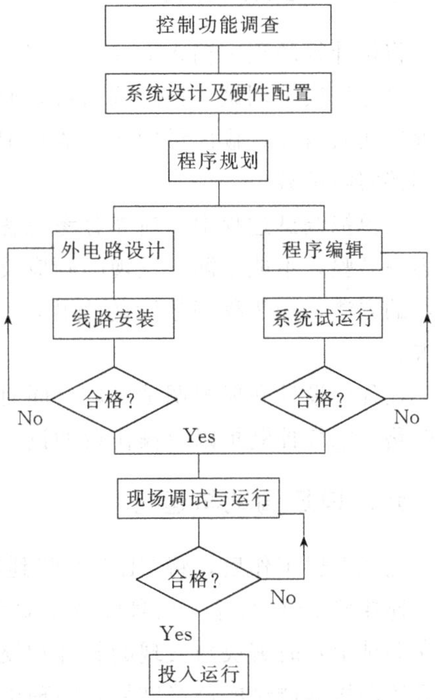

图12-1　应用开发过程示意图

二、系统设计及硬件配置

系统设计含以下内容。

① 根据被控对象对控制系统的要求，明确PLC系统要完成的任务及所应具备的功能。

② 分析系统功能要求的实现方法并提出 PLC 系统的基本规模及布局。这里强调系统设计的多方案比较和选择。例如为了实现位置控制，可以使用限位开关控制也可以采用脉冲定位控制。在脉冲定位主体设备方案中，可以使用 PLC 主机集成的高速计数器又可以另加专用的高速计数工作单元。同时，系统的硬件配置和系统的保护及软件的结构也有很大的关系，需要统筹考虑。

③ 在系统配置的基础上提出 PLC 的机型及具体配置。包括 PLC 的型号、单元模块、输入/输出类型和点数，以及相关的附属设备。选择机型时还要考虑软件对 PLC 功能和指令的要求，还要兼顾经济性。

三、程序规划

程序规划的主要内容是确定程序的总体结构、各功能程序块之间的接口方法。进行程序规划前应先绘出控制系统的工作循环图或状态流程图以期进一步明确控制要求及选取程序结构。工作循环图应反映控制系统的工作方式：是自动、半自动还是手动，是单机运行还是多机联网运行，是否需要故障报警功能、联网通信功能、电源故障及其他紧急情况的处理功能等。作为程序编制的工具，PLC 端口安排及机内元件的选用表也应列出来，以供程序设计时使用。

四、程序编辑

程序的编辑过程是程序的具体设计过程。在前边确定的程序结构前提下，可以使用梯形图也可以使用指令表完成程序。当然，编程人员如更熟悉其他编程工具或程序编辑需要采取其他编程工具，也可以采用。程序设计使用哪种方法要根据需要，经验法、状态法、逻辑法，或多种方法综合使用。

五、系统模拟运行

将设计好的程序输入 PLC 后，首先要检查程序，并改正输入时出现的错误。然后，在实验室进行模拟调试。模拟调试可以使用编程软件的模拟运行功能，也可以用开关、按钮模拟现场输入信号，输出量的状态通过 PLC 上的发光二极管或编程软件界面的显示判断，一般不接实际负载。

在模拟调试过程中，应充分考虑各种可能情况。对各种不同的工作方式以及运行条件都应逐一试验，不能遗漏。发现问题应及时修改设计，对于指令条数较多的程序，需采用设置断点的方法，加快程序故障的查找，直到在各种可能设想的情况下，控制系统都符合控制要求。

在程序设计和模拟调试时，可同时进行电气控制系统的其他设计和施工，如 PLC 的外部电路、电气控制柜以及操作台的设计、安装和接线等工作。

六、现场调试与运行

完成上述工作后，将 PLC 安装到控制现场或将调试好的程序传送到现场使用的 PLC 中，连接好 PLC 与输入信号以及驱动负载的接线。当确认连接无误后，就可进行现场调试，并在调试中及时解决新发现的软件和硬件方面的问题，直到满足工艺流程和系统控制要求。最后还需根据调试的最终结果，整理出完整的技术文件，如电气接线图、功能表图、带注释的梯形图以及必要的文字说明等。

第二节 硬件配置

PLC是一种应用广泛的工业控制装置，它的功能设置是面向广大用户的，因此，选择配置适合具体设计的PLC，会给设计、操作以及将来的扩展带来极大的方便。通常PLC的选择是在设计开始时进行的，即根据工艺流程特点、控制要求及现场所需信号的数量和类型预先进行。在选择设备配置时，一般应从以下几方面来考虑。

一、PLC的功能选择

通常控制系统需要什么功能，就应选择具有什么样功能的PLC，当然还要兼顾可持续性、经济性和备件的通用性。对于单机控制要求简单仅需开关量控制的设备，一般的小型PLC都可以满足要求。但随着计算机技术的飞速发展，PLC与PLC、PLC与上位机之间都具备了联网通信以及数据处理、模拟量控制等功能。因此在功能选择方面，还要注重这些功能相关硬件的使用，以提高PLC的控制能力。

二、输入输出点数的确定

根据控制要求，将各输入设备和被控设备详细列表，准确地统计出被控设备对输入、输出点数的需求量，然后在实际统计的输入输出点数基础上加15%～20%的备用量，以便今后调整和扩充。同时要充分利用好输入输出扩展单元，提高主机的利用率。例如FX_{2N}系列PLC主机分为16、24、32、64、80、128点六档，还有多种输入输出扩展模块，这样在今后可能的系统扩展，增加输入输出点数时，不必改变机型，可以通过扩展单元实现，降低了经济投入。

在确定输入输出点数时，还要注意它们的性质、类型和参数。例如是开关量还是模拟量、是交流量还是直流量以及电压大小等级等，同时还要注意输出端的负载特点，以此选择和配置相应机型和模块。

三、对PLC响应时间的要求

对于多数应用场合，PLC的响应时间基本能满足控制要求。响应时间包括输入滤波时间、输出滤波时间和扫描周期。PLC的工作方式决定了它不能接收频率过高或持续时间小于扫描周期的输入信号，当有此类信号输入时，需选用扫描速度高的PLC或选用快速响应模块或中断输入模块。

四、程序存储器容量的估算

用户程序所需存储器容量可以预先估算。对于开关量控制系统，用户程序所需存储器的字数等于输入输出信号总数乘以8；对于有模拟量输入输出的系统，每一路模拟量信号大约需100字的存储容量。

通常PLC配有模块式的存储器卡盒，同一型号的PLC可以选择不同容量的存储器卡盒，以便适应不同功能扩展对存储容量的需要。例如FX_{2N}型PLC有4K步、8K步、16K步等。

五、系统可靠性

根据生产环境及工艺要求，应采用功能完善、可靠性强的PLC。对可靠性要求极高的系统，应考虑采用冗余控制系统或热备份系统。

第三节 软件设计

用户程序的设计是PLC应用中最关键的问题。在掌握PLC的指令功能以及编程方式的同时，还要掌握正确的程序设计方法，才能编制出性能优良的程序，才能更有效地利用可编程控制器，使它在工业控制中发挥巨大作用。一般用户程序的设计可分为经验设计法、逻辑设计法和状态流程图设计法等。

一、经验设计法

它沿用了继电器控制电路的设计方法来设计梯形图。在基本控制单元和典型控制环节基础上，根据被控对象对控制系统的具体要求，依靠经验直接设计控制系统，不断地修改和完善梯形图，直到达到较为满意的结果。这种方法没有普遍的规律可以遵循，具有很大的随意性，最后的结果也不是唯一的。由于依赖经验设计，要求设计者熟悉大量的典型环节和应用实例。

经验法梯形图设计绘制的基本依据是梯形图支路的构成方式，是启-保-停电路的功能及辅助继电器对编程事件的表达。本书第四章已经给出了经验设计法的设计步骤及实例。

二、逻辑设计法

逻辑设计法是从控制系统中事件及物理量的逻辑关系出发的设计方法。其理论基础是逻辑代数。逻辑设计法在传统的继电器电路设计中就有应用。它的基本设计思想认为，控制过程由若干个状态组成，每个状态都对应了控制系统事件一定的逻辑组合。这些组合中含主令信号，执行元件等输入、输出变量。也包含编程需要的中间记忆元件。正确地写出它们在各个状态中的逻辑函数式，并以此绘出梯形图也就完成了程序设计的主要任务。本书第十三章给出了应用逻辑法进行梯形图设计的例子。

逻辑设计法主要适用于单一顺序问题的程序设计，如果系统很复杂，包含了大量的选择序列和并行序列，那么采用逻辑设计法就显得很困难了。

三、状态流程图设计法

状态流程图又叫功能表图、状态转移图或状态图。它是完整地描述控制系统的控制过程、功能和特性的一种图形，是分析和设计电气控制系统顺序控制程序的一种重要工具。同时，它又是一种通用的技术语言，可以为不同专业的工程技术人员进行技术交流提供服务。状态流程图的设计方法以及相关内容，请参见本书第五章。

作为编程实例，本书第十三章还介绍了将继电器电路图改编为梯形图的方法。

第四节 输入输出端口的扩展及保护

一、输入输出端口的扩展

输入输出端口作为PLC的重要资源，是PLC应用规划中必须要考虑的问题。节省及扩展输入输出端口是提高PLC控制系统经济性能指标的重要手段。本节介绍PLC输入输出端口扩展常见的一些方法。

1. 输入端口的扩展

（1）分时分组输入

分时分组输入指控制系统中不同时使用的两项或多项功能中，一个输入端口可以重复使用。例如，自动程序和手动程序不会同时执行，自动和手动这两种工作方式分别使用的输入量就可以分成两组输入。如图 12-2 所示，通过 COM 端的切换，S1、S2 在手动时被接入 X000 及 X001，而 S3、S4 在自动时被接入 X000 及 X001。X010 用来输入自动/手动命令信号，供自动程序和手动程序切换之用。

图 12-2 中的二极管用来切断寄生电路。假设图中没有二极管，系统处于自动状态，S1、S2、S3 闭合，S4 断开，这时电流从 COM 端子流出，经 S3、S1、S2 形成寄生回路流入 X001 端子，使输入位 X001 错误地变为 ON。各开关串联了二极管后，切断了寄生回路，避免了错误的产生。

（2）利用输出端口扩展输入端

在图 12-2 的基础上，如果每个输入端口上接有多组输入信号，接在 COM 端的开关就必须是一个多掷开关。这样的多掷开关如果手动操作将很不方便，特别在要求快速输入多组信号的时候，手动操作是不可能的，这时可以使用若干个输出口代替这个开关，如图 12-3 所示。这是一个三组输入的例子，当输出端口 Y001 接通时，K1、K2、K3 被接入电路，当输出端口 Y002 接通时，PLC 读入 K4、K5、K6 的状态。而输出端口的状态则用软件控制，这种输入方式在 PLC 接入拨盘开关时很常见。

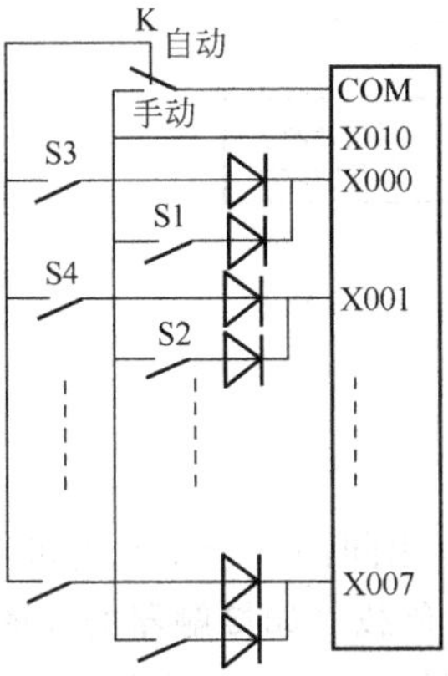

图 12-2　分时分组输入

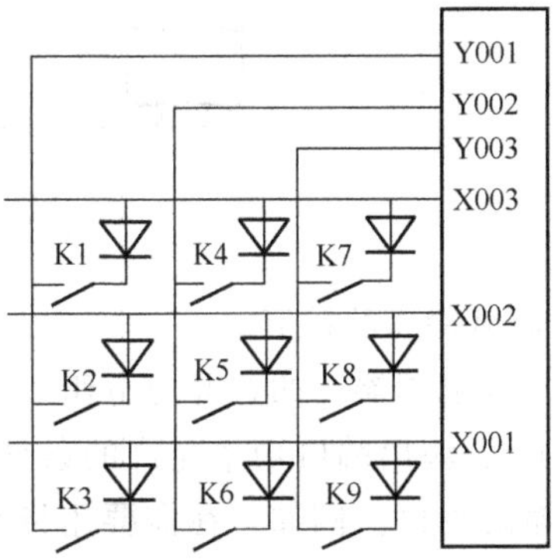

图 12-3　输出端口扩展输入端口

（3）输入输出端口的合并

如果外部某些输入信号总是以某种“与或非”组合的整体形式出现在梯形图中，可以将它们对应的触点在 PLC 外部串、并联后作为一个整体接入 PLC，只占一个输入端口。

例如某负载可在多处启动和停止，可以将多个启动信号并联，将多个停止信号串联，分别送入 PLC 两个输入点。如图 12-4 所示。与每一个启动信号和停止信号占用一个输入点的方法相比，不仅节约了输入点，还简化了梯形图电路。

（4）将信号设置在可编程控制器外

系统的某些输入信号，如手动操作按钮、保护动作后需手动复位的热继电器 FR 的动断触点等，可以设置在 PLC 外部的硬件电路中，如图 12-5 所示。某些手动按钮需要串接一些安全联锁触点。

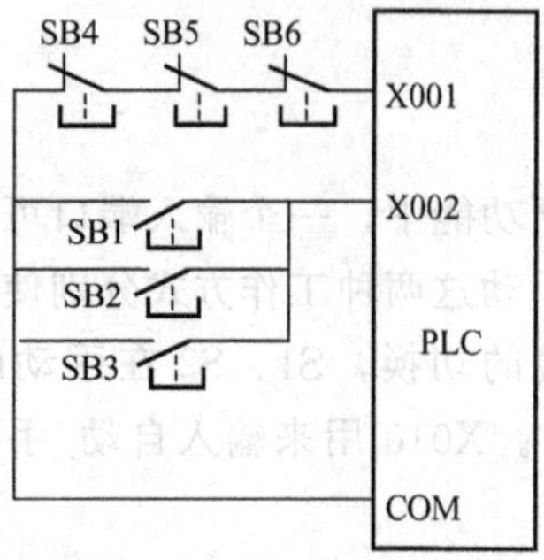

图 12-4　输入触点的合并

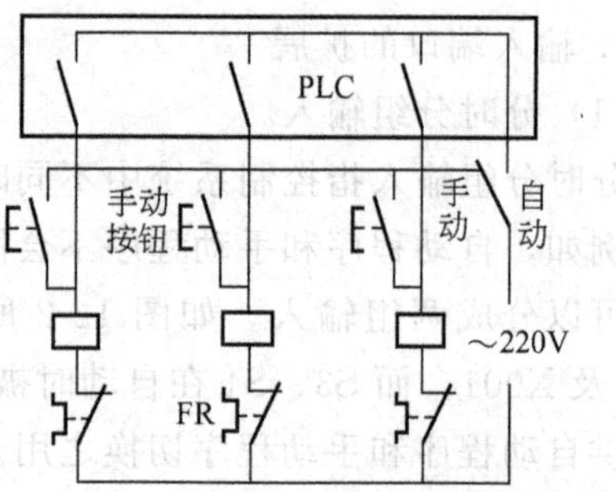

图 12-5　手动按钮接于输出端口

（5）利用机内器件及编程扩展输入端口

按钮或限位开关配合计数器可以区别输入信号的不同的意义，如在图 12-6 中，小车仅在左限及右限间运动，将两个限位开关接在同一个输入端口上，但用计数器记录限位开关被碰撞的次数，如配置得当，通过判断计数值的奇偶来判断小车是在左限还是在右限是可能的。另外，计数值也可以区分输入的目的，用单按钮控制一台电动机的启停，或控制多台电动机启停的例子也较常见。

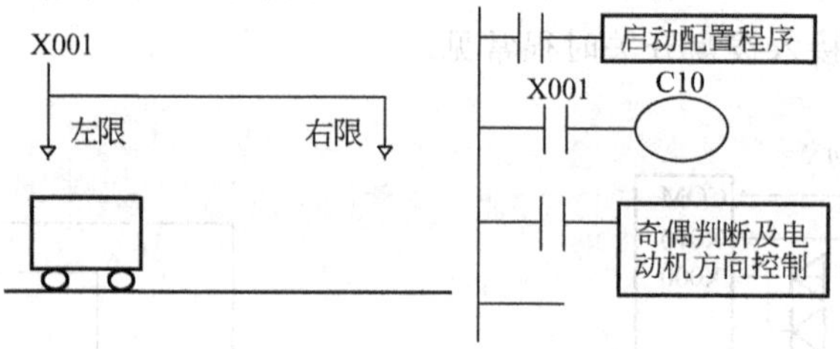

图 12-6　计数器电动机运转方向控制

2. 输出端口的扩展

（1）输出端器件的合并与分组

在 PLC 输出端口功率允许的条件下，通、断状态完全相同的多个负载并联后，可以共用一个输出端口。例如，在需要用指示灯显示 PLC 驱动的负载（如接触器的线圈）状态时，可以将指示灯与负载并联，并联时负载与指示灯的额定电压应相同，总电流不应超过输出口负载的允许值。可以选用电流小，工作可靠的 LED（发光二极管）作为指示器件。另一种情况是用一个输出点控制同一指示灯常亮或不同频率闪烁，可以表示数种不同的信息，也相当于扩展了输出口。此外，通过外部的或 PLC 控制的转换开关的切换，一个输出点也可以控制两个或多个不同时工作的负载。

系统中某些相对独立或比较简单部分的控制，可以不进入可编程控制器，直接用继电器电路来实现，这样同时减少了 PLC 的输入与输出端口。也可以用接触器的辅助触点来实现 PLC 外部的硬件联锁。

（2）用输出端口扩展输出端口

与前述利用输出端口扩展输入端口类似，也可以用输出端口分时控制一组输出端口的输出内容。例如在输出端口上接有多位 LED 七段显示器时，如果采用直接连接，所需的输出端口是很多的。这时可使用图 12-7 所示的电路利用输出端口的分时接通逐个点亮多位 LED 7 段显示器。

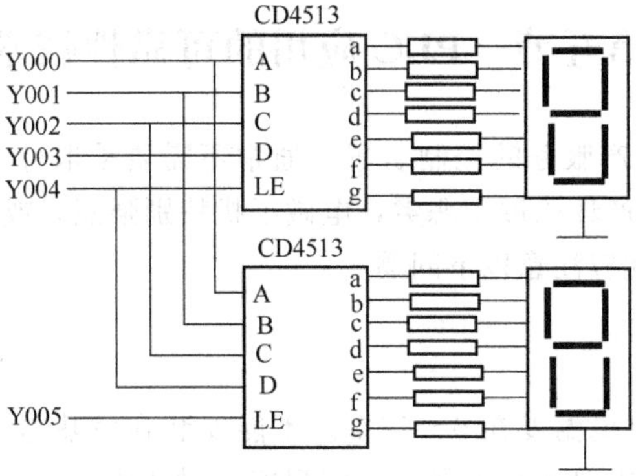

图 12-7　输出端口扩展输出端口实例

在图 12-7 所示的电路中，CD4513 是具有锁存、译码功能的专用共阴极 7 段显示器驱动电路，两只 CD4513 的数据输入端 A～D 共用 PLC 的 4 个输出端，其中 A 为最低位，D 为最高位。LE 端是锁存使能输入端，在 LE 信号的上升沿将数据输入端输入的 BCD 数据锁存在片内的寄存器中，并将该数译码后显示出来，LE 为低电平时，显示器的数不受数据输入信号的影响。显然，N 位显示器所占用的输出点数 P=4+N。图 12-7 中当 Y004 及 Y005 分别接通时，从 Y000～Y003 输入的数据分送到上下两片 CD4513 中。以上电路只能在晶体管输出的 PLC 中使用，以实现较高的切换速度从而减少 LED 的闪烁。

二、输入输出端口的保护

PLC 自带的输入口电源一般为直流 24V，技术手册提供的输入口可承受的浪涌电压一般为 35V/0.5s，这是直流输入的情况。交流输入时额定电压一般为数十伏，因而当输入口接有电感类器件，有可能感应生成大于输入口可承受的电压，或输入口有可能窜入高于输入口能承受的电压时，应当考虑输入口保护。在直流输入时，可在需保护的输入口上反并接稳压二极管，稳压值应低于输入口的电压额定值。在交流输入时，可在输入口并接电阻与电容串联的组合。

输出端口的保护与 PLC 的输出器件类型及负载电源的类型有关。保护主要针对输出为电感性负载时，负载关断产生的可能损害 PLC 输出口的高电压。保护电路的主要作用是抑制高电压的产生。当负载为交流感性负载时，可在负载两端并联压敏电阻，或者并联阻容吸收电路，如图 12-8 所示，阻容吸收电路可选 0.5W、100～120Ω 的电阻和 0.1μF 的电容。当负载为直流感性负载时，可在负载两端并联续流二极管或齐纳二极管加以抑制，如图 12-9 所示，续流二极管可选额定电流为 1A 左右的二极管。

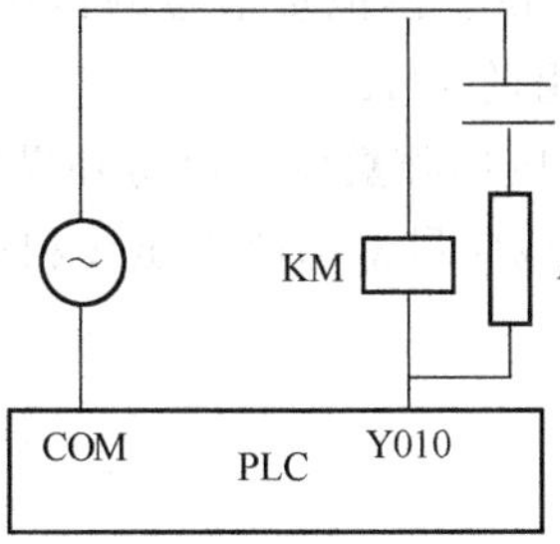

图 12-8　交流负载并联 RC 电路

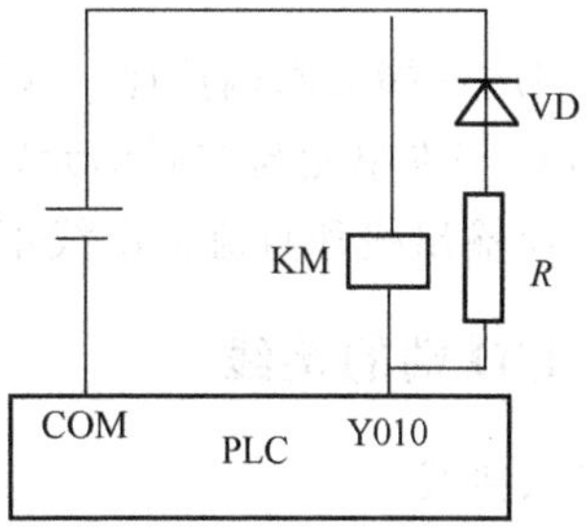

图 12-9　直流负载并联续流二极管

第五节 PLC应用的可靠性技术

PLC是专门为工业生产服务的控制装置。通常不需要采取什么措施，就可以直接在工业环境使用。但是，当生产环境过于恶劣，电磁干扰特别强烈，或安装使用不当，都不能保证PLC的正常运行。因此应注意以下问题。

一、工作环境

① 温度 PLC要求环境温度在0～55℃。不能安装在发热量大的元件附近，四周通风散热的空间应足够大。基本单元与扩展单元双列安装时要有30mm以上的距离。开关柜上、下部应有通风的百叶窗，防止太阳直接照射。如果环境温度超过55℃，要设法强迫降温。

② 湿度 为了保证PLC的绝缘性能，空气的相对湿度应小于85%RH（无凝露）。

③ 振动 应使PLC远离强烈的振动源。防止频率为10～55Hz的频繁或连续振动。当使用环境不可避免振动时，必须采取减振措施，如采用减振胶等。

④ 空气 避免有腐蚀和易燃气体，例如氯化氢、硫化氢等。对于空气中有较多粉尘或腐蚀性气体的环境，可将PLC安装在封闭性较好的控制室或控制柜中，并安装空气净化装置。

⑤ 电源 PLC采用单相工频交流电源供电时，对电压的要求不严格，也具有较强的抗电源干扰能力。对于可靠性要求很高或干扰较强的环境，可以使用带屏蔽层的隔离变压器减少电源干扰。还可以在电源输入端串接LC滤波电路，如图12-10所示。当输入端使用外接直流电源时，应选用直流稳压电源。如使用普通的整流滤波电源，由于纹波的影响，容易使PLC接收到错误信息。

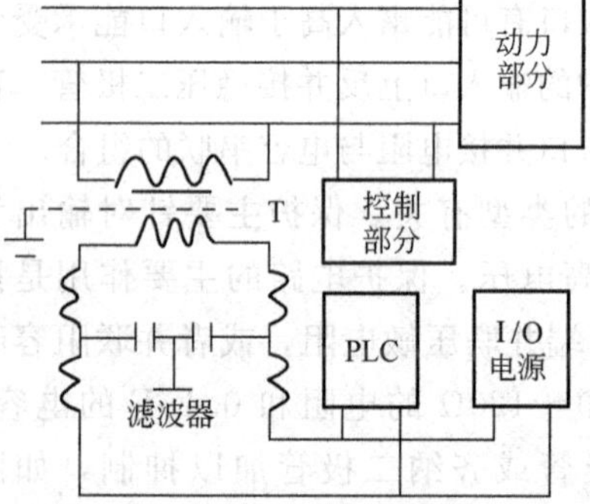

图12-10 PLC电源

二、安装与布线

① 动力线、控制线以及PLC的电源线和I/O线应分别配线，隔离变压器与PLC和I/O之间应采用双绞线连接。

② PLC应远离强干扰源如电焊机、大功率硅整流装置和大型动力设备，不能与高压电器安装在同一个开关柜内。

③ PLC的输入与输出最好分开走线，开关量与模拟量信号线也要分开敷设。模拟量信号的传送采用屏蔽线，屏蔽层应一端或两端接地，接地电阻应小于屏蔽层电阻的1/10。

④ PLC基本单元与扩展单元以及功能模块的连接线缆应单独敷设，以防外界信号干扰。

⑤ 交流输出线和直流输出线不要用同一根电缆，输出线应尽量远离高压线和动力线。

三、I/O端的接线

1. 输入接线

① 输入接线一般不要超过30m。但如果环境干扰较小，电压降不大时，输入接线可适当长些。

② 输入输出线不能用同一根电缆，输入输出线要分开。

③ 尽可能采用常开触点形式连接到输入端，使编制的梯形图与继电器原理图一致，便于阅读。

2. 输出连接

① 输出端接线分为独立输出和公共输出。在不同组中，可采用不同类型和电压等级的输出电压。但在同一组中的输出只能用同一类型、同一电压等级的电源。

② 由于 PLC 的输出元件被封装在印制电路板上，并且连接至端子板，若将连接输出元件的负载短路，将烧毁印制电路板，因此，应用熔丝保护输出元件。

③ 采用继电器输出时，所承受的电感性负载的大小，会影响到继电器的工作寿命，因此使用电感性负载时应选择工作寿命较长继电器。

④ PLC 的输出负载可能产生干扰，因此要采取措施加以控制。如前节所述，直流输出的续流管保护，交流输出的阻容吸收电路，晶体管及双向晶闸管输出的旁路电阻保护等都是需要的。

四、PLC 的外部保护电路

为了确保整个系统能在安全状态下可靠工作，避免由于外部电源故障、PLC 异常、误操作以及误输出造成重大经济损失和人身伤亡事故，PLC 外部应安装必要的保护电路。

① 急停电路 对于能够造成用户伤害的危险负载，除了在 PLC 控制程序中加以考虑外，还要设置外部紧急停车电路。这样在 PLC 发生故障时，能将引起伤害的负载和故障设备可靠切断。

② 保护电路 在正反转等可逆操作的控制系统中，要设置外部电器互锁保护；往复运动和升降移动的控制系统，要设置外部限位保护。

③ 自检功能 PLC 自检功能检测出异常时，输出全部关闭。但当 PLC 的 CPU 故障时就不能控制输出。因此，对于能使用户造成伤害的危险负载，为确保设备在安全状态下运行，需设计外电路防护。

④ 电源过负荷的保护 如果 PLC 电源发生故障，中断时间小于 10ms，PLC 工作不受影响。若电源中断超过 10ms 或电源电压下降超过允许值，PLC 则停止工作，所有的输出端口均同时断开。要特别注意电源恢复时，PLC 控制的操作能否自动投入运行。为了应对电源过负荷的短暂失电，必须在软硬件两方面采取措施。生产允许时最好将 PLC 设定为断电再复电时应手动重启动。

⑤ 重大故障的报警和防护 对于易发生重大事故的场所，为了确保控制系统在事故发生时仍能可靠的报警和防护，应将与重大故障有联系的信号通过外电路输出，以使控制系统能够在安全状态下运行。

五、PLC 的接地

良好的接地是保证 PLC 可靠工作的重要条件，可以避免偶然发生的电压冲击危害。PLC 的接地线与设备的接地端相连，接地线的截面积应不小于 $2mm^2$，接地电阻要小于 100Ω。如果使用扩展单元，其接地点应与基本单元的接地点连在一起。为了有效抑制加在电源和输入输出端的干扰，PLC 应使用专用接地线，接地点应与动力设备的接地点分开。如果达不到这种要求，也必须做到与其他设备公共接地，接地点要尽量靠近 PLC。严禁 PLC 与其他设备串联接地。

习题及思考题

12-1　PLC控制系统的开发有哪些内容？一般分为哪些步骤？与继电接触器控制系统的设计过程有何不同？

12-2　PLC的选型过程中，对I/O点的选择除了考虑点数满足要求外，还要注意那些问题？

12-3　影响PLC正常工作的外界因素有哪些？应如何防范？

12-4　在进行程序设计之前，当决定采用何种程序设计方法时，应考虑哪些因素？

12-5　PLC在线路安装时应注意哪些问题？

12-6　冗余系统和热备用系统有何区别？都适用于哪些场合？

第十三章　可编程控制器在工业控制中的应用

内容提要： 本章通过四个工程实例，介绍了 PLC 在工业控制系统中的应用。通过工艺分析、流程图的绘制、PLC 的选型和程序设计，展示了 PLC 工业应用设计的过程及技巧。

第一节　FX 系列 PLC 在化工装置控制中的应用

一、工艺过程及要求

某化工装置由四个容器组成，如图 13-1 所示。容器之间有泵及管路连接，每个容器都装有检测容器空和满的传感器。1＃、2＃容器分别用泵 P1、P2 将碱和聚合物灌满，灌满后传感器发出信号，P1、P2 关闭。2＃容器开始加热，当温度达到 60℃时，温度传感器发出信号，关掉加热器。然后，泵 P3、P4 分别将 1＃、2＃容器中的溶液输送到反应池 3＃中，同时搅拌器启动，搅拌时间为 60s。一旦 3＃满或 1＃、2＃空，则泵 P3、P4 停，等待。当搅拌时间到，P5 将混合液抽入产品池 4＃容器，直到 4＃满或 3＃空 。产品用 P6 抽走，直到 4＃空。这样就完成了一次循环，等待新的循环开始。

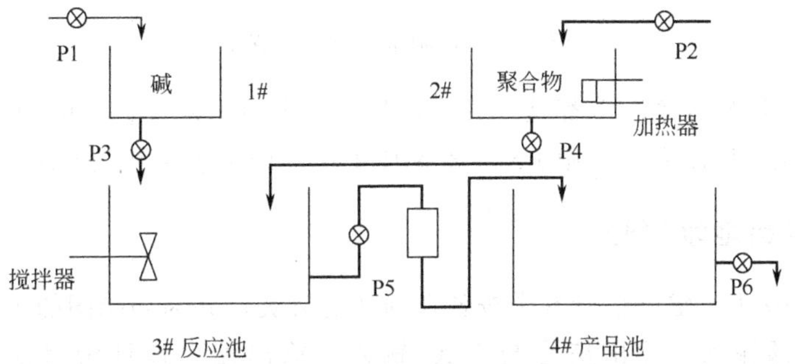

图 13-1　化工装置工作过程示意图

二、控制流程

根据生产流程及工艺要求，绘制出状态流程图，如图 13-2 所示。控制系统采用半自动工作方式，即系统每完成一次循环后，自动停止在初始状态，等待新的启动信号（SB0）。图中 M8002 为激活脉冲，用于初始阶段的激活。

三、机型选择

该化工装置控制系统中，有输入信号 10 个，均为开关量信号，其中启动按钮 1 个，检

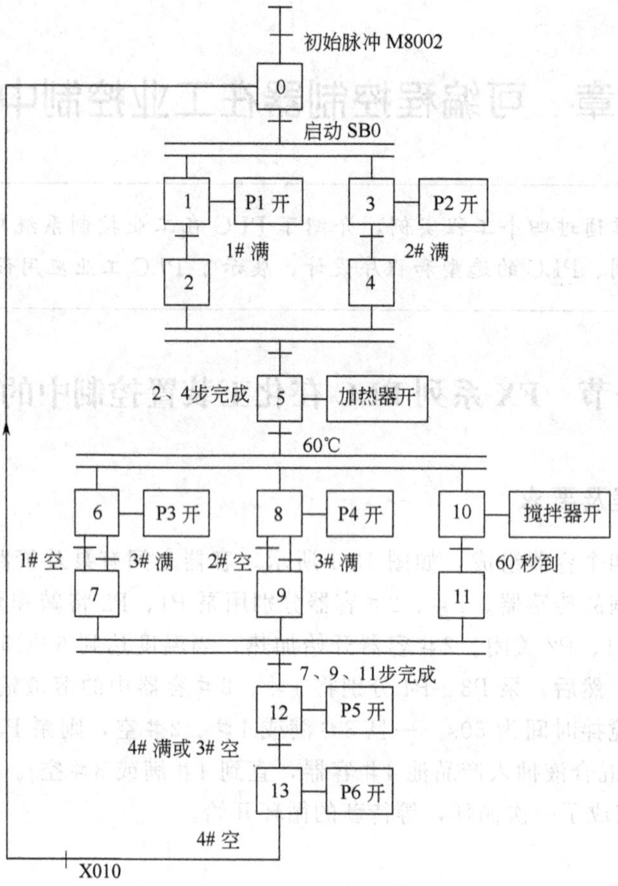

图 13-2　控制系统状态流程图

测元件 9 个。输出信号 8 个，也都是开关量，其中 7 个用于泵及搅拌电动机控制，1 个用于电加热控制。因此，控制系统选用 FX_{2N}-32MR 主机，即可满足控制要求。

四、输入输出地址编号

将输入信号 10 个、输出信号 8 个按各自的功能分类，并为功能图的 13 个步序安排辅助继电器。列出外部输入、输出信号与 PLC 输入、输出端口地址编号对照表，如表 13-1 所示。

五、PLC 梯形图程序

1. 逻辑方程

该控制系统的状态流程图主要由单序列和并行序列两种基本结构组成。通过状态流程图，可以得到这 14 个步序的状态逻辑表达式。

① 第 0 步为初始步，它的激活条件为 M8002＋M513 · X010，其中 M8002 用于初始激活。第 0 部的关断条件为 $\overline{M501}+\overline{M503}$，即只有 M501 和 M503 都为 ON 时，第 0 步才被关断。第 0 步逻辑表达式如下：

$$M500=(M8002+M513\cdot X010+M500)\cdot(\overline{M501}+\overline{M503})$$

表 13-1 化工反应装置 PLC 地址编号对照表

输入信号			输出信号			辅助继电器			
名称	功能	编号	名称	功能	编号	名称	编号	名称	编号
SB0	启动按钮	X000	KM1	P1 接触器	Y000	0 步	M500	7 步	M507
SQ1	1＃容器满	X001	KM2	P2 接触器	Y001	1 步	M501	8 步	M508
SQ2	1＃容器空	X002	KM3	P3 接触器	Y002	2 步	M502	9 步	M509
SQ3	2＃容器满	X003	KM4	P4 接触器	Y003	3 步	M503	10 步	M510
SQ4	2＃容器空	X004	KM5	P5 接触器	Y004	4 步	M504	11 步	M511
SQ5	3＃容器满	X005	KM6	P6 接触器	Y005	5 步	M505	12 步	M512
SQ6	3＃容器空	X006	KM7	加热器接触器	Y006	6 步	M506	13 步	M513
SQ7	4＃容器满	X007	KM8	搅拌机接触器	Y007	初始化	M8002		
SQ8	4＃容器空	X010							
SQ9	温度传感器	X011							

② 第 0 步～第 12 步，包含了两组并行序列。其逻辑表达式如下：

$M501=(M500\cdot X000+M501)\cdot \overline{M502}$

$M503=(M500\cdot X000+M503)\cdot \overline{M504}$

$M502=(M501\cdot X001+M502)\cdot \overline{M505}$

$M504=(M503\cdot X003+M504)\cdot \overline{M505}$

$M505=(M502\cdot M504+M505)\cdot (\overline{M506}+\overline{M508}+\overline{M510})$

$M506=(M505\cdot X011+M506)\cdot \overline{M507}$

$M508=(M505\cdot X011+M508)\cdot \overline{M509}$

$M510=(M505\cdot X011+M510)\cdot \overline{M511}$

$M507=(M506\cdot X002+M506\cdot X005+M507)\cdot \overline{M512}$

$M509=(M508\cdot X004+M508\cdot X005+M509)\cdot \overline{M512}$

$M511=(M510\cdot T0+M511)\cdot \overline{M512}$

$M512=(M507\cdot M509\cdot M511+M512)\cdot \overline{M513}$

③ 第 13 步为单序列结构。它的激活条件为 $M512\cdot X007+M512\cdot X010$；它的关断条件为 $\overline{M500}$。其逻辑表达式如下：

$M513=(M512\cdot X007+M512\cdot X010+M513)\cdot \overline{M500}$

④ 执行电器的逻辑表达式：

Y000＝M501	Y001＝M503	Y002＝M506
Y003＝M508	Y004＝M512	Y005＝M513
Y006＝M505	Y007＝M510	

定时器 T0 由 M510 控制。

2. 梯形图

本例的梯形图及有关注释如图 13-3 所示。梯形图是直接通过逻辑表达式列写的。执行电器的梯形图可并接在步序线圈中亦可分开绘制，当执行电器由多个步序线圈驱动时，必须分开绘制。

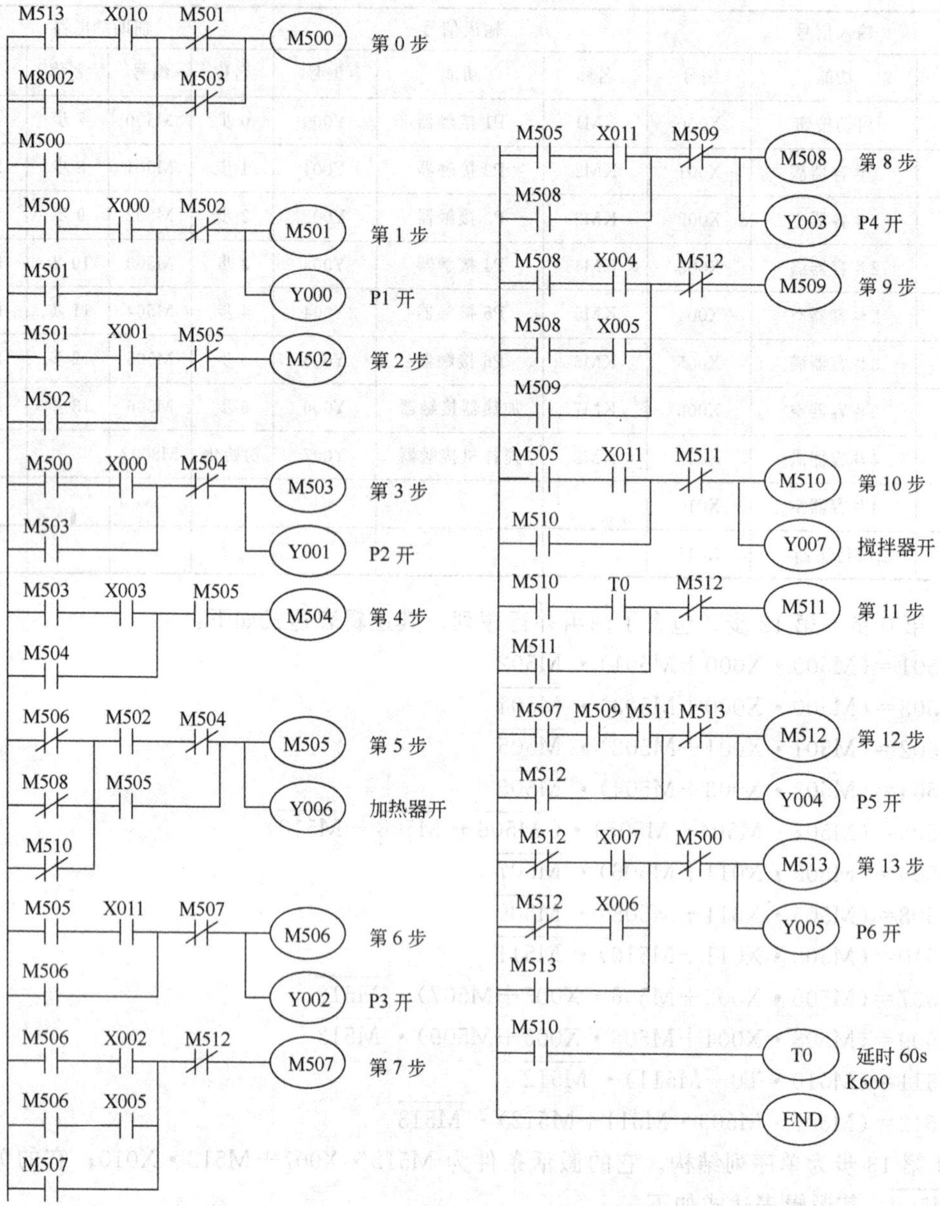

图 13-3 化工装置控制梯形图

第二节 FX 系列 PLC 在继电接触器电路改造中的应用

一、双面单工位液压传动组合机床继电接触器控制系统

图 13-4 所示为某双面单工位液压传动组合机床继电接触器控制电路图。本机床采用三台电动机拖动，M1、M2 为左右动力头电动机，M3 为冷却泵电动机。SA1 为左动力头单独调整开关，SA2 为右动力头单独调整开关，通过它们可实现左右动力头的单独调整。SA3

为冷却泵电动机工作选择开关。

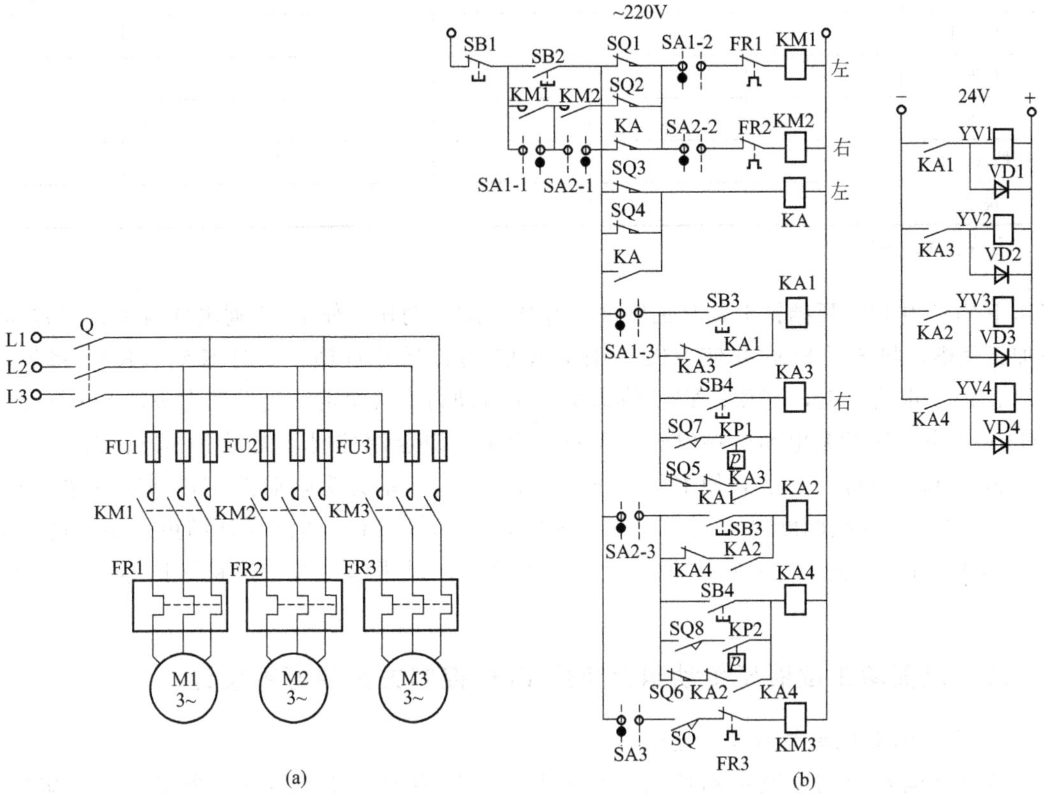

图 13-4　双面单工位液压传动组合机床继电接触器控制电气原理图

左右动力头的工作循环如图 13-5 所示。液压执行元件状态如表 13-2 所示。其中 YV 表示电磁阀，KP 表示压力继电器。

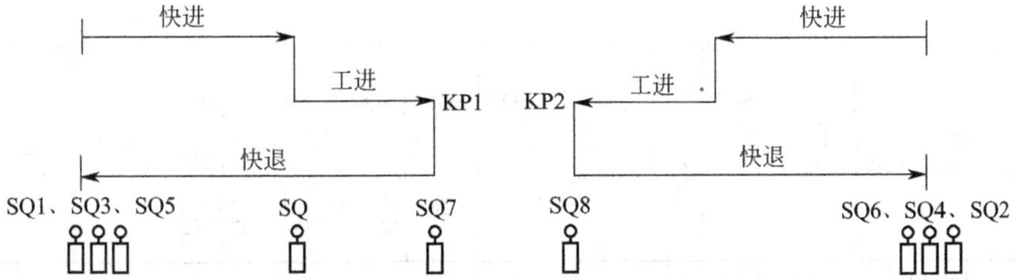

图 13-5　左右动力头工作循环图

自动循环的工作过程如下：SA1、SA2 处于自动循环位置，SA1-2、SA1-3、SA2-2、SA2-3 均处于接通位置，动力头位于原位。按下启动按钮 SB2，接触器 KM1、KM2 线圈通电并自锁，左、右动力头电动机同时启动旋转。按下“前进”按钮 SB3，中间继电器 KA1、KA2 通电并自锁，电磁阀 YV1、YV3 通电，左、右动力头快速进给并离开原位，行程开关 SQ1、SQ2、SQ5、SQ6 先复位，行程开关 SQ3、SQ4 后复位。当 SQ3、SQ4 复位后，KA 通电并自锁。在动力头进给过程中，靠各自行程阀自动变快进为工进，同时压下行程开关 SQ，接触器 KM3 线圈通电，冷却泵电动机 M3 工作，供给冷却液。当左动力头加工完毕，

表 13-2 液压执行元件状态

工步	YV1	YV2	YV3	YV4	KP1	KP2
原位停止	−	−	−	−	−	−
快进	+	−	+	−	−	−
工进	+	−	+	−	−	−
死挡铁停留	+	−	+	−	+	+
快退	−	+	−	+	−	−

注：+接通；−断开。

将压下 SQ7 并顶在死挡铁上，其油路油压升高，KP1 动作，使 KA3 通电并自锁；当右动力头加工完毕，将压下 SQ8 并使 KP2 动作，KA4 将接通并自锁。同时 KA1、KA2 将失电，YV1、YV3 也将失电，YV2、YV4 将通电，左右动力头将快退。当左动力头使 SQ 复位后，KM3 将失电，冷却泵电动机将停转。左右动力头快退至原位时，先压下 SQ3、SQ4，再压下 SQ1、SQ2、SQ5、SQ6，使 KM1、KM2 线圈断电，动力头电动机 M1、M2 断电，同时 KA、KA3、KA4 线圈断电，YV2、YV4 断电，动力头停止，机床循环结束。加工过程中，按下 SB4，可随时使左、右动力头快退至原位停止。机床的过载、短路保护等请读者自己分析。

二、双面单工位液压传动组合机床 PLC 控制方案梯形图设计

1. 确定 PLC 的型号及硬件连接

清点继电器控制电路中的按钮、行程开关、压力继电器、热继电器触点。可确定应有 21 个输入信号（4 个按钮、9 个行程开关、3 个热继电器动断触点、2 个压力继电器触点、3 个转换开关），则需占用 21 个输入点。在实际应用中，为节省 PLC 的点数，可适当改变输入信号接线，如将 SQ8 与 KP2 串联后作为 PLC 的一个输入信号，就能减少一个输入点 。这样 PLC 的输入点数由 21 点减少至 13 点。输入点接线见图 13-6 上部。

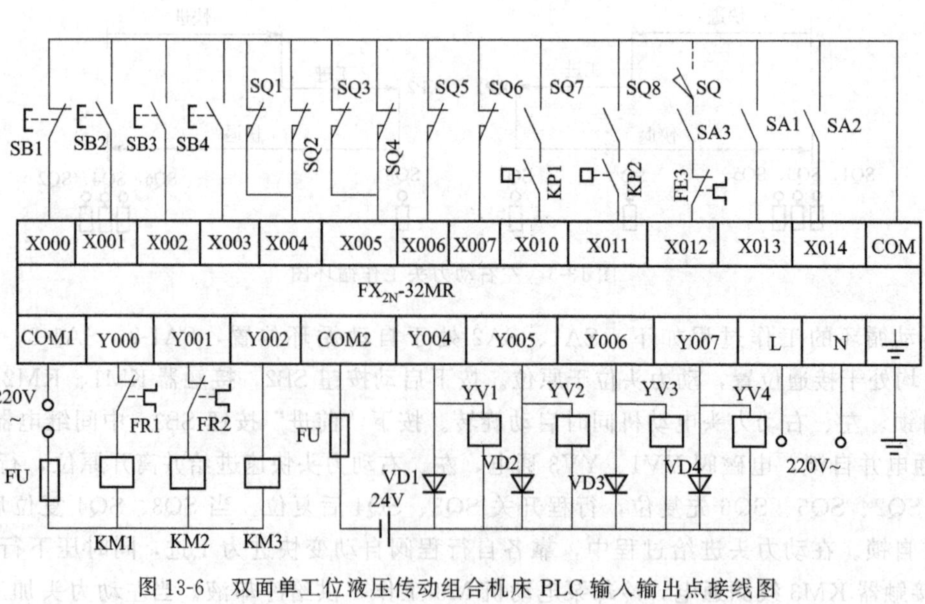

图 13-6 双面单工位液压传动组合机床 PLC 输入输出点接线图

可编程控制器输出控制对象主要是控制电路中的执行器件，如接触器、电磁阀等。已知该机床的执行器件有交流接触器 KM1、KM2、KM3，电磁阀 YV1、YV2、YV3、YV4 等。依据它们的工作电压，可设计出 PLC 的输出口接线，见图 13-6 下部。由于接触器与电磁阀线圈所加电压的种类与高低不一样，故必须占用 PLC 的两组输出通道，并选择继电器输出型的 PLC。通过对机床 PLC 控制系统输入、输出电路的综合分析，选择 FX_{2N}-32MR 实施该机床的控制是比较合适的。

原控制线路中的中间继电器 KA、KA1、KA2、KA3、KA4 可分别由 PLC 的内部继电器替代；现用 M100、M101、M102、M103、M104 分别替代 KA、KA1、KA2、KA3、KA4。由此可见，若继电器控制电路中，中间继电器使用越多，采用 PLC 替代后的优越性越显著。

2. PLC 控制系统梯形图的设计

继电器电路图改绘为梯形图时可以根据继电器控制原理图一个支路一个支路地“移植”。即根据继电器控制电路的逻辑关系，按照一一对应的方式画出 PLC 控制的梯形图，按支路形式逐条转换。如图 13-7 所示的接触器 KM1、KM2 控制线路，首先可将图 13-7(a) 所示的 KM1、KM2 继电器控制电路转成如图 13-7(b) 所示的梯形图；然后再按梯形图编程的规则对其进行规范化处理及简化，就可得出图 13-7(c) 所示的梯形图。考虑到 13-7(c) 图的前半部分在原继电接触器电路中其实为所有输出的公共电路，现将它用辅助

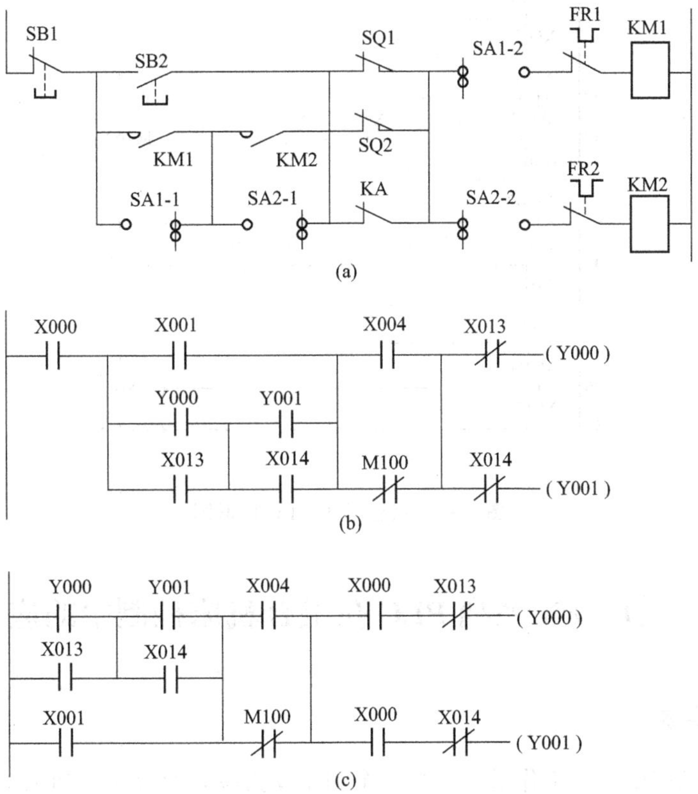

图 13-7　KM1、KM2 继电器电路及转换成的梯形图

(a) 继电器电路；(b)、(c) 梯形图

继电器 M105 代替。这就为简化以后的梯形图支路提供了方便。将全部继电器控制线路进行对应的“移植”，并进行规范、简化等处理，得到该机床 PLC 控制梯形图如图 13-8 所示。

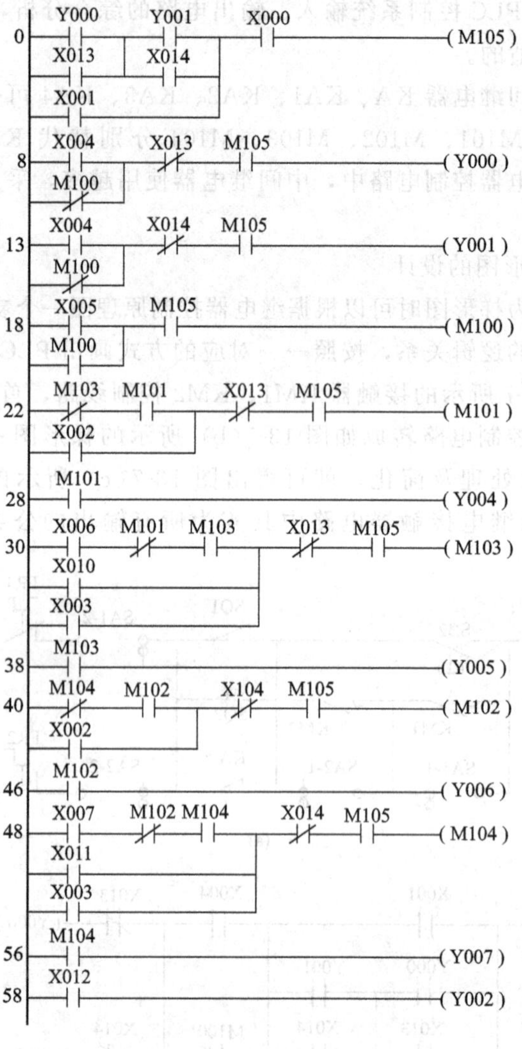

图 13-8　组合机床 PLC 梯形图

第三节　FX 系列 PLC 在组合机床控制中的应用

一、工艺要求

四工位组合机床由 4 个工作滑台各带一个加工动力头，组成 4 个加工工位。该机床十字轴的俯视示意图如图 13-9 所示。除了 4 个加工工位外，还有夹具、上下料机械手和进料器 4 个辅助装置以及冷却和液压系统共四部分。工艺要求由上料机械手自动上料，机床的 4 个加工动力头同时对一个零件进行加工，一次加工完成一个零件，通过下料机械手自动取走加工完的零件。其具有全自动、半自动、手动三种工作方式。

二、控制流程

图 13-10 所示是组合机床控制系统全自动工作循环和半自动工作循环时的状态流程图。图中 S0 是初始状态，驱动它的条件是各滑台、各辅助装置都处在原位，夹具为松开状态，料道有待加工零件且润滑系统工作正常。

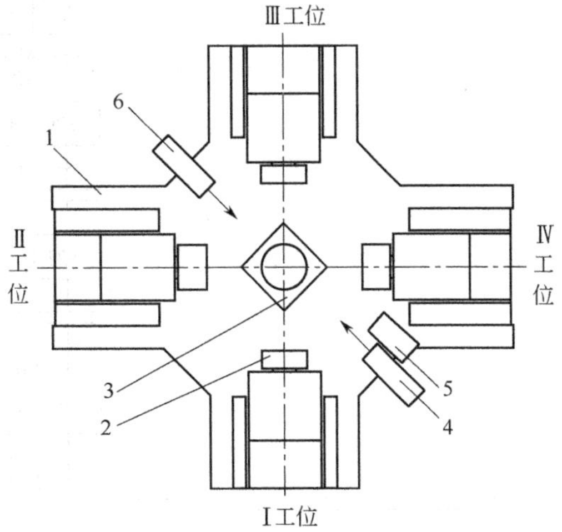

图 13-9　4 工位组合机床十字轴示意图

1—工作滑台；2—主轴；3—夹具；4—上料机械手；5—进料装置；6—下料机械手

组合机床全自动和半自动工作过程如下。

① 上料　按下启动按钮 SB2，上料机械手前进，将零件送到夹具上，夹具夹紧零件。同时进料装置进料，之后上料机械手退回原位，放料装置退回原位。

② 加工　4 个工作滑台前进，4 个加工动力头同时加工，铣端面、打中心孔。加工完成后，各工作滑台退回原位。

③ 下料　下料机械手向前抓住零件，夹具松开，下料机械手退回原位并取走加工完的零件。

这样就完成了一个工作循环。如果选择了预停，则每个循环完成后，机床自动停在原位，实现半自动工作方式；如果不选择预停，则机床自动开始下一个工作循环，实现全自动工作方式。

三、PLC 的选型

四工位组合机床电气控制系统有输入信号 42 个，输出信号 27 个，均为开关量。其中外部输入元件包括：17 个检测元件、24 个按钮开关、1 个选择开关。外部输出元件包括：16 个电磁阀、6 个接触器、5 个指示灯。

根据输入输出信号的数量、类型以及控制要求，同时考虑到维护、改造和经济等诸多因素，决定选用 FX_{2N}-64MR 主机和一个输入扩展单元 FX_{2N}-16EX，这样共有 48 个输入点，32 点输出点，满足控制要求。

四、输入输出地址编号

将输入信号 42 个、输出信号 27 个按各自的功能类型分好，并与 PLC 的输入、输出端一一对应，编排好地址。列出外部输入、输出信号与 PLC 输入、输出端地址编号对照表如表 13-3 所示。

五、PLC 梯形图程序

四工位组合机床的 PLC 控制系统梯形图包括初始化程序、手动调整程序和自动工作程

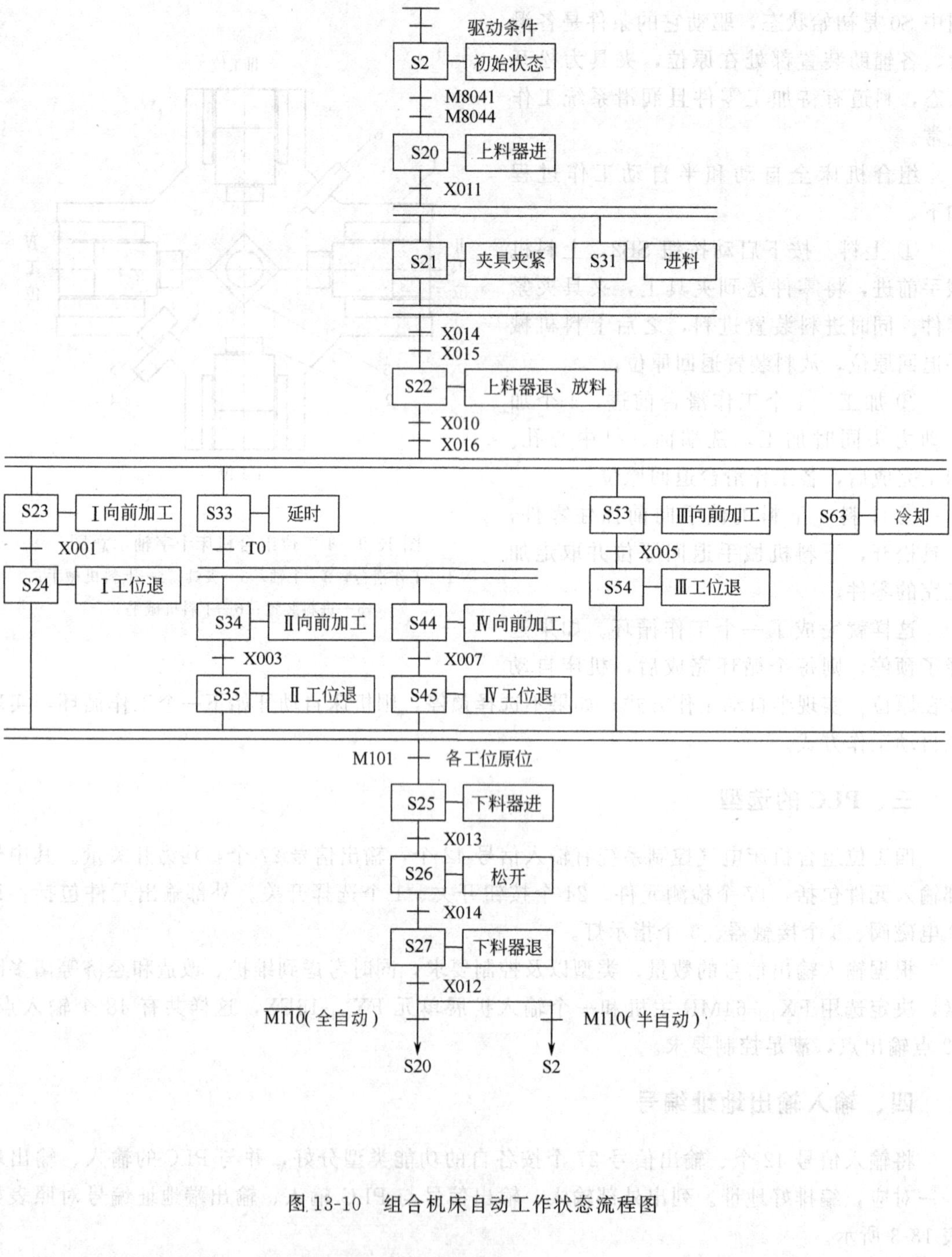

图 13-10　组合机床自动工作状态流程图

序。图 13-11 是四工位组合机床初始化程序梯形图。

图 13-12 所示是四工位组合机床在全自动与半自动工作方式时的梯形图程序，它采用了 STL 步进指令编写，程序简捷、清楚。

表 13-3　输入输出信号与 PLC 地址编号对照表

输入信号						输出信号		
名称	功能	编号	名称	功能	编号	名称	功能	编号
1SQ	滑台Ⅰ原位	X000	5SB	滑台Ⅰ进	X026	1YV	夹紧	Y000
2SQ	滑台Ⅰ终点	X001	6SB	滑台Ⅰ退	X027	2YV	松开	Y001
3SQ	滑台Ⅱ原位	X002	7SB	主轴Ⅰ点动	X030	3YV	滑台Ⅰ进	Y002
4SQ	滑台Ⅱ终点	X003	8SB	滑台Ⅱ进	X031	4YV	滑台Ⅰ退	Y003
5SQ	滑台Ⅲ原位	X004	9SB	滑台Ⅱ退	X032	5YV	滑台Ⅲ进	Y004
6SQ	滑台Ⅲ终点	X005	10SB	主轴Ⅱ点动	X033	6YV	滑台Ⅲ退	Y005
7SQ	滑台Ⅳ原位	X006	11SB	滑台Ⅲ进	X034	7YV	上料进	Y006
8SQ	滑台Ⅳ终点	X007	12SB	滑台Ⅲ退	X035	8YV	上料退	Y007
9SQ	上料器原位	X010	13SB	主轴Ⅲ点动	X036	9YV	下料进	Y010
10SQ	上料器终点	X011	14SB	滑台Ⅳ进	X037	10YV	下料退	Y012
11SQ	下料器原位	X012	15SB	滑台Ⅳ退	X040	11YV	滑台Ⅱ进	Y013
12SQ	下料器终点	X013	16SB	主轴Ⅳ点动	X041	12YV	滑台Ⅱ退	Y014
1YJ	夹紧	X014	17SB	夹紧	X042	13YV	滑台Ⅳ进	Y015
2YJ	进料	X015	18SB	松开	X043	14YV	滑台Ⅳ退	Y016
3YJ	放料	X016	19SB	上料器进	X044	15YV	放料	Y017
1SB	总停	X021	20SB	上料器退	X045	16YV	进料	Y020
2SB	启动	X022	21SB	进料	X046	1KM	Ⅰ主轴	Y021
3SB	预停	X023	22SB	放料	X047	2KM	Ⅱ主轴	Y022
1SA	选择开关	X025	23SB	冷却开	X050	3KM	Ⅲ主轴	Y023
			24SB	冷却停	X051	4KM	Ⅳ主轴	Y024
						5KM	冷却电动机	Y025

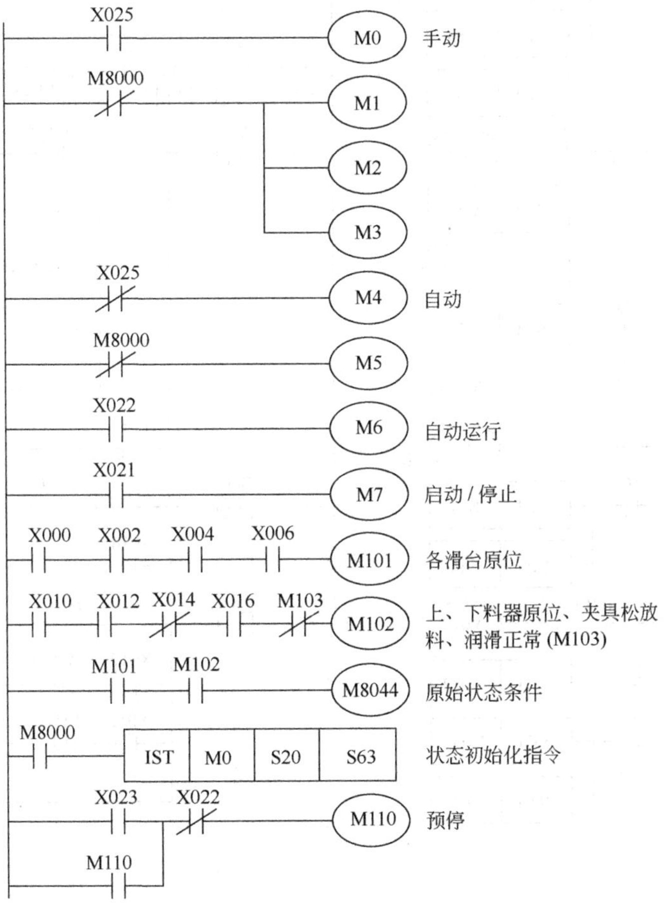

图 13-11　四工位组合机床初始化程序梯形图

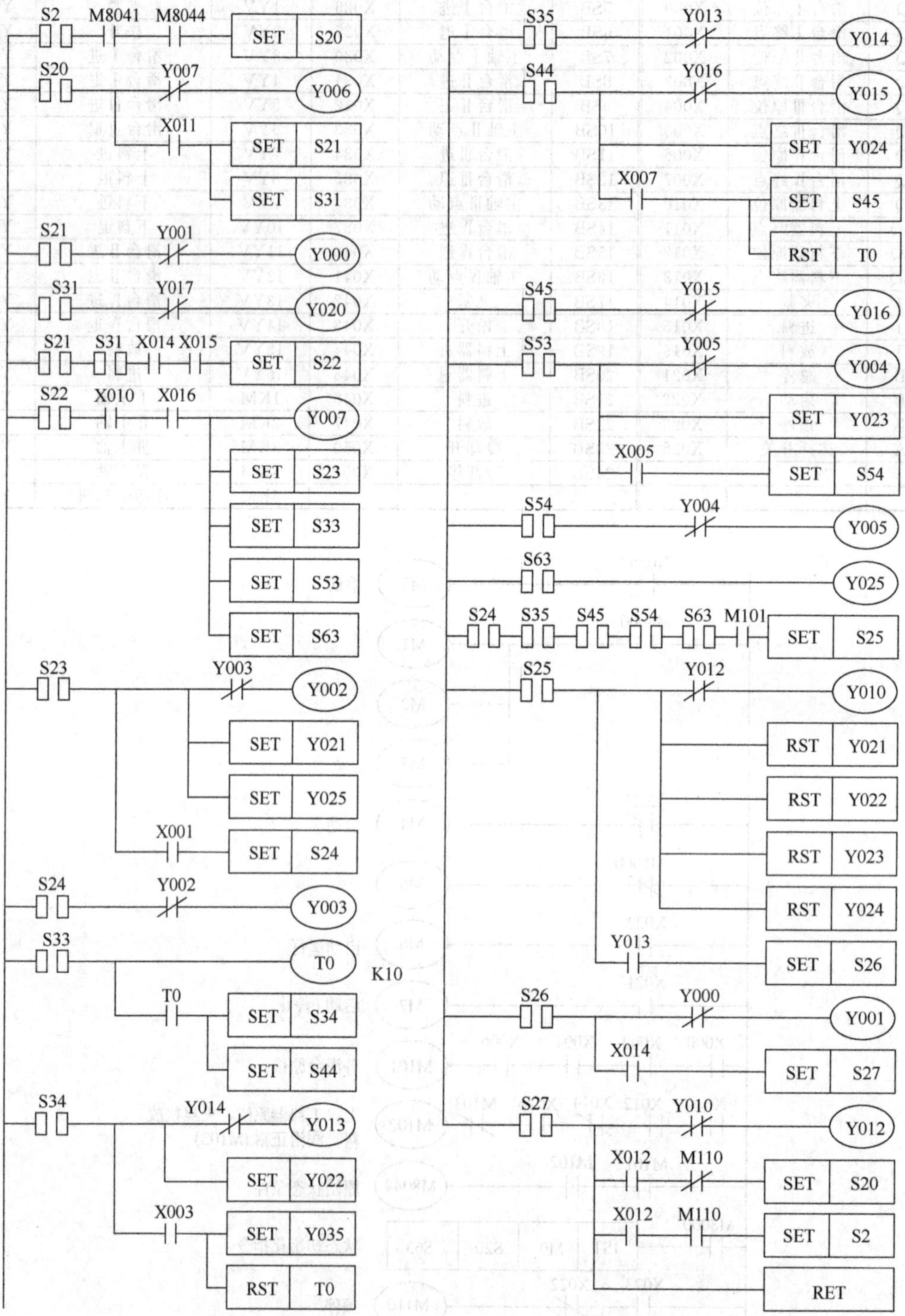

图 13-12 四工位组合机床自动工作方式时的梯形图

第四节 FX系列PLC在恒温水箱控制中的应用

一、恒温控制装置的工艺过程及控制要求

图13-13所示为恒温水箱控制装置的构成示意图。它由恒温水箱箱体、加热装置、搅拌电动机、冷却器、冷却风扇电动机、储水箱、温度检测装置、温度显示、功率显示、流量显示、阀门及各类指示器等部件构成。恒温水箱在工厂或实验室为使用者提供恒温水环境。

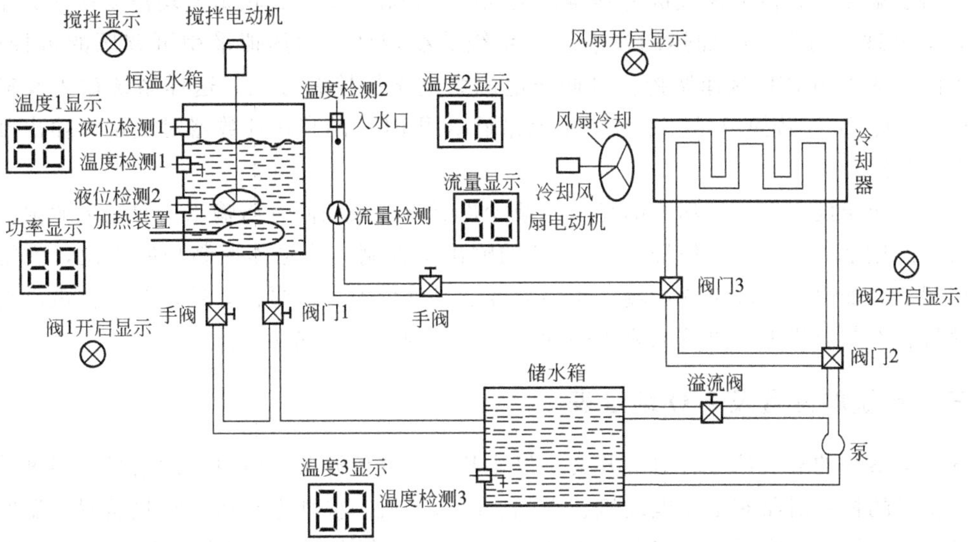

图13-13 恒温水箱控制装置构成示意图

恒温水箱控制系统要求控制水温保持在20～80℃之间的某整数设定值。设定值可通过两位拨码开关设定。当水温低于设定值时，采用电加热升温，加热功率约1.5kW。当水温高于设定值时，排放出部分热水到储水箱中并从储水箱中泵入冷水，当储水箱中水温高于设定值时，启动冷却风扇并使水流经冷却器。水箱的搅拌器是为了水温均匀而设的。两个液位检测开关分别用来检测水的深度。其中液位检测2开关置1表示箱中水达到可以工作的最低水位。液位检测1开关置1表示箱中水已满。水箱控制系统设有三处温度传感器，分别用于测量恒温水箱的水温、储备水箱的水温及水箱入水口处的水温。温度传感器为模拟量传感器，测量范围为0～100℃，输出DC0～10V电压量。系统中水的流动可采用电磁阀或手动阀开关控制。阀门1用于将恒温水箱中水放入储水箱，阀门2及阀门3用于将储水箱中水泵入恒温水箱，这里有两条通道，当阀门2及阀门3通电时水流经冷却器，不通电时不流经冷却器，这三只均为电磁阀。手阀用于应急时的一些操作。管路中设有水泵，为水流动提供动力，水的流速由叶轮计量并通过PLC显示，不用于自动控制。系统要求为恒温水箱水温、储水箱水温、水箱入水口处的水温、水的流速及加热功率等5项数据设置两位LED数值显示。三只电磁阀的通、断状态，搅拌电动机和冷却风扇电动机的工作状态设指示灯显示。系统还要求具有报警功能，如当启动泵时无流量或加热时无温度变化则发出报警信号。

综合以上控制要求，本系统的工作过程可以是这样的：当设定水温后（在拨码开关上设定温度后按设定按钮完成设定），如水箱中水少则启动水泵向恒温水箱中注水，当水位达到

水箱下部液位检测 2 开关时启动搅拌电动机，测量水温并与设定值比较；若温度小于设定值，则开始加热。若水温高于设定值时，进冷水，当储备水箱水温高于设定值时，采用进冷水与风机冷却同时进行的方法实现降温控制。当水温高于设定值且水箱水达到上部水位时放掉部分热水。

二、控制方案分析

由系统的工艺过程及控制要求可知，本系统的工作实质是根据恒温水箱及储备水箱中水的温度，决定系统的工作状态：或加热搅拌，或经两个路径（冷却及不冷却）为恒温箱供入冷水。由于温度传感器为模拟量传感器，系统中三处温度对应的模拟量均需变换为数字量供 PLC 运算处理。为了提高加热的快速性及系统的稳定性，加热拟采用可调压的可控电源，且电源的功率采用 PID 规律调控。可调压电源为电压量控制方式。这样系统输入及输出均需模拟 A/D、D/A 转换单元。本系统中流量显示用 PLC 的高速计数器对流量计输出脉冲计数的方式测定。

为了方便温度、流量、功率的显示并减少投资，拟采用同一组输出口驱动数码显示器分时完成 5 处显示，译码片选信号也用 PLC 的输出口控制。从总体控制功能来说，系统为温度值控制下的加热或冷却系统，输入量为温度值、液位值、流量值，输出为搅拌电动机、水泵电动机、冷却风机电动机及电磁阀的动作及自动调节的加热功率。

三、系统的配置及 I/O 地址表

统计本系统的输入信号有启动开关、停止开关、液位开关、流量检测信号、温度传感信号等。输出的控制对象有水泵电动机、水阀、冷却风机、搅拌电动机、加热装置及温度显示装置等，主要输入输出器件的名称如表 13-4 所列。结合输入输出信号及控制功能，本系统选用 FX_{2N}-48MT 型 PLC 一台，配合 4 模拟量输入 FX_{2N}-4AD 及模拟量输出 FX_{2N}-2DA 各一台构成控制系统。选用晶体管输出型 PLC 是基于输出口连接的数码管动态显示的需要。恒温水箱控制装置的 I/O 地址及接线图如图 13-14 所示。图中，恒温水箱水温、储水箱水温、恒温水箱入水口水温经转换器接入 FX_{2N}-4AD 的 CH1～CH3 三通道中。加热器控制所需模拟量电压由 FX_{2N}-2DA 的电压端口输出。另外，三只电磁阀的通、断状态，搅拌电动机和冷却风扇电动机的工作状态指示灯均采用 PLC 机外安排，直接并接在接触器或继电器的线圈上，未在图 13-14 中表示。

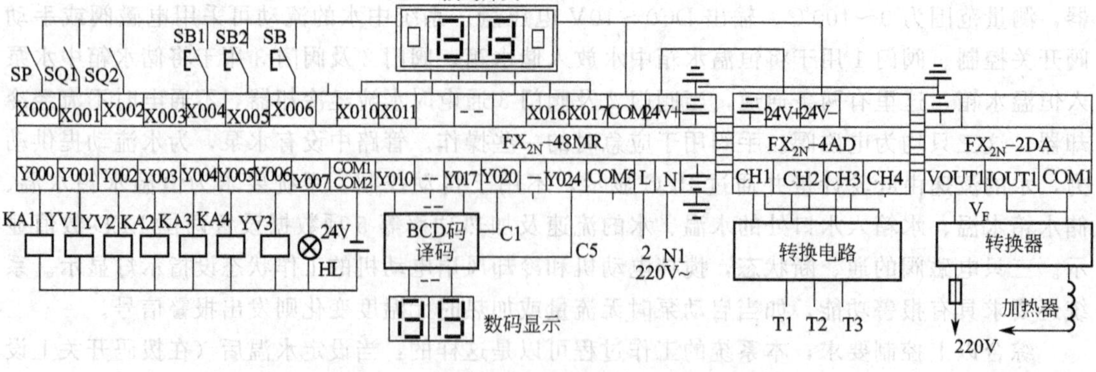

图 13-14　恒温水箱控制装置 PLC 接线图

表 13-4 恒温控制系统输入输出器件及地址安排

信号类型	器件代号	地址编号	功能说明
输入信号	SB1	X004	系统启动开关
	SB2	X005	系统停止开关
	SQ1	X001	恒温箱上部液位开关
	SQ2	X002	恒温箱下部液位开关
	SP	X000	流量检测脉冲输入
	SB	X006	温度给定值设定置数按钮
	拨码开关	X010～X017	温度设定置数
输出信号	KA1	Y000	水泵电动机接触器
	YV1	Y001	电磁阀门 1
	YV2	Y002	电磁阀门 2
	YV3	Y006	电磁阀门 3
	KA2	Y003	冷却风扇电动机接触器
	KA3	Y004	搅拌电机接触器
	KA4	Y005	加热装置接触器
	HL	Y007	报警指示灯
	BCD 译码器	Y010～Y017	温度、流量、功率显示
	C1	Y020	温度显示 1LED 选择信号
	C2	Y021	温度显示 2LED 选择信号
	C3	Y022	温度显示 3LED 选择信号
	C4	Y023	流量显示 LED 选择信号
	C5	Y024	功率显示 LED 选择信号

四、控制程序及说明

控制系统软件用程序语言描述系统的工作任务。结合恒温水箱的工作内容，程序有以下两大任务。其一是系统配置、数据处理及输出。具体说来本例中指扩展模块工作状态的设置及检查，三处温度及流量值的读入与处理，显示机构的安排等。本项任务类似于系统工作前的准备。

任务之二是系统正常工作时的调控过程。本例中指水泵、风机、阀门、加热及搅拌的控制过程。

经删减简化的控制程序梯形图如图 13-15 所示（图中母线旁的编号为梯形图支路号）。依图中梯形图支路排列次序，本程序含模块设置及初始化，温度及流量数据处理，水泵、阀门、加热及搅拌控制，加热控制及显示等主要程序段落。以下分别简要说明。

1. 模块设置及初始化

梯形图支路 2 及 3 为模拟量模块的检查及初始化程序。FX_{2N}-4AD 模块的识别码为 K2010。由安装位置决定的模块号为 K0。梯形图支路 3 规定了 FX_{2N}-4AD 使用的输入通道数，输入量类型、采样次数及平均值的存取单元。

2. 温度及流量数据处理

梯形图 7、8、9、10 四个支路是温度及流量数据的处理。本程序中每隔 300ms 对输入温度数据进行一次运算（梯形图支路 6 及 T30），支路 7、8、9 的处理方式是一样的，为了使温度值为两位整数，计算中包括四舍五入处理。本例中水流量采用计算单位时间内接收到的水流脉冲数方式，梯形图支路 10 为高速计数器有关的配置及运算。梯形图支路 11 为水泵停车时流量存储单元清零。

3. 工作过程控制

工作过程控制指温度、液位控制阀门、风机、加热器及电动机的工作。这部分程序看来比较简单，但内在关联比较复杂。本例这部分程序的安排主要根据表 13-5 进行。表中，工作水位指达到水箱液位检测 2 开关位置及以上。低水位为未达到水箱液位检测 2 开关位置，高水位为达到水箱液位检测 1 开关位置。温度的高低都是相对温度设定值而言的。“☆”为该项输出工作。表 13-5 是由恒温水箱的工作过程分析绘出的。工作过程控制部分梯形图支路 15～19 则根据表中所列逻辑关联绘出。如由表 13-5 中可知，水泵的工作因素有两个：一是水位低于工作水位时，另一则是水箱的温度高于设定值温度时。因而有梯形图支路 15。其他支路的绘出请读者分析。

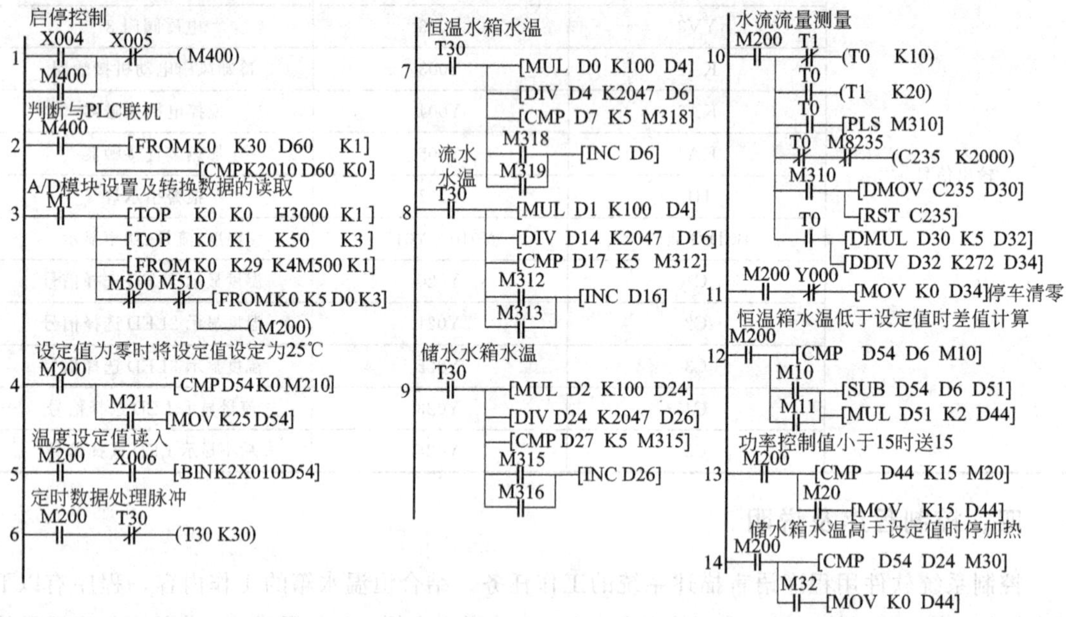

(1)

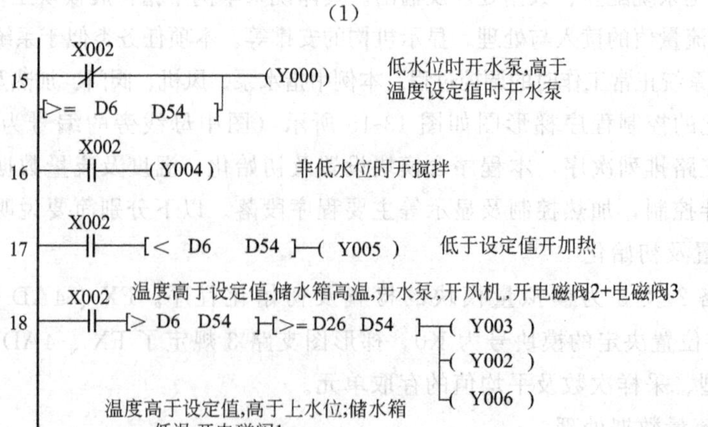

(2)

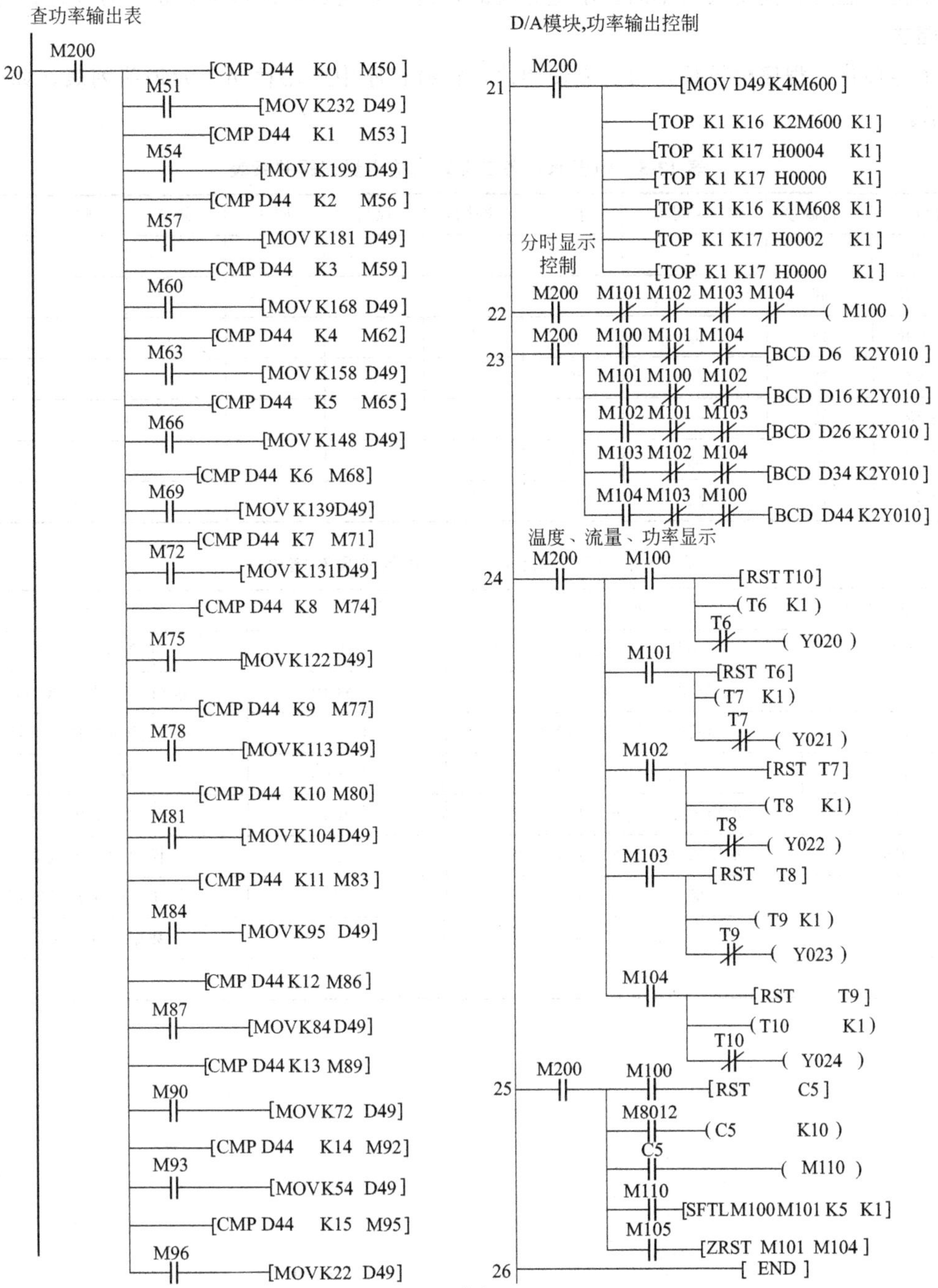

(3)

图 13-15　恒温水箱控制梯形图

4. 加热及显示控制

本例中加热功率的大小为 PLC 模拟量输出电压控制。本例采用了查表法 PID。这里表是指由加热装置的触发特性及 PID 控制要求设定的一组数据。数据的选择由温差控制。梯形图支路 12 为温度差计算及乘 2 的内容。支路 13、14 也是为功率控制安排的。查表则指由温度差决定的送数大小。大小不同的数送到模拟量输出单元后即可使图 13-14 中转换单元输出不同的功率。

本例中温度、流量及功率的显示是分时的，这主要通过移位指令实现。另外报警有关程序已略去。

虽经简化，程序仍较长，为了方便阅读，特将程序中所用存储单元说明列表，如表 13-6 所示。

表 13-5 恒温水箱各工况输入输出量逻辑关系表

液位	水箱温度	储水箱水温	水泵	搅拌机	风机	阀 1	阀 2	阀 3	加热
低水位	—	—	☆						
工作水位	低	—		☆					☆
工作水位	高	低	☆	☆					
工作水位	高	高	☆	☆	☆		☆	☆	
高水位	低	—		☆					☆
高水位	高	低	☆	☆		☆			
高水位	高	高	☆	☆	☆	☆	☆	☆	

表 13-6 恒温水箱程序中使用的主要存储单元

存储单元地址	说明	存储单元地址	说明
D60	模块识别码存储器	D44	加热功率控制值
D54	恒温水箱温度设定值	K2Y010	水箱温度显示 BCD 码
D0	恒温水箱温度测量值	C235	流量测量高速计数器
D6	水箱温度计算值	M100～M104	移位单元
D1	水箱入水口流水温度测量值	M400	开关控制继电器
D16	水箱入水口流水温度计算值	M1	模块识别继电器
D2	储水箱温度测量值	M200	模块工作正常继电器
D26	储水箱温度计算值	T30	数据处理定时器
D34	进水流量值		

附　　录

附录 A　FX 系列 PLC 产品规格表

表 A-1　FX_{1S} 系列 PLC 规格表

型　号	输　入		输　出		输入电源与要求			
	点数	规格	点数	形式	额定	允许范围	容量	熔断器
FX_{1S}—10MR	6	DC 24V	4	继电器	AC 100/200V	AC 85～264V	19V·A	250V/1A
FX_{1S}—10MT	6	DC 24V	4	晶体管			19V·A	
FX_{1S}—14MR	8	DC 24V	6	继电器			19V·A	
FX_{1S}—14MT	8	DC 24V	6	晶体管			19V·A	
FX_{1S}—20MR	12	DC 24V	8	继电器			20V·A	
FX_{1S}—20MT	12	DC 24V	8	晶体管			20V·A	
FX_{1S}—30MR	16	DC 24V	14	继电器			21V·A	
FX_{1S}—30MT	16	DC 24V	14	晶体管			21V·A	
FX_{1S}—10MR-D	6	DC 24V	4	继电器	DC 24V	DC 20.4～26.4V	6W	250V/0.8A
FX_{1S}—10MT-D	6	DC 24V	4	晶体管			6W	
FX_{1S}—14MR-D	8	DC 24V	6	继电器			6.5W	
FX_{1S}—14MT-D	8	DC 24V	6	晶体管			6.5W	
FX_{1S}—20MR-D	12	DC 24V	8	继电器			7W	
FX_{1S}—20MT-D	12	DC 24V	8	晶体管			7W	
FX_{1S}—30MR-D	16	DC 24V	14	继电器			8W	
FX_{1S}—30MT-D	16	DC 24V	14	晶体管			8W	

表 A-2　FX_{1S} 系列扩展选件一览表

型　号		名　称	功　能	使用限制
内置式扩展板	FX_{1N}-4EX-BD	内置式输入扩展板	4 点 DC 24V 输入	适用于 V2.0 以上版本，只能安装 1 块（不可以同时选用）
	FX_{1N}-2EYT-BD	内置式输出扩展板	2 点晶体管输出	
	FX_{1N}-2AD-BD	内置式模拟量输入扩展板	2 通道模拟量输入	
	FX_{1N}-1DA-BD	内置式模拟量输出扩展板	1 通道模拟量输出	
	FX_{1N}-8AV-BD	8 模拟电位器扩展板	8 模拟量调节电位器	
	FX_{1N}-232-BD	内置式 RS-232 通信扩展板	RS-232C 接口通信	
	FX_{1N}-485-BD	内置式 RS-485 通信扩展板	RS-485 接口通信	
	FX_{1N}-422-BD	内置式 RS-422 通信扩展板	RS-422C 接口通信	
	FX_{1N}-CNV-BD	通信接口模块适配器	连接外置式通信模块	

续表

型号		名称	功能	使用限制
扩展模块	FX$_{2NC}$-232ADP	外置式RS-232通信模块	RS-232通信	需要安装FX$_{1N}$-CNV-BD适配器
	FX$_{2NC}$-485ADP	外置式RS-485通信模块	RS-485通信	
其他附件	FX$_{1N}$-5DM	简易操作显示单元	状态监视、数据设定（安装于PLC正面）	不可与以下扩展选件同时选用：FX$_{1N}$-EEPROM-8L，FX$_{1N}$-2AD-BD，FX$_{1N}$-1DA-BD
	FX-10DM-E-SET0	外置简易操作显示单元	状态监视、数据设定（安装在设备上）	需要附加连接电缆
	FX$_{1N}$-EEPROM-8L	存储器盒	存储容量2000步	不可与FX$_{1N}$-5DM同时选用

表 A-3　FX$_{1N}$系列PLC基本单元规格与输入电源要求表

型号	输入		输出		输入电源要求			
	点数	规格	点数	形式	额定	允许范围	容量	熔断器
FX$_{1N}$-24MR	14	DC 24V	10	继电器	AC 100/200V	AC 85～264V	30V·A	250V/1A
FX$_{1N}$-24MT	14	DC 24V	10	晶体管			30V·A	250V/3.15A
FX$_{1N}$-40MR	24	DC 24V	16	继电器			32V·A	
FX$_{1N}$-40MT	24	DC 24V	16	晶体管			32V·A	
FX$_{1N}$-60MR	36	DC 24V	24	继电器			35V·A	
FX$_{1N}$-60MT	36	DC 24V	24	晶体管			35V·A	
FX$_{1N}$-24MR-D	14	DC 24V	10	继电器	DC 12/24V	DC 10.2～28.5V	15W	125 V/3.15A
FX$_{1N}$-24MT-D	14	DC 24V	10	晶体管			15W	
FX$_{1N}$-40MR-D	24	DC 24V	16	继电器			18W	
FX$_{1N}$-40MT-D	24	DC 24V	16	晶体管			18W	
FX$_{1N}$-60MR-D	36	DC 24V	24	继电器			20W	
FX$_{1N}$-60MT-D	36	DC 24V	24	晶体管			20W	

表 A-4　FX$_{1N}$系列内置扩展板一览表

型号		名称与功能	DC 5V电源消耗
IO扩展板	FX$_{1N}$-4EX-BD	4点DC 24V输入内置扩展板	—
	FX$_{1N}$-2EYT-BD	2点晶体管输出内置扩展板	—
模拟量I/O扩展板	FX$_{1N}$-2AD-BD	2通道模拟量输入内置扩展板	20mA
	FX$_{1N}$-1DA-BD	1通道模拟量输出内置扩展板	20mA
	FX$_{1N}$-8AV-BD	8模拟电位器内置扩展板	20mA

续表

型号		名称与功能	DC 5V 电源消耗
通信接口扩展板	FX_{1N}-232-BD	内置式 RS-232 通信扩展板	20mA
	FX_{1N}-485-BD	内置式 RS-485 通信扩展板	60mA
	FX_{1N}-422-BD	内置式 RS-422 通信扩展板	60mA
特殊通信扩展	FX_{1N}-CNV-BD	通信适配器(接口扩展板)	20mA
	FX_{2NC}-232ADP	外置式 RS-232 通信模块(需要 FX_{1N}-CNV-BD)	100mA
	FX_{2NC}-485ADP	外置式 RS-485 通信模块(需要 FX_{1N}-CNV-BD)	150mA

表 A-5　FX_{1N} 系列扩展单元一览表

型号		名称与功能	外部输入电源	可提供的电源容量		占用 I/O 点
				DC 24V	DC 5V	
FX_{0N} 系列	FX_{0N}-40ER	24 点 DC 24V 输入/16 点继电器输出	AC 100/200 V	250mA	690mA	24/16
	FX_{0N}-40ET	24 点 DC 24V 输入/16 点晶体管输出	AC 100/200V	250mA	690mA	24/16
	FX_{0N}-40ER-D	24 点 DC 24V 输入/16 点继电器输出	DC 24V	250mA	690mA	24/16
FX_{2N} 系列	FX_{2N}-32ER	16 点 DC 24V 输入/16 点继电器输出	AC 100/200V	250mA	690mA	16/16
	FX_{2N}-32ET	16 点 DC 24V 输入/16 点晶体管输出	AC 100/200V	250mA	690mA	16/16
	FX_{2N}-32ES	16 点 DC 24V 输入/16 点晶闸管输出	AC 100/200V	250mA	690mA	16/16
	FX_{2N}-48ER	24 点 DC 24V 输入/24 点继电器输出	AC 100/200V	460mA	690mA	24/24
	FX_{2N}-48ET	24 点 DC 24V 输入/24 点晶体管输出	AC 100/200V	460mA	690mA	24/24
	FX_{2N}-48ER-UA1/UL	24 点 AC100V 输入/24 点晶体管输出	AC 100/200V	460mA	690mA	24/24
	FX_{2N}-48ER-D	24 点 DC 24V 输入/24 点继电器输出	DC 24V	460mA	690mA	24/24
	FX_{2N}-48ET-D	24 点 DC 24V 输入/24 点晶体管输出	DC 24V	460mA	690mA	24/24

表 A-6　FX_{1N} 系列 I/O 扩展模块一览表

型号			名称与功能	DC 24V 电源消耗	DC 5V 电源消耗	占用 I/O 点
输入扩展	FX_{0N} 系列	FX_{0N}-8EX	8 点 DC 24V 输入扩展模块	50mA	—	8/0
		FX_{0N}-16EX	16 点 DC 24V 输入扩展模块	100mA	—	16/0
	FX_{2N} 系列	FX_{2N}-8EX	8 点 DC24V 输入扩展模块	50mA	—	8/0
		FX_{2N}-8EX-UA1/UL	8 点 AC100V 输入扩展模块	50mA	—	8/0
		FX_{2N}-16EX	16 点 DC 24V 输入扩展模块	100mA	—	16/0
		FX_{2N}-16EX-C	16 点 DC 24V 输入扩展模块(插头连接)	100mA	—	16/0
		FX_{2N}-16EXL-C	16 点 DC5V 输入扩展模块(插头连接)	100mA	—	16/0

续表

型号			名称与功能	DC 24V电源消耗	DC 5V电源消耗	占用I/O点
输出扩展	FX_{0N}系列	FX_{0N}-8EYR	8点继电器输出扩展模块	75mA	—	0/8
		FX_{0N}-8EYT	8点晶体管输出扩展模块	75mA	—	0/8
		FX_{0N}-16EYR	16点继电器输出扩展模块	150mA	—	0/16
		FX_{0N}-16EYT	16点晶体管输出扩展模块	150mA	—	0/16
	FX_{2N}系列	FX_{2N}-8EYR	8点继电器输出扩展模块	75mA	—	0/8
		FX_{2N}-8EYT	8点DC 24V/0.5A晶体管输出扩展模块	75mA	—	0/8
		FX_{2N}-8EYT-H	8点DC 24V/1A晶体管输出扩展模块	75mA	—	0/8
		FX_{2N}-16EYR	16点继电器输出扩展模块	150mA	—	0/16
		FX_{2N}-16EYT	16点DC 24V/0.5A晶体管输出扩展模块	150mA	—	0/16
		FX_{2N}-16EYS	16点晶闸管输出扩展模块	150mA	—	0/16
		FX_{2N}-16EYT-C	16点DC 24V/0.3A晶体管输出扩展模块(插头连接)	150mA	—	0/16
I/O混合扩展		FX_{0N}-8ER	4点输入/4点继电器输出扩展模块	70mA	—	8/8
		FX_{2N}-8ER	4点输入/4点继电器输出扩展模块	70mA	—	8/8
模拟量扩展		FX_{0N}-3A	2/1通道模拟量I/O扩展模块	90mA	30mA	8

表A-7 FX_{2N}系列PLC基本单元规格与输入电源要求表

型号	输入		输出		输入电源要求			
	点数	规格	点数	形式	额定	允许范围	容量	熔断器
FX_{2N}-16MR	8	DC 24V	8	继电器	AC 100/200V	AC 85～264V	30V·A	250V/3.15A
FX_{2N}-16MT	8	DC 24V	8	晶体管			30V·A	
FX_{2N}-16MS	8	DC 24V	8	晶闸管			30V·A	
FX_{2N}-32MR	16	DC 24V	16	继电器			40V·A	
FX_{2N}-32MT	16	DC 24V	16	晶体管			40V·A	
FX_{2N}-32MR	16	DC 24V	16	晶闸管			40V·A	
FX_{2N}-48MR	24	DC 24V	24	继电器			50V·A	250V/5A
FX_{2N}-48MT	24	DC 24V	24	晶体管			50V·A	
FX_{2N}-48MS	24	DC 24V	24	晶闸管			50V·A	
FX_{2N}-64MR	32	DC 24V	32	继电器			60V·A	
FX_{2N}-64MT	32	DC 24V	32	晶体管	AC 100/200V	AC 85～264V	60V·A	250V/5A
FX_{2N}-64MS	32	DC 24V	32	晶闸管			60V·A	
FX_{2N}-80MR	40	DC 24V	40	继电器			70V·A	
FX_{2N}-80MT	40	DC 24V	40	晶体管			70V·A	
FX_{2N}-80MS	40	DC 24V	40	晶闸管			70V·A	
FX_{2N}-128MR	64	DC 24V	64	继电器			80V·A	
FX_{2N}-128MT	64	DC 224V	64	晶体管			80V·A	

续表

型　号	输　入		输　出		输入电源要求			
	点数	规格	点数	形式	额定	允许范围	容量	熔断器
FX_{2N}-16MR-UA1/UL	8	AC 100V	8	继电器	AC 100/200V	AC 85～264V	30V·A	250V/3.15
FX_{2N}-32MR-UA1/UL	16	AC 100V	16	继电器			40V·A	
FX_{2N}-48MR-UA1/UL	24	AC 100V	24	继电器			50V·A	250V/5A
FX_{2N}-64MR-UA1/UL	32	AC 100V	32	继电器			60V·A	
FX_{2N}-32MR-D	16	DC 24V	16	继电器	DC 24V	DC 16.8～28.8V	25W	250V/3.15A
FX_{2N}-32MT-D	16	DC 24V	16	晶体管			25W	
FX_{2N}-48MR-D	24	DC 24V	24	继电器			30W	250V/5A
FX_{2N}-48MT-D	24	DC 24V	24	晶体管			30W	
FX_{2N}-64MR-D	32	DC 24V	32	继电器			35W	
FX_{2N}-64MT-D	32	DC 24V	32	晶体管			35W	
FX_{2N}-80MR-D	40	DC 24V	40	继电器			40W	
FX_{2N}-80MT-D	40	DC 24V	40	晶体管			40W	

表 A-8　FX_{2N} 系列扩展单元一览表

型　号	名称与功能	输入电源			可提供的电源容量	
		额定电压	范围	容量	DC 24V	DC 5V
FX_{2N}-32ER	16 点 DC 24V 输入/16 点继电器输出	AC 100/200V	85～264V	40VA	250mA	690mA
FX_{2N}-32ET	16 点 DC 24V 输入/16 点晶体管输出					
FX_{2N}-32ES	16 点 DC 24V 输入/16 点晶闸管输出					
FX_{2N}-48ER	24 点 DC 24V 输入/24 点继电器输出	AC 100/200V	85～264V	50VA	460mA	690mA
FX_{2N}-48ET	24 点 DC 24V 输入/24 点晶体管输出					
FX_{2N}-48ER-UA1/UL	24 点 AC 100V 输入/24 点晶体管输出					
FX_{2N}-48ER-D	24 点 DC 24V 输入/24 点继电器输出	DC 24V	DC 16.8～28.8V	30W	460mA	690mA
FX_{2N}-48ET-D	24 点 DC 24V 输入/24 点晶体管输出					

表 A-9　FX_{2N} 系列扩展模块一览表

型　号		名称与功能	DC 24V 消耗	I/O 点
输入扩展	FX_{2N}-8EX	8 点 DC 24V 输入扩展模块	50mA	8/0
	FX_{2N}-8EX-UA1/UL	8 点 AC 100V 输入扩展模块	50mA	8/0
	FX_{2N}-16EX	16 点 DC 24V 输入扩展模块	100mA	16/0
	FX_{2N}-16EX-C	16 点 DC 24V 输入扩展模块(插头连接)	100mA	16/0
	FX_{2N}-16EXL-C	16 点 DC 5V 输入扩展模块(插头连接)	100mA	16/0

续表

	型　号	名称与功能	DC 24V 消耗	I/O 点
输出扩展	FX_{2N}-8EYR	8 点继电器输出扩展模块	75mA	0/8
	FX_{2N}-8EYT	8 点 DC 24V/0.5A 晶体管输出扩展模块	75mA	0/8
	FX_{2N}-8EYT-H	8 点 DC 24V/1A 大功率晶体管输出扩展模块	75mA	0/8
	Fx_{2N}-16EYR	16 点继电器输出扩展模块	150mA	0/16
	FX_{2N}-16EYT	16 点 DC 24V/0.5A 晶体管输出扩展模块	150mA	0/16
	FX_{2N}-16EYS	16 点晶闸管输出扩展模块	50mA	0/16
	FX_{2N}-16EYT-C	16 点 DC 24V/0.3A 晶体管输出扩展模块(插头连接)	150mA	0/16
混合扩展	FX_{2N}-8ER	4 输入/4 继电器输出扩展模块	70mA	8/8

表 A-10　FX_{2N} 系列内置扩展板与性能扩展选件、附件一览表

	型　号	名称与功能	DC 5V 电源消耗	占用 I/O 点
内置式扩展板	FX_{1N}-8AV-BD	8 模拟电位器内置扩展板	消耗 20mA	8/0
	FX_{2N}-232-BD	内置式 RS-232 通信扩展板	消耗 20mA	—
	FX_{2N}-485-BD	内置式 RS-485 通信扩展板	消耗 60mA	—
	FX_{2N}-422-BD	内置式 RS-422 通信扩展板	消耗 60mA	—
	FX_{2N}-CNV-BD	通信适配器(接口扩展板)	消耗 20mA	—
	FX_{2NC}-232ADP	外置式 RS-232 通信模块(需要 FX_{1N}-CNV-BD)	消耗 100mA	—
	FX_{2NC}-485ADP	外置式 RS-485 通信模块(需要 FX_{1N}-CNV-BD)	消耗 150mA	—
性能扩展选件	FX-EEPROM-4	4000 步存储器扩展盒	—	—
	FX-EEPROM-8	8000 步存储器扩展盒	—	—
	FX-EEPROM-16	16000 步存储器扩展盒	—	—
	FX-RAM-8	电池支持的 8000 步存储器扩展盒	—	—
	FX-EPROM-16	16000 步固化存储器扩展盒	—	—
	FX_{2N}-ROM-E1	16000 步存储器扩展盒	—	—
附件	F2-40BL	PLC 电池单元	—	—
	FX_{0N}-30EC	300mm 扩展延长电缆	—	—
	FX_{0N}-65EC	650mm 扩展延长电缆	—	—
	FX_{2N}-CNV-BC	扩展模块延长电缆接口适配器	—	—
	FX_{2N}-16～128-SW	FX_{2N}-16M～128M 用 DC 24V 输入模拟开关	—	—

表 A-11　FX_{2N} 系列特殊功能模块一览表

型　号	名称与功能	DC 5V 消耗	DC 24V 消耗	占用 I/O 点
FX_{2N}-2AD	2 通道模拟量输入扩展模块	消耗 20mA	消耗 50mA	8
FX_{2N}-4AD	4 通道模拟量输入扩展模块	消耗 30mA	消耗 55mA*	8
FX_{2N}-8AD	8 通道模拟量输入扩展模块	消耗 50mA	消耗 80mA*	8

续表

型　号	名称与功能	DC 5V 消耗	DC 24V 消耗	占用 I/O 点
FX_{2N}-4AD-PT	4 通道 Pt100 温度传感器扩展模块	消耗 30mA	消耗 50mA*	8
FX_{2N}-4AD-TC	4 通道热电偶温度传感器扩展模块	消耗 30mA	消耗 50mA*	8
FX_{0N}-3A	2 通道/1 通道模拟量 I/O 扩展模块	消耗 30mA	消耗 90mA*	8
FX_{2N}-5A	4 通道/1 通道模拟量 I/O 扩展模块	消耗 70mA	消耗 90mA*	8
FX_{2N}-2DA	2 通道模拟量输出扩展模块	消耗 30mA	消耗 85mA*	8
FX_{2N}-4DA	4 通道模拟量输出扩展模块	消耗 30mA	消耗 200mA*	8
FX_{2N}-2LC	2 通道温度调节扩展模块	消耗 70mA	消耗 55mA*	8
FX_{2N}-1HC	1 通道输入高速计数扩展模块	消耗 90mA	—	8
FX_{2N}-1PG	单轴，两相脉冲输出扩展模块	消耗 55mA	消耗 40mA*	8
FX_{2N}-10PG	单轴，两相高速脉冲输出扩展模块	消耗 120mA	消耗 70mA*	8
FX_{2N}-10GM	单轴位置控制单元	—	消耗 210mA*	8
FX_{2N}-20GM	2 轴位置控制单元	—	消耗 420mA*	8
FX_{2N}-1RM-SET	转角检测单元	—	消耗 210mA*	8

注：* 可直接用外部 DC 24V 电源供电，此时不需要计入 PLC 的 DC 24V 消耗。

表 A-12　FX_{3U} 系列 PLC 基本单元规格与输入电源要求表

型　号	输　入		输　出		输入电源要求			
	点数	规格	点数	形式	额定	允许范围	容量	熔断器
FX_{3U}-16MR/ES	8	DC 24V	8	继电器	AC 100/200V	AC85～264V	30V·A	250V/3.15A
FX_{3U}-16MT/ES	8	DC 24V	8	晶体管汇点输出			30V·A	
FX_{3U}-16MT/ESS	8	DC 24V	8	晶体管源输出			30V·A	
FX_{3U}-32MR/ES	16	DC 24V	16	继电器			35V·A	
FX_{3U}-32MT/ES	16	DC 24V	16	晶体管汇点输出			35V·A	
FX_{3U}-32MT/ESS	16	DC 24V	16	晶体管源输出			35V·A	
FX_{3U}-48MR/ES	24	DC 24V	24	继电器	AC 100/200V	AC 85～264V	40V·A	250V/5A
FX_{3U}-48MT/ES	24	DC 24V	24	晶体管汇点输出			40V·A	
FX_{3U}-48MT/ESS	24	DC 24V	24	晶体管源输出			40V·A	
FX_{3U}-64MR/ES	32	DC 24V	32	继电器			45V·A	
FX_{3U}-64MT/ES	32	DC 24V	32	晶体管汇点输出			45V·A	
FX_{3U}-64MT/ESS	32	DC 24V	32	晶体管源输出			45V·A	
FX_{3U}-80MR/ES	40	DC 24V	40	继电器			50V·A	
FX_{3U}-80MT/ES	40	DC 24V	40	晶体管汇点输出			50V·A	
FX_{3U}-80MT/ESS	40	DC 24V	40	晶体管源输出			50V·A	
FX_{3U}-128MR/ES	64	DC 24V	64	继电器			65V·A	
FX_{3U}-128MT/ES	64	DC 24V	64	晶体管汇点输出			65V·A	
FX_{3U}-128MT/ESS	64	DC 24V	64	晶体管源输出			65V·A	

续表

型号	输入		输出		输入电源要求			
	点数	规格	点数	形式	额定	允许范围	容量	熔断器
FX_{3U}-16MR/DS	8	DC 24V	8	继电器	DC 24V	DC 16.8~28.8V	25W	250V/3.15A
FX_{3U}-16MT/DS	8	DC 24V	8	晶体管汇点输出			25W	
FX_{3U}-16MT/DSS	8	DC 24V	8	晶体管源输出			25W	
FX_{3U}-32MR/DS	16	DC 24V	16	继电器			30W	
FX_{3U}-32MT/DS	16	DC 24V	16	晶体管汇点输出			30W	
FX_{3U}-32MT/DSS	16	DC 24V	16	晶体管源输出			30W	
FX_{3U}-48MR/DS	24	DC 24V	24	继电器	DC 24V	DC 16.8~28.8V	35W	250V/5A
FX_{3U}-48MT/DS	24	DC 24V	24	晶体管汇点输出			35W	
FX_{3U}-48MT/DSS	24	DC 24V	24	晶体管源输出			35W	
FX_{3U}-64MR/DS	32	DC 24V	32	继电器			40W	
FX_{3U}-64MT/DS	32	DC 24V	32	晶体管汇点输出			40W	
FX_{3U}-64MT/DSS	32	DC 24V	32	晶体管源输出			40W	
FX_{3U}-80MR/DS	40	DC 24V	40	继电器			45W	
FX_{3U}-80MT/DS	40	DC 24V	40	晶体管汇点输出			45W	
FX_{3U}-80MT/DSS	40	DC 24V	40	晶体管源输出			45W	

表 A-13　FX_{3U} 系列内置扩展选件一览表

型号		名称与功能	DC 5V 电源消耗
内置式扩展板	FX_{3U}-232-BD	内置式 RS-232 通信扩展板	消耗 20mA
	FX_{3U}-485-BD	内置式 RS-485 通信扩展板	消耗 40mA
	FX_{3U}-422-BD	内置式 RS-422 通信扩展板	消耗 20mA
	FX_{3U}-USB-BD	内置式 USB 接口扩展板	消耗 15mA
	FX_{3U}-CNV-BD	内置式 FX_{0N} 通信适配器	—
性能扩展选件	FX_{3U}-FLROM-16	16000 步闪存卡	—
	FX_{3U}-FLROM-64	64000 步闪存卡	—
	FX_{3U}-FLROM-64L	带程序传送功能的 64000 步闪存卡	—
	FX_{37}-7DM	显示器	消耗 20mA
附件	FX_{3U}-7DM-HLD	显示器安装支架	—
	FX_{3U}-32BL	PLC 电池单元	—
	FX_{0N}-30EC	300mm 扩展延长电缆	—
	FX_{0N}-65EC	650mm 扩展延长电缆	—
	FX_{2N}-CNV-BC	扩展模块延长电缆接口适配器	—

表 A-14　FX_{3U} 系列特殊功能模块一览表

型　　号	名称与功能	DC 5V 消耗	DC 24V 消耗	占用 I/O 点
FX_{3U}-4AD①	4 通道模拟量输入扩展模块	消耗 110mA	消耗 90mA③	8
FX_{3U}-4DA①	4 通道模拟量输出扩展模块	消耗 120mA	消耗 160mA③	8
FX_{3U}-20SSC-H①	SSCNET-Ⅲ网络控制定位扩展模块	消耗 100mA	消耗 210mA	8
FX_{3U}-232ADP②	RS-232 通信扩展模块	消耗 30mA	—	—
FX_{3U}-485ADP②	RS-485 通信扩展模块	消耗 20mA	—	—
FX_{3U}-4AD-ADP②	4 通道模拟量输入扩展模块	消耗 15mA	消耗 150mA③	—
FX_{3U}-4DA-ADP②	4 通道模拟量输出扩展模块	消耗 15mA	消耗 40mA③	—
FX_{3U}-4AD-PT-ADP②	4 通道 Pt100 温度传感器扩展模块	消耗 15mA	消耗 50mA③	—
FX_{3U}-4AD-TC-ADP②	4 通道热电偶温度传感器扩展模块	消耗 15mA	消耗 45mA③	—
FX_{3U}-4HSX-ADP②	4 通道高速计数输入扩展模块	消耗 30mA	消耗 30mA	—
FX_{3U}-2HSY-ADP②	2 通道高速脉冲输出扩展模块	消耗 30mA	消耗 60mA	—

① 与 FX_{2N} 系列特殊功能模块同样在 PLC 基本单元右侧安装，占用 PLC 的 I/O 点。

② 作为特殊适配器在 PLC 基本单元左侧安装，不占用 PLC 的 I/O 点。

③ 可直接用外部 DC 24V 电源供电，此时不需要计入 PLC 的 DC 24V 消耗。

附录B　FX系列PLC特殊辅助继电器/数据寄存器表

表 B-1　PLC 基本运行状态信息（辅助继电器）

地址	功　能	PLC 型号			
		FX_{1S}	FX_{1N}	FX_{2N}	FX_{3U}
M8000	PLC 运行指示(常开触点),PLC 运行时为“1”	○	○	○	○
M8001	PLC 运行指示(常闭触点),PLC 运行时为“0”	○	○	○	○
M8002	PLC 初始脉冲(常开触点),PLC 运行的第 1 循环周期为“1”	○	○	○	○
M8003	PLC 初始脉冲(常闭触点),PLC 运行的第 1 循环周期为“0”	○	○	○	○
M8004	PLC 出错指示,当 M8060、M8061、M8063～M8067 中任何一个为“1”,本信号即为“1”	○	○	○	○
M8005	电池电压过低报警	—	—	○	○
M8006	电池电压过低状态寄存	—	—	○	○
M8007	电源瞬时停电检测(注 1)	—	—	○	○
M8008	瞬时停电检测中	—	—	○	○
M8009	扩展单元、扩展模块 24V 故障	—	—	○	○

注：可以通过对 PLC 特殊数据寄存器 D8008 内容的修改，改变 AC200V 输入型 PLC 的允许电网瞬时断电的时间，此时间可以在 10～100ms 的范围内进行调整。

对于 DC24V 型 PLC，一般来说允许电网瞬时断电的时间固定为 5ms，原则上不可以修改。当电网瞬时断电时，M8007 将自动产生脉冲宽度为 1 个 PLC 循环周期的脉冲输出：M8008 状态自动变为“1”。当电网瞬时断电时间小于 D8008 设定的值，PLC 将继续运行；超过时，PLC 将自动停止。

表 B-2　PLC 基本运行状态信息（数据寄存器）

地址	功　能	PLC 型号			
		FX_{1S}	FX_{1N}	FX_{2N}	FX_{3U}
D8000	PLC 运行时间监控,各型号 PLC 的初始设定时间见右	200ms	200ms	200ms	200ms
D8001	PLC 规格与软件版本(注 1)	○	○	○	○
D8002	PLC 程序存储器容量(单位:千步)	○	○	○	○
D8003	存储器类型(注 2)	○	○	○	○
D8004	PLC 出错指示,显示对应的特殊内部继电器编号 8060～8068	○	○	○	○
D8005	现行的电池电压实际值(单位:0.1V)	—	—	○	○
D8006	电池电压过低报警检测值设定(单位:0.1V)	—	—	○	○
D8007	电源瞬时停电次数记忆	—	—	○	○

续表

地址	功　能	PLC 型号			
		FX_{1S}	FX_{1N}	FX_{2N}	FX_{3U}
D8008	瞬时停电允许时间设定	—	—	○	○
D8009	24V 故障的扩展单元/扩展模块的输入点首地址	—	—	○	○

注：1. PLC 的规格与软件版本以 5 位数字□□□□□显示，含义如下。
前 2 位（■■□□□）：PLC 规格：FX_{1S}：22；FX_{1N}：26；FX_{2N}/FX_{3U}：24。
后 3 位（□□■■■）：PLC 软件版本；如 100 代表版本 V1.00 等。
2. PLC 的存储器类型以 2 位十六进制数字□□显示，含义如下。
00H：RAM 选件；
01H：EPROM 选件；
02H：EEPROM 选件（FXIN-EEPROM-8L），且保护开关已经“OFF”；
0AH：EEPROM 选件（FXIN-EEPROM-8L），且保护开关已经“ON”；
10H：PLC 内置存储器。

表 B-3　PLC 运算与处理结果

地址	功　能	PLC 型号			
		FX_{1S}	FX_{1N}	FX_{2N}	FX_{3U}
M8020	加、减运算结果为“0”	○	○	○	○
M8021	减法运算结果溢出	○	○	○	○
M8022	加法运算结果溢出	○	○	○	○
M8030	电池电压过低报警被关闭	—	—	○	○
M8034	PLC 全部输出禁止	○	○	○	○
M8040	禁止步进梯形图程序的状态转换	○	○	○	○
D8010	PLC 累计执行时间(单位 0.1ms)	○	○	○	○
D8011	PLC 最小循环时间(单位 0.1ms)	○	○	○	○
D8012	PLC 最大循环时间(单位 0.1ms)	○	○	○	○
D8020	PLC 输入 X0～X17 的滤波时间	○	○	○	○

表 B-4　PLC 报警信息显示（辅助继电器）

地址	功　能	PROG-E 指示灯状态	PLC 状态	PLC 型号			
				FX_{1S}	FX_{1N}	FX_{2N}	FX_{3U}
M8060	I/O 连接出错	OFF	RUN	○	○	○	○
M8061	PLC 硬件不良	闪烁	STOP	○	○	○	○
M8062	PLC 通信出错	OFF	RUN	○	○	○	○
M8063	RS232 通信出错	OFF	RUN	○	○	○	○
M8064	PLC 参数出错	闪烁	STOP	○	○	○	○
M8065	用户程序语法出错	闪烁	STOP	○	○	○	○
M8066	用户程序梯形图设计出错	闪烁	STOP	○	○	○	○
M8067	PLC 应用指令出错	OFF	RUN	○	○	○	○
M8068	PLC 运算出错记忆	OFF	RUN	○	○	○	○

续表

地址	功能	PROG-E 指示灯状态	PLC 状态	PLC 型号			
				FX_{1S}	FX_{1N}	FX_{2N}	FX_{3U}
M8069	I/O 总线连接出错	—	—	—	—	○	○
M8109	输出刷新出错	OFF	RUN	—	—	○	○

注：1. 在以上报警中，当出现 M8060～M8067（M8062 除外）报警时，对应的地址（如 8060）将被传送到 D8004 中，同时特殊内部继电器 M8004 为“1”。当出现多个报警时，D8004 将记忆最小的报警地址。

2. 当 PLC 出现 M8069 总线报警时，在 D8061 中显不出错代码 6103，且同时使得 M8061 为“1”。

3. PLC 的运算出错 M8065、M8066、M8067 可以通过特殊数据寄存器 D8068、D8069 的状态，显示出错的“程序步”号，以进一步缩小检查范围。

4. PLC 的程序出错 M8067 可以通过 PLC 的 STOP→RUN 的转换清除，但 M8068 的状态只能通过 PLC 的关机进行清除。

表 B-5　PLC 报警信息显示（数据寄存器）

地址	功能	PLC 型号			
		FX_{1S}	FX_{1N}	FX_{2N}	FX_{3U}
D8060	I/O 连接出错的 I/O 起始地址号	○	○	○	○
D8061	PLC 硬件出错代码	○	○	○	○
D8062	PLC 通信出错代码	○	○	○	○
D8063	RS-232 通信出错代码	○	○	○	○
D8064	PLC 参数出错代码	○	○	○	○
D8065	用户程序语法出错代码	○	○	○	○
D8066	用户程序梯形图设计出错代码	○	○	○	○
D8067	PLC 应用指令出错代码	○	○	○	○
D8068	PLC 运算出错步号	○	○	○	○
D8069	PLC 程序出错步号	○	○	○	○
D8109	输出刷新出错的地址号			○	○

表 B-6　PLC 通信出错信息显示（辅助继电器）

地址	功能	PLC 型号			
		FX_{1S}(注)	FX_{1N}	FX_{2N}	FX_{3U}
M8183	PLC 主站通信出错	M504	○	○	○
M8184	PLC1 号站通信出错	M505	○	○	○
M8185	PLC2 号站通信出错	M506	○	○	○
M8186	PLC3 号站通信出错	M507	○	○	○
M8187	PLC4 号站通信出错	M508	○	○	○
M8188	PLC5 号站通信出错	M509	○	○	○
M8189	PLC6 号站通信出错	M510	○	○	○
M8190	PLC7 号站通信出错	M511	○	○	○

注：FX_{1S} 用于通信出错报警的内部特殊继电器地址与 FX_{1N}、FX_{2N} 等不同，表中为对应的特殊内部继电器号。

表 B-7 PLC 通信出错信息显示（数据寄存器）

地址	功能	PLC 型号			
		FX_{1S}(注)	FX_{1N}	FX_{2N}	FX_{3U}
D8203	PLC 主站通信出错计数值	D203	○	○	○
D8204	PLC1 号站通信出错计数值	D204	○	○	○
D8205	PLC2 号站通信出错计数值	D205	○	○	○
D8206	PLC3 号站通信出错计数值	D206	○	○	○
D8207	PLC4 号站通信出错计数值	D207	○	○	○
D8208	PLC5 号站通信出错计数值	D208	○	○	○
D8209	PLC6 号站通信出错计数值	D209	○	○	○
D8210	PLC7 号站通信出错计数值	D210	○	○	○
D8211	PLC 主站通信出错代码	D211	○	○	○
D8212	PLC1 号站通信出错代码	D212	○	○	○
D8213	PLC2 号站通信出错代码	D213	○	○	○
D8214	PLC3 号站通信出错代码	D214	○	○	○
D8215	PLC4 号站通信出错代码	D215	○	○	○
D8216	PLC5 号站通信出错代码	D216	○	○	○
D8217	PLC6 号站通信出错代码	D217	○	○	○
D8218	PLC7 号站通信出错代码	D218	○	○	○

注：FX_{1S} 用于通信出错报警的内部特殊数据寄存器地址与 FX_{1N}、FX_{2N} 等不同，表中为对应的特殊内部数据寄存器号。

表 B-8 PLC 其他出错信息与处理

出错显示	代码寄存器	错误代码	错误内容	错误处理
M8060	D8060	annn	对未安装的 I/O 模块进行了编程。“a”模块类型，“1”输入模块，“0”输出模块。nnn：出错模块的首地址	安装需要的 I/O 模块，修改 PLC 程序
M8061	D8061	0000	PLC 正常工作	—
		6101	RAM 出错	检查 PLC 安装、连接；检查扩展单元、扩展模块的连接
		6102	PLC 连接、运算出错	
		6103	I/O 总线连接出错	
		6104	扩展单元连接出错	
		6105	PLC 循环时间超过	
M8062	D8062	0000	PLC 正常工作	—
		6201	奇偶校验出错、溢出	检查接口安装、连接； 检查通信设定参数； 检查通信指令
		6202	字符传送出错	
		6203	求和校验出错	
		6204	数据格式出错	
		6205	传送指令出错	

续表

出错显示	代码寄存器	错误代码	错误内容	错误处理
M8063	D8063	0000	PLC 正常工作	检查接口安装、连接； 检查通信设定参数； 检查通信指令； 检查通信设备电源
		6301	RS-232C 奇偶校验出错、溢出	
		6302	RS-232C 字符传送出错	
		6303	RS-232C 求和校验出错	
		6304	RS-232C 数据格式出错	
		6305	RS-232C 传送指令出错	
		6312	并联连接字符传送出错	
		6313	并联连接求和校验出错	
		6314	并联连接数据格式出错	
M8064	D8064	0000	PLC 正常工作	—
		6401	PLC 程序求和出错	停止 PLC 运行，重新设定 PLC 参数
		6402	存储器容量设定出错	
		6403	停电保持区域设定出错	
		6404	指令区域设定出错	
		6405	文件寄存器设定出错	
		6409	其他设定出错	
M8065	D8065	0000	PLC 正常工作	—
		6501	指令地址、符号错误	停止 PLC 运行，修改 PLC 程序
		6502	定时器、计数器缺少 OUT 指令	
		6503	定时器、计数器缺少操作数 应用指令缺少操作数	
		6504	编号重复 中断输入与高速计数输入重复	
		6505	地址范围不正确	
		6506	使用了未定义的指令	
		6507	跳转指针 P 定义不正确	
		6508	中断输入定义不正确	
		6509	其他出错	
		6510	主控线圈设定不正确	
		6511	中断输入与高速计数输入重复	
M8066	D8066	0000	PLC 正常工作	—
		6601	LD、LDI 连续使用次数超过 9 次	停止 PLC 运行，修改 PLC 程序
		6602	缺少 LD、LDI 指令； 缺少输出线圈； LD、LDI、ANB、ORB 编程错误； STL、RET、MCR、P、中断输入、EI、DI、SRET、IRET、FOR、NEXT、FEND、END 等指令未与母线连接； 缺少 MPP 指令等	
		6603	MPS 指令连续使用超过 12 次	
		6604	MPS 与 MRD、MPP 的关系不正确	

续表

出错显示	代码寄存器	错误代码	错误内容	错误处理
M8066	D8066	6605	STL指令连续使用超过9次； STL中出现MC、MCR、中断输入、SRET指令； RET指令位置错误	停止PLC运行，修改PLC程序
		6606	缺少指针P、中断输入I； 缺少SRET、IRET指令； 主程序中出现中断输入、SRET、IRET指令； 子程序与中断程序中编入了STL、RET、MC、MCR指令	
		6607	FOR、NEXT编程不正确，嵌套超过6重； FOR、NEXT指令间编入了STL、RET、MC、MCR、IRET、SRET、FEND、END指令	
		6608	MC、MCR编程不正确； 缺少MCR0指令； MC、MCR间编入了SRET、IRET、中断输入指令	
		6609	其他出错	
		6610	LD、LDI连续使用次数超过9次	
		6611	ANB、ORB指令过多，缺少LD、LDI指令	
		6612	ANB、ORB指令过少，LD、LDI指令太多	
		6613	MPS指令连续使用超过12次	
		6614	缺少MPS指令	
		6615	缺少MPP指令	
		6616	MPS、MRD、MPP间的线圈不正确	
		6617	STL、RET、MCR、P、中断输入、EI、DI、SRET、IRET、FOR、NEXT、FEND、END等指令未与母线连接	
		6618	在子程序、中断程序中编入了STL、MC、MCR指令	
		6619	在FOR、NEXT中编入了STL、RET、MC、MCR、IRET、中断输入等指令	
		6620	FOR、NEXT嵌套超过规定	
		6621	FOR、NEXT未对应	
		6622	缺少NEXT指令	
		6623	缺少MC指令	
		6624	缺少MCR指令	
		6625	STL使用次数超过9次	
		6626	STL、RET间使用了MC、MCR、SRET、IRET、中断输入指令	
		6627	缺少RET指令	
		6628	在主程序中使用了SRET、IRET、中断输入指令	
		6629	缺少指针P、中断输入	
		6630	缺少SRET、IRET指令	
		6631	SRET指令编程错误	
		6632	FEND指令编程错误	

续表

出错显示	代码寄存器	错误代码	错误内容	错误处理
M8067	D8067	0000	PLC 正常工作	—
		6701	CJ、CALL 指令编程错误； END 指令编程错误； FOR、NEXT 间有单独的标记	停止 PLC 运行，修改 PLC 程序； 正确使用应用指令
		6702	CALL 嵌套超过 6 重	
		6703	中断嵌套超过 3 重	
		6704	FOR、NEXT 嵌套超过 6 重	
		6705	应用指令的操作数编程错误	
		6706	应用指令的操作数地址错误	
		6707	文件寄存器未设定	
		6708	FROM/TO 指令编程错误	
		6709	其他出错	
		6730	PID 调节采样时间小于 0	
		6732	PID 调节输入滤波时间设定错误	
		6733	PID 调节增益小于 0	
		6734	PID 调节积分时间小于 0	
		6735	PID 调节微分增益设定错误	
		6736	PID 调节微分时间小于 0	
		6740	PID 调节采样时间小于运算周期	
		6742	PID 调节测量值变化量溢出	
		6743	PID 调节偏差溢出	
		6744	PID 调节积分计算值溢出	
		6745	PID 调节微分增益溢出	
		6746	PID 调节微分计算值溢出	
		6747	PID 调节运算结果溢出	
		6750	自动调谐结果不正确	
		6751	自动调谐方向不正确	
		6752	自动调谐动作无法正常进行	
		6753	自动调谐输出设定错误	
		6754	自动调谐 PV 值内容设定错误	
		6755	自动调谐编程元件错误	
		6756	超过自动调谐测定时间	
		6757	自动调谐比例增益设定错误	
		6758	自动调谐积分时间溢出	
		6759	自动调谐微分时间溢出	
		6760	伺服驱动连接错误	
		6762	变频器接口连接错误	
		6763	DSZR、DVIT、ZRN 输入定义错误	

续表

出错显示	代码寄存器	错误代码	错误内容	错误处理
M8067	D8067	6764	脉冲输出定义错误	停止 PLC 运行，修改 PLC 程序。 正确使用应用指令
		6765	应用指令使用次数不正确	
		6770	闪存卡写入不良	
		6771	闪存卡未安装	
		6772	闪存卡写入保护	
		6773	闪存卡存/取异常	

附录C　FX系列PLC应用指令总表

指令代号	指令代码	指令名称	适用PLC系列		
			FX_{1S}/FX_{1N}	FX_{2N}	FX_{3U}
FNC00	CJ	条件跳转	●	●	●
FNC01	CALL	子程序调用	●	●	●
FNC02	SRET	子程序返回	●	●	●
FNC03	IRET	中断返回	●	●	●
FNC04	EI	中断许可	●	●	●
FNC05	DI	中断禁止	●	●	●
FNC06	FEND	主程序结束	●	●	●
FNC07	WDT	监控定时器	●	●	●
FNC08	FOR	循环开始	●	●	●
FNC09	NEXT	循环结束	●	●	●
FNC10	CMP	比较指令	●	●	●
FNC11	ZCP	区域比较指令	●	●	●
FNC12	MOV	传送	●	●	●
FNC13	SMOV	移位传送	×	●	●
FNC14	CML	倒转传送指令	×	●	●
FNC15	BMOV	一并传送指令	●	●	●
FNC16	FMOV	多点传送指令	×	●	●
FNC17	XCH	数据交换	×	●	●
FNC18	BCD	BCD 转换	●	●	●
FNC19	BIN	BIN 转换	●	●	●
FNC20	ADD	BIN 加法指令	●	●	●
FNC21	SUB	BIN 减法指令	●	●	●
FNC22	MUL	BIN 乘法指令	●		●
FNC23	DIV	BIN 除法指令	●	●	●
FNC24	INC	BIN 加 1 指令	●	●	●
FNC25	DEC	BIN 减 1 指令	●	●	●
FNC26	WAND	逻辑字与指令	●	●	●
FNC27	WOR	逻辑字或指令	●	●	●
FNC28	WXOR	逻辑字异或指令	●	●	●
FNC29	NEG	求补码指令	×	●	●
FNC30	ROR	循环右移	×	●	●
FNC31	ROL	循环左移	×	●	●

续表

指令代号	指令代码	指令名称	适用 PLC 系列		
			FX_{1S}/FX_{1N}	FX_{2N}	FX_{3U}
FNC32	RCR	带进位的循环右移	×	●	●
FNC33	RCL	带进位的循环左移	×	●	●
FNC34	SFTR	位右移	●	●	●
FNC35	SFTL	位左移	●	●	●
FNC36	WSFR	字右移	×	●	●
FNC37	WSFL	字左移	×	●	●
FNC38	SFWR	移位写入	●	●	●
FNC39	SFRD	移位读出（按 SFWR 指令先进先出）	●	●	●
FNC40	ZRST	区间复位指令	●	●	●
FNC41	DECO	译码指令	●	●	●
FNC42	ENCO	编码指令	●	●	●
FNC43	SUM	ON 位统计	×	●	●
FNC44	BON	ON 位检测	×	●	●
FNC45	MEAN	平均值指令	×	●	●
FNC46	ANS	信号 ON 延时报警	×	●	●
FNC47	ANR	报警复位	×	●	●
FNC48	SQR	BIN 开方指令	×	●	●
FNC49	FLT	BIN 整数→二进制浮点数转换指令	×	●	●
FNC50	REF	I/O 刷新指令	●	●	●
FNC51	REFF	刷新及滤波时间调整指令	×	●	●
FNC52	MTR	矩阵扫描面板输入处理	●	●	●
FNC53	HSCS	高速置位指令	●	●	●
FNC54	HSCR	高速复位指令	●	●	●
FNC55	HSZ	高速比较指令	×	●	●
FNC56	SPD	速度测量指令	●	●	●
FNC57	PLSY	脉冲输出指令	●	●	●
FNC58	PWM	脉宽调制指令	●	●	●
FNC59	PLSR	带加/减速的高速脉冲输出指令	●	●	●
FNC60	IST	状态元件的初始化	●	●	●
FNC61	SER	数据查找	×	●	●
FNC62	ABSD	凸轮控制（绝对方式）	●	●	●
FNC63	INCD	凸轮控制（增量方式）	●	●	●
FNC64	TTMR	定时器延时的按键调节	×	●	●
FNC65	STMR	延时方式转换	×	●	●
FNC66	ALT	交替输出	●	●	●
FNC67	RAMP	斜坡信号	●	●	●

续表

指令代号	指令代码	指令名称	适用PLC系列		
			FX_{1S}/FX_{1N}	FX_{2N}	FX_{3U}
FNC68	ROTC	旋转工作台控制	×	●	●
FNC69	SORT	数据排列	×	●	●
FNC70	TKY	十进制数字输入键处理	×	●	●
FNC71	HKY	十六进制数字输入键处理	×	●	●
FNC72	DSW	BCD编码开关输入处理	●	●	●
FNC73	SEGD	单只七段数码管显示	×	●	●
FNC74	SEGL	七段数码管成组显示	×	●	●
FNC75	ARWS	数值增/减输入与七段数码管成组显示	×	●	●
FNC76	ASC	8字符ASCII码直接转换	×	●	●
FNC77	PR	8字符ASCII码直接输出	×	●	●
FNC78	FROM	BFM读出	●	●	●
FNC79	TO	BFM写入	●	●	●
FNC80	RS	串行数据传送	●	●	●
FNC81	PRUN	八进制位传送	●	●	●
FNC82	ASCI	任意长度的ASCII码转换	●	●	●
FNC83	HEX	任意长度的ASCII码逆变换	●	●	●
FNC84	CCD	数据块的字节求和与校验	●	●	●
FNC85	VRRD	内置式扩展板电位器数值读出	●	●	×
FNC86	VRSC	内置式扩展板电位器刻度读出	●	●	×
FNC87	RS2	串行数据传送2	×	×	●
FNC88	PID	PID运算	●	●	●
FNC102	ZPUSH	变址寄存器内容保存	×	×	●
FNC103	ZPOP	变址寄存器内容恢复	×	×	●
FNC110	ECMP	二进制浮点数比较	×	●	●
FNC111	EZCP	二进制浮点数区间比较	×	●	●
FNC112	EMOV	二进制浮点数传送	×	×	●
FNC116	ESTR	带浮点数变换功能的ASCII转换	×	×	●
FNC117	EVAL	带浮点数变换功能的ASCII逆转换	×	×	●
FNC118	EBCD	二进制浮点数转换为十进制浮点数	×	●	●
FNC119	EBIN	十进制浮点数转换为二进制浮点数	×	●	●
FNC120	EADD	二进制浮点数加法	×	●	●
FNC121	ESUB	二进制浮点数减法	×	●	●
FNC122	EMUL	二进制浮点数乘法	×	●	●
FNC123	EDIV	二进制浮点数除法	×	●	●
FNC124	EXP	浮点数指数运算	×	×	●
FNC125	LOGE	浮点数自然对数运算	×	×	●

续表

指令代号	指令代码	指令名称	适用PLC系列		
			FX_{1S}/FX_{1N}	FX_{2N}	FX_{3U}
FNC126	LOG10	浮点数常用对数运算	×	×	●
FNC127	ESOR	二进制浮点数开方	×	●	●
FNC128	ENEG	二进制浮点数符号变换	×	×	●
FNC129	INT	二进制浮点数-BIN整数转换	×	●	●
FNC130	SIN	浮点数正弦运算	×	●	●
FNC131	COS	浮点数余弦运算	×	●	●
FNC132	TAN	浮点数正切运算	×	●	●
FNC133	ASIN	浮点数反正弦运算	×	×	●
FNC134	ACOS	浮点数反余弦运算	×	×	●
FNC135	ATAN	浮点数反正切运算	×	×	●
FNC136	RAD	浮点数转换为弧度	×	×	●
FNC137	DEG	浮点数转换为角度	×	×	●
FNC140	WSUM	数据块的字或双字求和	×	×	●
FNC141	WTOB	数据块的字节分离	×	×	●
FNC142	BTOW	数据块的字节组合	×	×	●
FNC143	UNI	数据块的半字节组合	×	×	●
FNC144	DIS	数据的半字节分离	×	×	●
FNC147	SWAP	上下字节变换	×	●	●
FNC149	SORT2	数据排列2	×	×	●
FNC150	DSZR	零脉冲回原点	×	×	●
FNC151	DVIT	中断控制的定长定位	×	×	●
FNC152	TBL	表格型多点定位	×	×	●
FNC155	ABS	ABS数据读入	●	×	●
FNC156	ZRN	原点回归	●	×	●
FNC157	PLSY	可变速的脉冲输出	●	×	●
FNC158	DRVI	相对定位	●	×	●
FNC159	DRVA	绝对定位	●	×	●
FNC160	TCMP	时钟数据比较	●	●	●
FNC161	TZCP	时钟数据区间比较	●	●	●
FNC162	TADD	时钟数据加法	●	●	●
FNC163	TSUB	时钟数据减法	●	●	●
FNC164	HTOS	时钟换算	×	×	●
FNC165	STOH	时钟换算	×	×	●
FNC166	TRD	时钟数据读出	●	●	●
FNC167	TWR	时钟数据写入	●	●	●
FNC169	HOUR	计时仪	●	●	●

续表

指令代号	指令代码	指令名称	适用PLC系列		
			FX_{1S}/FX_{1N}	FX_{2N}	FX_{3U}
FNC170	GRY	格雷码变换	×	●	●
FNC171	GBIN	格雷码逆变换	×	●	●
FNC176	RD3A	FX_{0N}-3A模块A/D转换数据读出	●	●	●
FNC177	WR3A	FX_{0N}-3A模块D/A转换数据写入	●	●	●
FNC182	COMRD	注释读出	×	×	●
FNC184	RND	随机数据生成	×	×	●
FNC186	DUTY	PLC循环时钟脉冲	×	×	●
FNC188	CRC	CRC运算	×	×	●
FNC189	HCOMV	高速计数器传送	×	×	●
FNC192	BK＋	数据块加法	×	×	●
FNC193	BK－	数据块减法	×	×	●
FNC194	BKCMP＝	数据块等于比较	×	×	●
FNC195	BKCMP＞	数据块大于比较	×	×	●
FNC196	BKCMP＜	数据块小于比较	×	×	●
FNC197	BKCMP＜＞	数据块不等于比较	×	×	●
FNC198	BKCMP≤	数据块小于等于比较	×	×	●
FNC199	BKCMP≥	数据块大于等于比较	×	×	●
FNC200	STR	带小数变换功能的ASCII码转换	×	×	●
FNC201	VAL	带小数变换功能的ASCII逆转换	×	×	●
FNC202	$＋	ASCII码合并	×	×	●
FNC203	LEN	ASCII码长度检测	×	×	●
FNC204	RIGHT	右侧ASCII码部分传送	×	×	●
FNC205	LEFT	左侧ASCII码部分传送	×	×	●
FNC206	MIDR	中间ASCII码部分传送	×	×	●
FNC207	MIDW	ASCII码替换	×	×	●
FNC208	INSTR	ASCII码检索	×	×	●
FNC209	$MOV	ASCII码全部传送	×	×	●
FNC210	FDEL	数据表中的数据删除	×	×	●
FNC211	FINS	数据表中的数据插入	×	×	●
FNC212	POP	移位读出（按SFWR指令后进先出）	×	×	●
FNC213	SFR	含进位的任意位右移	×	×	●
FNC214	SFL	含进位的任意位左移	×	×	●
FNC224	LD＝	相等判别	●	●	●
FNC225	LD＞	大于判别	●	●	●
FNC226	LD＜	小于判别	●	●	●
FNC228	LD＜＞	不等于判别	●	●	●

续表

指令代号	指令代码	指令名称	适用PLC系列		
			FX_{1S}/FX_{1N}	FX_{2N}	FX_{3U}
FNC229	LD≤	小于等于判别	●	●	●
FNC230	LD≥	大于等于判别	●	●	●
FNC232	AND=	相等“与”	●	●	●
FNC233	AND>	大于“与”	●	●	●
FNC234	AND<	小于“与”	●	●	●
FNC236	AND<>	不等于“与”	●	●	●
FNC237	AND≤	小于等于“与”	●	●	●
FNC238	AND≥	大于等于“与”	●	●	●
FNC240	OR=	相等“或”	●	●	●
FNC241	OR>	大于“或”	●	●	●
FNC242	OR<	小于“或”	●	●	●
FNC244	OR<>	不等于“或”	●	●	●
FNC245	OR≤	小于等于“或”	●	●	●
FNC246	OR≥	大于等于“或”	●	●	●
FNC256	LIMIT	输出上下限控制	×	×	●
FNC257	BAND	输入死区控制	×	×	●
FNC258	ZONE	偏移调整	×	×	●
FNC259	SCL	坐标型数据转换	×	×	●
FNC260	DABIN	十进制ASCII码转换为二进制整数	×	×	●
FNC261	BINDA	二进制整数转换为十进制ASCII码	×	×	●
FNC262	SCL2	双轴坐标型数据转换	×	×	●
FNC270	IVCK	变频器监控	×	×	●
FNC271	IVDR	变频器控制	×	×	●
FNC272	IVRD	变频器参数读出	×	×	●
FNC273	IVWR	变频器参数写入	×	×	●
FNC278	RBFM	BFM分割读出	×	×	●
FNC279	WBFM	BFM分割写入	×	×	●
FNC280	HSCT	高速计数成批比较	×	×	●
FNC290	LOADR	扩展数据寄存器装载	×	×	●
FNC291	SAVER	扩展数据寄存器保存	×	×	●
FNC292	INITR	同时进行R与ER区数据初始化	×	×	●
FNC293	LOGR	R与ER区数据登录	×	×	●
FNC294	RWER	任意长度的扩展数据寄存器R保存	×	×	●
FNC295	INITER	单独进行存储器盒ER区初始化	×	×	●

参 考 文 献

[1] 钟肇新，彭侃编译. 可编程控制器原理及应用. 第2版. 广州：华南理工大学出版社，2012
[2] 杨长能，林小峰编. 可编程序控制器（PC）例题习题及实验指导. 重庆：重庆大学出版社，2010
[3] 邓则名，邝穗芳编. 电器与可编程控制器及应用技术. 北京：机械工业出版社，2009
[4] 万太福，唐贤永编. 可编程序控制器及其应用. 重庆：重庆大学出版社，2010
[5] 廖常初编著. 可编程序控制器应用技术. 重庆：重庆大学出版社，2000
[6] 袁任光编著. 可编程序控制器（PC）应用技术与实例. 广州：华南理工大学出版社，2000
[7] 陈宇编. 可编程控制器基础及编程技巧. 广州：华南理工大学出版社，2000
[8] 王兆义编著. 小型可编程控制器实用技术. 北京：机械工业出版社，2000
[9] 龚仲华编著. 三菱FX系列PLC应用技术. 北京：人民邮电出版社，2010
[10] 黄宋魏，邹金慧主编. 电气控制与PLC应用技术. 北京：电子工业出版社，2010